AVR 单片机入门与实践

李 泓 等编著

北京航空航天大学出版社

内容简介

本书以 ATmega8 为例介绍了 AVR 单片机的内部结构和指令,以 CodeVisionAVR C 集成开发环境和 AVR Studio 相结合介绍了 AVR 程序编写、代码调试的流程。通过本书的学习,读者可以对 AVR 单片机的硬件设计、软件编写、软件调试、程序下载有比较全面的了解,可以很快进入实际的开发过程。

本书通过大量的典型实例和屏幕截图进行直观的论述,可作为单片机爱好者的自学读本,也可作为大专院校自动化、计算机、电子等专业的教材及培训用书,亦可作为有一定单片机基础、希望学习 AVR 单片机的工程师的参考书。

图书在版编目(CIP)数据

AVR 单片机入门与实践/李泓等编著. —北京:北京航空航天大学出版社,2008.4
ISBN 978-7-81124-266-9

Ⅰ.A… Ⅱ.李… Ⅲ.单片微型计算机 Ⅳ.TP368.1

中国版本图书馆 CIP 数据核字(2008)第 029523 号

©2008,北京航空航天大学出版社,版权所有。
未经本书出版者书面许可,任何单位和个人不得以任何形式或手段复制或传播本书内容。
侵权必究。

AVR 单片机入门与实践

李 泓 等编著

责任编辑 王慕冰 王平豪

*

北京航空航天大学出版社出版发行

北京市海淀区学院路 37 号(100083) 发行部电话:010-82317024 传真:010-82328026

http://www.buaapress.com.cn E-mail:bhpress@263.net

涿州市新华印刷有限公司印装 各地书店经销

*

开本:787 mm×960 mm 1/16 印张:24 字数:538 千字

2008 年 4 月第 1 版 2008 年 4 月第 1 次印刷 印数:5 000 册

ISBN 978-7-81124-266-9 定价:38.00 元

前 言

单片机又称单片微控制器,其实质是把一个计算机系统集成到一个芯片上。世界上各大芯片制造公司都推出了自己的单片机,现在通用的单片机按位数可分为 4 位机、8 位机、16 位机和 32 位机等。目前,我国常用的单片机有 Intel、Atmel、Microchip、Freescale、Zilog、Philips、Siemens、NEC、Epson、Holtek、凌阳、TI、Winbond、Samsung、ST 等公司的产品。

可靠性高,功能强,速度快,功耗低和价位低,一直是衡量单片机性能的重要指标,也是单片机占领市场、赖以生存的必要条件。早期单片机主要由于工艺及设计水平不高,功耗高和抗干扰性能差等原因,大多采用较高的分频系数对时钟分频,使得指令周期长,执行速度慢。以后的 CMOS 单片机虽然采用提高时钟频率和缩小分频系数等措施,但是这种状态并未被彻底改观(如 MCS-51 以及 MCS-51 兼容机)。AVR 单片机的推出,彻底打破了这种旧设计格局,废除了机器周期,抛弃了复杂指令集 CPU(Complex Instruction Set CPU,CISC)追求指令完备的做法;采用精简指令集 CPU(Reduced Instruction Set CPU,RISC),以字作为指令长度单位,将内容丰富的操作数与操作码安排在一字之中(指令集中占大多数的单周期指令都是如此),取指周期短,又可预取指令,实现流水作业,故可高速执行指令。当然,这种速度上的升跃,是以高可靠性为其后盾的。

ATmega8 的芯片内部集成了较大容量的存储器和丰富强大的硬件接口电路,具备 AVR 高档单片机 mega 系列的全部性能和特点,但采用小引脚封装(DIP28 和 TQFP/MLF32),所以其价格仅与低档单片机相当,成为具有极高性价比、深受广大用户喜爱的单片机。若读者掌握了 ATmega8 单片机的性能和使用技巧,则可以很容易地了解和掌握其他 AVR 高档单片机。

本书共分为 7 章。第 1 章简单介绍 AVR 单片机的性能、特点和开发工具。第 2 章主要介绍 ATmega8 单片机的内部结构和常用外围接口,本章参考了 ATmega8 单片机的数据手册。第 3 章简单介绍 ATmega8 的指令系统,并给出了定点数和浮点数运算的子程序。第 4 章介绍 CodeVisionAVR C 语言开发环境的安装和使用,详细介绍 CodeVisionAVR C 常用的库函数。第 5 章介绍 Atmel 公司的免费开发环境 AVR Studio 的安装和使用,着重介绍如何在 AVR Studio 中进行程序代码的调试。第 6 章介绍 AVR 单片机进行程序下载的方法,提供了自制下载器的原理图,并对常用的下载软件及熔丝位的编程进行详细的介绍。第 7 章首先

前言

通过一个简单的例程介绍 AVR 单片机从硬件设计、程序编写、代码调试到程序下载的整个流程，然后通过一些简单的例程来帮助读者掌握对 AVR 单片机外围接口的使用，最后提供了两个综合实例，希望它们能起到抛砖引玉的作用，使读者能更深入地理解和掌握 ATmega8 单片机及其他 AVR 单片机的特性，举一反三，从而设计出更灵活、更可靠的系统和方案。

本书通过大量的典型实例和屏幕截图进行直观的论述，可作为单片机爱好者的自学读本，也可作为大专院校中自动化、计算机、电子等专业的教材及培训用书，亦可作为有一定单片机基础、希望学习 AVR 单片机的工程师的参考书。

本书由无锡商业职业技术学院高级工程师李泓主笔。无锡商业职业技术学院讲师李海波和许卫洪参与了第 1、2、4 章的校对和插图编辑，希捷国际科技（无锡）有限公司工程师李常青参与了第 5 章的编写工作，无锡商业职业技术学院讲师顾菊芬对实例进行了制作和验证，在此一并表示衷心的感谢！

由于作者的经验和水平有限，加上时间仓促，书中难免有错误和不足之处，敬请广大读者批评指正。

作　者
2007 年 7 月 8 日

目 录

第1章 AVR 单片机概述

1.1 AVR 单片机简介 ………………………………………………………… 2
  1.1.1 AVR 单片机特点 …………………………………………………… 3
  1.1.2 AVR 单片机分类 …………………………………………………… 4
  1.1.3 AVR 单片机架构 …………………………………………………… 14
  1.1.4 AVR 单片机外设介绍 ……………………………………………… 15
  1.1.5 AVR 单片机开发软件 ……………………………………………… 16
  1.1.6 相关网站 …………………………………………………………… 17
1.2 ATmega8 单片机简介 …………………………………………………… 17
  1.2.1 ATmega8 单片机特点 ……………………………………………… 17
  1.2.2 ATmega8 单片机描述 ……………………………………………… 19
  1.2.3 ATmega8 单片机封装与引脚 ……………………………………… 21
1.3 开发工具简介 …………………………………………………………… 23
  1.3.1 C 语言开发工具比较 ……………………………………………… 24
  1.3.2 程序下载方法简介 ………………………………………………… 32

第2章 ATmega8 硬件结构

2.1 ATmega8 单片机内核 …………………………………………………… 33
  2.1.1 结构概述 …………………………………………………………… 33
  2.1.2 微控制器 …………………………………………………………… 35
  2.1.3 复位和中断处理 …………………………………………………… 39
2.2 ATmega8 单片机存储器组织 …………………………………………… 40
  2.2.1 Flash 程序存储器 …………………………………………………… 40
  2.2.2 数据存储器和内部寄存器 ………………………………………… 41
  2.2.3 E^2PROM 数据存储器 …………………………………………… 42

目 录

- 2.3 系统时钟和时钟选择 …………………………………………… 46
  - 2.3.1 时钟系统和时钟分配 ……………………………………… 46
  - 2.3.2 时钟源选择 ………………………………………………… 47
  - 2.3.3 外部晶振 …………………………………………………… 48
  - 2.3.4 外部低频晶振 ……………………………………………… 49
  - 2.3.5 外部 RC 振荡器 …………………………………………… 50
  - 2.3.6 内部 RC 振荡器 …………………………………………… 51
  - 2.3.7 外部时钟 …………………………………………………… 52
- 2.4 系统复位 ………………………………………………………… 52
  - 2.4.1 复位源 ……………………………………………………… 54
  - 2.4.2 MCU 控制和状态寄存器 MCUCSR ……………………… 56
  - 2.4.3 复位电路 …………………………………………………… 57
- 2.5 电源管理 ………………………………………………………… 57
  - 2.5.1 休眠模式设定 ……………………………………………… 58
  - 2.5.2 最小化功耗 ………………………………………………… 60
- 2.6 中 断 …………………………………………………………… 61
  - 2.6.1 复位和中断向量表 ………………………………………… 61
  - 2.6.2 外部中断 …………………………………………………… 62
- 2.7 I/O 端口 ………………………………………………………… 64
  - 2.7.1 通用数字 I/O 口 …………………………………………… 65
  - 2.7.2 端口的第二功能 …………………………………………… 70
- 2.8 定时器/计数器 …………………………………………………… 76
  - 2.8.1 定时器/计数器 0 …………………………………………… 76
  - 2.8.2 T/C0 和 T/C1 的预分频器 ………………………………… 79
  - 2.8.3 定时器/计数器 1 …………………………………………… 80
  - 2.8.4 定时器/计数器 2 …………………………………………… 103
- 2.9 片内基准电压 …………………………………………………… 118
- 2.10 模/数转换功能 ………………………………………………… 118
  - 2.10.1 基本结构和特点 ………………………………………… 118
  - 2.10.2 ADC 相关寄存器 ………………………………………… 121
  - 2.10.3 ADC 噪声抑制 …………………………………………… 127
- 2.11 模拟比较器 ……………………………………………………… 128
- 2.12 通用同步/异步串行接口 USART …………………………… 131

2.12.1 基本结构和特点 ………………………………………………………… 131
2.12.2 串行时钟工作模式 ……………………………………………………… 133
2.12.3 数据帧格式 ……………………………………………………………… 135
2.12.4 USART 寄存器 …………………………………………………………… 136
2.12.5 USART 使用 ……………………………………………………………… 142
2.13 同步串行接口 SPI ……………………………………………………………… 152
2.13.1 SPI 接口与时序 ………………………………………………………… 153
2.13.2 SPI 接口相关寄存器 …………………………………………………… 156
2.13.3 使用实例 ………………………………………………………………… 158
2.14 两线串行总线接口 TWI ………………………………………………………… 160
2.14.1 TWI 定义 ………………………………………………………………… 161
2.14.2 TWI 模块结构 …………………………………………………………… 161
2.14.3 TWI 模块寄存器 ………………………………………………………… 163
2.14.4 TWI 接口使用 …………………………………………………………… 166
2.15 看门狗定时器 …………………………………………………………………… 169
2.16 ATmega48/88/168 程序移植 …………………………………………………… 172
2.16.1 存储器配置 ……………………………………………………………… 172
2.16.2 中断向量 ………………………………………………………………… 173
2.16.3 一些寄存器和寄存器位名称及地址的修改 …………………………… 174
2.16.4 振荡器及启动延时 ……………………………………………………… 178
2.16.5 工作电压、频率范围及低电压检测 …………………………………… 178
2.16.6 USART 控制寄存器的访问 ……………………………………………… 179
2.16.7 内部参考电压 …………………………………………………………… 179
2.16.8 自编程 …………………………………………………………………… 180
2.16.9 E^2PROM 访问 ………………………………………………………… 180
2.16.10 ADC 特性 ………………………………………………………………… 180

第 3 章 ATmega8 指令系统

3.1 AVR 汇编语言系统 ……………………………………………………………… 181
3.1.1 汇编语言语句格式 ……………………………………………………… 181
3.1.2 汇编编译器伪指令 ……………………………………………………… 182
3.1.3 指　令 …………………………………………………………………… 187
3.1.4 表达式 …………………………………………………………………… 189

目录

  3.1.5 标识定义文件 …………………………………………………………… 190
 3.2 ATmega8 指令综述 …………………………………………………………… 191
  3.2.1 ATmega8 指令表 …………………………………………………………… 191
  3.2.2 指令系统中使用的符号 …………………………………………………… 199
  3.2.3 寻址方式和寻址空间 ……………………………………………………… 199
 3.3 AVR 汇编子程序 ……………………………………………………………… 204
  3.3.1 数制转换程序 ……………………………………………………………… 204
  3.3.2 定点数运算程序 …………………………………………………………… 206
  3.3.3 浮点数运算程序 …………………………………………………………… 217

第 4 章 CodeVisionAVR C 集成开发环境

 4.1 CodeVisionAVR C 集成开发环境安装与运行 …………………………… 231
 4.2 CodeVisionAVR 菜单简介 ………………………………………………… 234
 4.3 CodeVisionAVR 项目向导 ………………………………………………… 243
 4.4 CodeVisionAVR C 编译器简介 …………………………………………… 246
  4.4.1 标识符 ……………………………………………………………………… 246
  4.4.2 保留字 ……………………………………………………………………… 246
  4.4.3 数据类型 …………………………………………………………………… 246
  4.4.4 常量 ………………………………………………………………………… 247
  4.4.5 变量 ………………………………………………………………………… 248
  4.4.6 运算符 ……………………………………………………………………… 251
  4.4.7 存储空间 …………………………………………………………………… 251
  4.4.8 访问寄存器 ………………………………………………………………… 253
  4.4.9 中断服务函数 ……………………………………………………………… 253
  4.4.10 任务函数 ………………………………………………………………… 254
 4.5 CodeVisionAVR C 编译器常用库函数简介 ……………………………… 255
  4.5.1 CodeVisionAVR C 编译器库函数概述 ………………………………… 255
  4.5.2 标准输入/输出函数 ……………………………………………………… 256
  4.5.3 标准库和内存分配函数 …………………………………………………… 258
  4.5.4 字符类型函数 ……………………………………………………………… 259
  4.5.5 字符串函数 ………………………………………………………………… 260
  4.5.6 数学函数 …………………………………………………………………… 263
  4.5.7 BCD 转换函数 …………………………………………………………… 264

4.5.8 格雷码转换函数 …………………………………… 265
4.5.9 延时函数 ………………………………………… 265
4.5.10 存储器访问函数 ………………………………… 266
4.5.11 SPI 函数 ………………………………………… 266
4.5.12 I^2C 总线函数 …………………………………… 268
4.5.13 单总线通信协议函数 …………………………… 270
4.5.14 LCD 函数 ………………………………………… 272
4.5.15 实时时钟函数 …………………………………… 278
4.5.16 温度传感器函数 ………………………………… 285
4.5.17 E^2PROM 函数 …………………………………… 293
4.5.18 电源管理函数 …………………………………… 298

第 5 章 AVR Studio 集成开发环境

5.1 AVR Studio 介绍与安装 ……………………………… 299
5.2 使用 AVR Studio 进行汇编语言编程 ………………… 300
5.3 使用 AVR Studio 进行程序仿真调试 ………………… 306
　5.3.1 调试运行 ………………………………………… 306
　5.3.2 Quick Watch 观察变量 ………………………… 308
　5.3.3 观察寄存器状态 ………………………………… 308
　5.3.4 观察处理器状态 ………………………………… 309
　5.3.5 断点设置 ………………………………………… 310

第 6 章 ATmega8 程序下载

6.1 程序下载方式简介 …………………………………… 312
6.2 自制并口 ISP 下载器 ………………………………… 312
6.3 ISP 下载软件介绍 …………………………………… 313
　6.3.1 CodeVisionAVR 芯片编程 ……………………… 313
　6.3.2 AVR Studio 下载程序 …………………………… 314
　6.3.3 双龙公司 SL－AVR 在系统编程软件 …………… 315
　6.3.4 深圳富友勒公司 AVR_Pro 烧录程序 …………… 318
6.4 ATmega8 熔丝位及保密位设置 ……………………… 323

目录

第7章 ATmega8 应用实例

- 7.1 一个简单项目的建立和调试实例 …………………………………………… 330
- 7.2 键盘检测和 LED 显示 …………………………………………………………… 337
- 7.3 LCD 应用 ………………………………………………………………………… 343
- 7.4 温度检测与显示 ………………………………………………………………… 348
- 7.5 电压检测与显示 ………………………………………………………………… 352
- 7.6 数据通信 ………………………………………………………………………… 357
- 7.7 PWM 功能 ……………………………………………………………………… 364
- 7.8 综合实例一：数字电压表设计 ………………………………………………… 368
- 7.9 综合实例二：电容测量仪设计 ………………………………………………… 369

参考文献 …………………………………………………………………………………… 372

第1章 AVR 单片机概述

Atmel 公司是世界上著名的高性能、低功耗、非易失性存储器和数字集成电路的一流半导体制造公司。Atmel 公司最令人注目的是其 E^2PROM 电可擦除技术、闪速存储器技术和高质量、高可靠性的生产技术。在 CMOS 器件生产领域中,Atmel 的先进设计水平、优秀的生产工艺及封装技术,一直处于世界的领先地位。这些技术用于单片机生产,使单片机也具有优秀的品质,在结构性能和功能等方面都有明显的优势。Atmel 公司的单片机是目前世界上一种独具特色而性能卓越的单片机,它在计算机外部设备、通信设备、自动化工业控制、宇航设备、仪器仪表和各种消费类产品中都有着广阔的应用前景。Atmel 公司产品的主要特点表现为如下几点:

1. 以 E^2PROM 电可擦除及 Flash 技术为主导

Atmel 公司把其 E^2PROM 及 Flash 技术巧妙地用于形成特殊的集成电路,从而使一些芯片应用领域扩大。其中,闪速可编程逻辑器件 Flash PLD、Flash 存储器、AT90 系列 Flash 单片机、AVR 增强型单片机、智能 IC 卡等为最典型的产品。这些产品内部含有 Flash 存储器,从而使它们在无交流电环境下的便携类产品中大有作为。含有 E^2PROM 及 Flash 存储器是 Atmel 公司有关产品的明显特色之一。

在 Atmel 公司的 Flash 产品中,一共有商业 C 档(0～+70 ℃)、工业 I 档(-40～+85 ℃)、汽车 A 档(-40～+125 ℃)和军用 M 档(-55～+125 ℃)四种档次的产品。

2. 多种封装形式和高质量

Atmel 公司有多种封装形式的集成电路,这些封装形式有 DIP、PLCC、PGA、PQFP、TQFP、SOIC、CBGA、BGA 和客户专门定制等多种。Atmel 公司的封装是按军工标准进行的,产品质量优良。军工产品封装和测试按军用标准 MIL-STD-883 进行。所有的军工产品在制造和开发过程中均以 MIL-M-38510 标准说明书为依据,并且在追踪这个标准的最新版本的同时,Atmel 公司将统计过程控制 SPC 用于军用 IC 的装配和测试中,从而优化质量和产品的稳定性。

3. 高标准的质量检测

Atmel 公司具有高质量、高水准的检测能力,可以对商用数字集成电路和模拟集成电路进

第1章 AVR 单片机概述

行质量检测,对军用集成电路进行质量检测。对 Atmel 公司的军用集成电路产品而言,其工作性能是完全符合军用标准的,在 $-55 \sim +125$ ℃ 的范围内工作十分正常,甚至在高达 $+150$ ℃(特殊档)的条件下,集成电路仍然实现正常的输出功能。Atmel 公司的 Audo Sentry 和 Teraclyne 测试器件符合统计过程控制 SPC 标准,并且依照美国国家标准局的测试标准执行。由于 Atmel 公司的产品质量优良,故在航空航天仪器、雷达、导弹、智能自适应仪器、机器人、各种武器电子和抗恶劣环境电子等系统中能广泛加以应用。

1.1 AVR 单片机简介

自 1983 年 Intel 公司推出 8051 单片机系列至今已有 20 年,Atmel 公司把 8051 内核与其擅长的 Flash 制造技术相结合,推出了片内集成可重复擦写 1 000 次以上 Flash 程序存储器、低功耗、8051 内核的 AT89 系列单片机。该系列的典型产品有 AT89C51、AT89C52、T89C1051 和 AT89C2051,在我国的单片机市场上占有相当大的份额,得到了广泛的使用。

由于 8051 本身结构的先天性不足及近年来各种采用新型结构和新技术的单片机的不断涌现,现在的单片机市场百花齐放。Atmel 在这种强大的市场压力下,发挥 Flash 存储器的技术特长,于 1997 年研发并推出增强型内置 Flash 程序存储器的精简指令集 CPU(Reduced Instruction Set CPU,RISC)的新型高速 8 位单片机,简称 AVR 单片机,可以广泛应用于计算机外部设备、工业实时控制、仪器仪表、通信设备、家用电器等各个领域。

可靠性高、功能强、速度快、功耗低和价位低,一直是衡量单片机性能的重要指标,也是单片机占领市场、赖以生存的必要条件。

早期的单片机主要由于工艺及设计水平不高,功耗高和抗干扰性能差等原因,便采取稳妥方案:采用较高的分频系数对时钟分频,从而使得指令周期长,执行速度慢。以后的 CMOS 单片机虽然采用提高时钟频率和减小分频系数等措施,但是这种状态并未被彻底改观(MCS-51 以及 MCS-51 兼容机)。此间虽有某些精简指令集单片机问世,但依然沿袭对时钟分频的做法。

AVR 单片机的推出,彻底打破了这种旧设计格局,废除了机器周期,抛弃了复杂指令集 CPU(Complex Instruction Set CPU,CISC)追求指令完备的做法;采用精简指令集 CPU(RISC),以字作为指令长度单位,将内容丰富的操作数与操作码安排在一字之中(指令集中占大多数的单周期指令都是如此),取指周期短,又可预取指令,实现流水作业,故可高速执行指令。

精简指令集 RISC 结构是 20 世纪 90 年代开发出来的、综合了半导体集成技术和软件性能的新结构。AVR 单片机运用 Harvard 结构:在前一条指令执行时就取出现行的指令,然后以一个周期执行指令。在其他的 CISC 以及类似的 RISC 结构的单片机中,外部振荡器的时钟被分频降低到传统的内部指令执行周期,这种分频最大达 12 倍(如 8051)。AVR 单片机用一个时钟周期执行一条指令。它是 8 位单片机中第一个真正的 RISC 结构的单片机,具有 1 MIPS/MHz 的高速运行处理能力。

传统的基于累加器的结构单片机,如 8051,需要大量的程序代码,以实现在累加器和存储器之间的数据传送。而在 AVR 单片机中,采用 32 个通用工作寄存器组成快速存取寄存器组,用 32 个通用工作寄存器代替了累加器,从而避免了在传统结构中累加器和存储器之间数据传送造成的瓶颈现象。

1.1.1 AVR 单片机特点

AVR 单片机吸取了 PIC 及 8051 单片机的优点,还做了一些重大改进。

- 高性能,采用精简指令集 CPU(RISC),32 个通用工作寄存器,克服了 8051 等 CISC 结构存在的指令系统不等长,指令数多,CPU 利用率低,执行速度慢等缺点。采用哈佛(Harvard)结构的流水线技术,在执行一条指令时,下一条指令已经被取出来,所以说,其机器周期等于时钟周期,绝大部分指令为单周期指令。指令的执行速度最快可以达到 20 MHz。
- AVR 单片机包含有丰富的外设,如 I^2C、SPI、E^2PROM、RTC、WatchDog 定时器、A/D 转换器、PWM 和片内振荡器等,可以真正地做到单片。
- AVR 单片机的工作电压范围宽,工作电压在 1.8~6 V 之间,电源的抗干扰能力强。
- 低功耗。AVR 单片机具有 6 种休眠功能,能够从低功耗模式迅速唤醒。
- 程序写入器件可以并行写入(用编程器写入),也可使用串行在线编程(ISP)方法下载写入。编译好的目标程序可以通过在系统编程(ISP)直接写入 AVR 单片机芯片的 Flash 程序存储器,而不需要把芯片从系统上拆下来使用专用编程器来写入程序。这极大地方便了程序的修改和烧写等操作,方便产品升级,尤其是 SMD 封装,更利于产品微型化。
- 超功能精简指令。具有 32 个通用工作寄存器(相当于 8051 中的 32 个累加器),克服了单一累加器数据处理造成的瓶颈现象,128 字节~4 KB SRAM 可灵活使用指令运算,特别适合用 C 语言进行程序开发,易学、易写、易移植,并且具有很高的代码效率。
- AVR 单片机的端口有较强的负载能力,灌电流可达 10~20 mA 或 40 mA(单一输出),可以直接驱动 LED、SSR 或继电器。
- 与 PIC 单片机一样,可以重新设置启动复位。AVR 单片机内置电源上电复位(POR)和电源掉电检测(BOD),提高了单片机的可靠性,不用外加复位延时电路。
- 有丰富的中断向量,有 34 个中断源,不同中断向量的入口地址不一样,可以快速响应,而不像 PIC 单片机那样,所有的中断都占用同一个向量地址。
- USART 不占用定时器,采用独特的波特率发生器。有 SPI 传输功能。晶振可以工作在一般标准整数频率,而波特率可达 576 kb/s。

- 有8位和16位定时器/计数器,可以作比较器、计数器、外部中断以及PWM(也可以作D/A转换器),用于控制输出。
- 除了并行I/O口输入/输出特性与PIC的HI/LOW输出及三态高阻抗HI-Z输入相同外,还设定与8051系列内部有上拉电阻的输入端功能相似的功能,以便适应各种实际应用特性所需(多功能I/O口)。只有AVR才是真正的I/O口,能正确地反映I/O口输入/输出的真实情况。
- 有看门狗定时器(WDT)安全保护,可防止程序走飞,提高产品的抗干扰能力。
- 保密性强,Flash程序存储器具有保密锁死(Lock)功能,并且Flash程序存储器深藏在芯片内部,可以通过自编程(Self Programming)方式远程下载被加密的更新代码。
- 电源的抗干扰能力很强。
- 多种封装形式,可满足不同用户的需求。
- 完全免费的开发环境,包括汇编器、支持汇编和高级语言源代码调试的模拟和仿真环境,更有GNU组织提供免费的AVRGCC C编译器支持。

1.1.2 AVR单片机分类

为了满足不同客户的需求和应用,Atmel公司分别推出低档的Tiny系列、中档的AT90系列和高档的ATmega系列的产品。

(1) 低档的Tiny系列。该系列是专门为需要小型微控制器的简单应用而优化设计的,有很高的性价比,主要有8个引脚的Tiny11/12/15、20个引脚的Tiny26和28个引脚的Tiny28。其中Tiny15和Tiny26有10位的A/D转换器,Tiny26还有128字节的RAM,Tiny11和Tiny28具有流水线特征。

(2) 中档的AT90系列。该系列主要有20个引脚的AT90S1200/2313,28个引脚的AT90S4433、AT90S8515/8535等。其中AT90S8515与MCS-51引脚兼容,可以外扩SRAM;AT90S1200/2313与AT89C2051的引脚兼容;而AT90S4433和AT90S8535有内部的10位A/D转换器,但不可以外扩SRAM。目前该系列已经被ATmega系列相应的芯片所替代,所以在实际开发中建议不要再使用该系列。

(3) 高档的ATmega系列。该系列主要有28个引脚的ATmega8和40个引脚的ATmega161/163/323、64个引脚的ATmega103/128。其中ATmega和AT90S4433的引脚兼容,程序ROM空间为8 KB,片内带A/D转换器。ATmega161的引脚与8515兼容,程序ROM空间为16 KB。ATmega163/323与8535的引脚兼容,程序ROM分别为16 KB和32 KB,片内带A/D转换器。ATmega103/128是功能最强的AVR单片机,可以外扩SRAM,片内带A/D转换器。ATmega323和ATmega128还支持JTAG仿真。ATmega8是AT90S4433的升级版,ATmega128是ATmega103的升级版,均采用0.35的工艺,具有更高的性能价格比。如果需要存储大量的代码,就需要用到这个系列的单片机了。ATmega系列的 AVR 单片机能够提供充足的程序和数据存储器,性能达到了 1 MIPS/MHz,并且具有为远端升级提供快速、安全的自编程能力。另外,该系列单片机还包含 Boot 区具有自编程功能的 Flash 程序存储器,高精度的 8 通道 10 位 A/D 转换器、USART、SPI、TWI 以及 IEEE 1149.1 标准的 JTAG 接口。

尽管 AVR 单片机产品的功能和内部配置不同,但其基本结构是一样的,指令系统是兼容的。表 1.1～1.8 所列为部分 AVR 系列单片机的选型表。

表 1.1 部分 AVR 系列单片机的选型表

内部资源	AT90 CAN128 Automotive	AT90 CAN32 Automotive	AT90 CAN64 Automotive	AT90P WM1	AT90P WM2	AT90P WM3	ATmega 128	ATmega 1280	ATmega 1281	ATmega 128RZAV
Flash/KB	128	32	64	8	8	8	128	128	128	128
E²PROM/KB	4	1	2	0.5	0.5	0.5	4	4	4	4
SRAM/字节	4096	2048	4096	512	512	512	4096	8192	8192	8192
最大 I/O 数	53	53	53	19	19	27	53	86	54	54
中断数	34	34	34	—	—	—	34	57	48	48
外部中断数	8	8	8	4	4	4	8	32	17	17
SPI	有	有	有	1	1	1	1	1+USART	1+USART	1+USART
UART	2	2	2	无	有	有	2	4	2	2
TWI	—	—	—	—	—	—	有	有	有	有
硬件乘法器	有	有	有	有	有	有	有	有	有	有
8 位定时器	2	2	2	1	1	1	2	2	2	2
16 位定时器	2	2	2	1	1	1	2	4	4	4
PWM	8	8	8	7	7	10	8	16	9	9
看门狗定时器	有	有	有	有	有	有	有	有	有	有
实时时钟	有	有	有	有	有	有	有	有	有	有
模拟比较器	有	有	有	有	有	有	有	有	有	有
10 位 A/D 通道	8	8	8	8	8	11	8	16	8	8
片内振荡器	有	有	有	有	有	有	有	有	有	有
BOD	有	有	有	有	有	有	有	有	有	有

续表 1.1

内部资源	AT90 CAN128 Automotive	AT90 CAN32 Automotive	AT90 CAN64 Automotive	AT90P WM1	AT90P WM2	AT90P WM3	ATmega 128	ATmega 1280	ATmega 1281	ATmega 128RZAV
在线编程(ISP)	有	有	有	有	有	有	有	有	有	有
自编程(SPM)	有	有	有	有	有	有	有	有	有	有
V_{CC}/V	2.7~5.5	2.7~5.5	2.7~5.5	2.7~5.5	2.7~5.5	2.7~5.5	2.7~5.5	1.8~5.5	1.8~5.5	1.8~5.5
系统时钟频率/MHz	16	16	16	16	16	16	16	16	16	16
普通封装形式	MLF64	MLF64	MLF64	rrow SOIC24 rrow SOIC24	rrow SOIC24 rrow SOIC24	MLF32	MLF64	TQFP100 CBGA100 TQFP100	MLF64 TQFP64 MLF64	MLF64
绿色封装形式	MLF64 LQFP64	MLF64 LQFP64	MLF64 LQFP64	无	无	MLF32 rrow SOIC32	MLF64 TQFP64	无	无	MLF64 TQFP64

表 1.2 部分 AVR 系列单片机的选型表

内部资源	ATmega 128RZBV	ATmega 16	ATmega 162	ATmega 164P	ATmega 164P Automotive	ATmega 165	ATmega 165P	ATmega 168	ATmega 168 Automotive	ATmega 169
Flash/KB	128	16	16	16	16	16	16	16	16	16
E^2PROM/KB	4	0.5	0.5	0.512	0.512	0.5	0.5	0.5	0.512	0.5
SRAM/字节	8 192	1024	1024	1024	1024	1024	1024	1024	1024	1024
最大 I/O 数	86	32	35	32	32	54	54	23	23	54
中断数	57	20	28	31	31	23	23	26	26	23
外部中断数	32	3	3	32	32	17	17	26	26	17
SPI	1+USART	1	1	1+USART	1+USART	1+USI	1+USI	1+USART	1+USART	1+USI
UART	4	1	2	2	2	1	1	1	1	1
TWI	有	有	—	有	有	USI	USI	有	有	USI

续表 1.2

内部资源	ATmega 128RZBV	ATmega 16	ATmega 162	ATmega 164P	ATmega 164P Automotive	ATmega 165	ATmega 165P	ATmega 168	ATmega 168 Automotive	ATmega 169
硬件乘法器	有	有	有	有	有	有	有	有	有	有
8 位定时器	2	2	2	2	2	2	2	2	2	2
16 位定时器	4	1	2	1	1	1	1	1	1	1
PWM	16	4	6	6	6	4	4	6	6	4
看门狗定时器	有	有	有	有	有	有	有	有	有	有
实时时钟	有	有	有	有	有	有	有	有	有	有
模拟比较器	有	有	有	有	有	有	有	有	有	有
10 位 A/D 通道	16	8	—	8	8	8	8	8	8	8
片内振荡器	有	有	有	有	有	有	有	有	有	有
BOD	有	有	有	有	有	有	有	有	有	有
在线编程(ISP)	有	有	有	有	有	有	有	有	有	有
自编程(SPM)	有	有	有	有	有	有	有	有	有	有
V_{CC}/V	1.8~5.5	2.7~5.5	1.8~5.5	1.8~5.5	2.7~5.5	1.8~5.5	1.8~5.5	1.8~5.5	2.7~5.5	1.8~5.5
系统时钟频率/MHz	16	16	16	20	16	16	16	20	16	16
普通封装形式	TQFP100	MLF44	MLF44	MLF44	TQFP44	MLF64	MLF64	PDIP28	QFN32	MLF64
绿色封装形式	TQFP100	MLF44 PDIP40 TQFP44	MLF44 PDIP40 TQFP44	MLF44 PDIP40 TQFP44	TQFP44 QFN 44	MLF64 TQFP64	MLF64 TQFP64	PDIP28 MLF32 TQFP32	QFN32 TQFP32	MLF64 TQFP64

表 1.3 部分 AVR 系列单片机的选型表

内部资源	ATmega 169P	ATmega 2560	ATmega 2561	ATmega 256RZAV	ATmega 256RZBV	ATmega 32	ATmega 324P	ATmega 324P Automotive	ATmega 325
Flash/KB	16	256	256	256	256	32	32	32	32
E^2PROM/KB	0.5	4	4	4	4	1	1	1	1
SRAM/字节	1024	8192	8192	8192	8192	2048	2048	2048	2048

续表 1.3

内部资源	ATmega 169P	ATmega 2560	ATmega 2561	ATmega 256RZAV	ATmega 256RZBV	ATmega 32	ATmega 324P	ATmega 324P Automotive	ATmega 325
最大 I/O 数	54	86	54	54	86	32	32	32	54
中断数	23	57	48	48	57	19	31	31	23
外部中断数	17	32	17	17	32	3	32	32	17
SPI	1+USI	1+USART	1+USART	1+USART	1+USART	1	1+USART	1+USART	1+USI
UART	1	4	2	2	4	1	2	2	1
TWI	USI	有	有	有	有	有	有	有	USI
硬件乘法器	有	有	有	有	有	有	有	有	有
8 位定时器	2	2	2	2	2	2	2	2	2
16 位定时器	1	4	4	4	4	1	1	1	1
PWM	4	16	9	9	16	4	6	6	4
看门狗定时器	有	有	有	有	有	有	有	有	有
实时时钟	有	有	有	有	有	有	有	有	有
模拟比较器	有	有	有	有	有	有	有	有	有
10 位 A/D 通道	8	16	8	8	16	8	8	8	8
片内振荡器	有	有	有	有	有	有	有	有	有
BOD	有	有	有	有	有	有	有	有	有
在线编程(ISP)	有	有	有	有	有	有	有	有	有
自编程(SPM)	有	有	有	有	有	有	有	有	有
V_{CC}/V	1.8～5.5	1.8～5.5	1.8～5.5	1.8～5.5	1.8～5.5	2.7～5.5	1.8～5.5	2.7～5.5	1.8～5.5
系统时钟频率/MHz	16	16	16	16	16	16	20	16	16
普通封装形式	MLF64	CBGA100 TQFP100	MLF64	MLF64	TQFP100	MLF44	MLF44	TQFP44	MLF64
绿色封装形式	MLF64 TQFP64	TQFP100	MLF64 TQFP64	MLF64 TQFP64	TQFP100	MLF44 PDIP40 TQFP44	MLF44 PDIP40 TQFP44	TQFP44 QFN44	MLF64 TQFP64

表 1.4 部分 AVR 系列单片机的选型表

内部资源	ATmega 3250	ATmega 3250P	ATmega 325P	ATmega 329	ATmega 3290	ATmega 3290P	ATmega 329P	ATmega 406	ATmega 48
Flash/KB	32	32	32	32	32	32	32	40	4
E^2PROM/KB	1	1	1	1	1	1	1	0.512	0.256
SRAM/字节	2048	2048	2048	2048	2048	2048	2048	2048	512
最大 I/O 数	69	69	54	54	69	69	54	18	23
中断数	32	32	23	25	25	25	25	23	26
外部中断数	17	17	17	17	32	32	17	4	26
SPI	1+USI	1+USI	1+USI	1+USI	1+USI	1+USI	1+USI	—	1+USART
UART	1	1	1	1	1	1	1	—	1
TWI	USI	USI	USI	USI	USI	USI	USI	有	有
硬件乘法器	有	有	有	有	有	有	有	有	有
8 位定时器	2	2	2	2	2	2	2	1	2
16 位定时器	1	1	1	1	1	1	1	1	1
PWM	4	4	4	4	4	4	4	1	6
看门狗定时器	有	有	有	有	有	有	有	有	有
实时时钟	有	有	有	有	有	有	有	有	有
模拟比较器	有	有	有	有	有	有	有	有	有
10 位 A/D 通道	8	8	8	8	8	8	8	—	8
片内振荡器	有	有	有	有	有	有	有	有	有
BOD	有	有	有	有	有	有	有	有	有
在线编程(ISP)	有	有	有	有	有	有	有	有	有
自编程(SPM)	有	有	有	有	有	有	有	有	有
V_{CC}/V	1.8~5.5	1.8~5.5	1.8~5.5	1.8~5.5	1.8~5.5	1.8~5.5	1.8~5.5	1.8~5.5	1.8~5.5
系统时钟频率/MHz	16	20	20	16	16	20	20	1	20
普通封装形式	MLF64 MLF64	TQFP100	MLF64	MLF64	MLF64 MLF64	TQFP100	MLF64	LQFP48 LQFP48	PDIP28
绿色封装形式	TQFP64 TQFP100	TQFP100	MLF64 TQFP64	MLF64 TQFP64	MLF64 TQFP64 TQFP100	TQFP64 TQFP100	TQFP100	MLF64 TQFP64	无	PDIP28 MLF32 TQFP32 MLF28

第1章 AVR单片机概述

表1.5 部分AVR系列单片机的选型表

内部资源	ATmega48 Automotive	ATmega 64	ATmega 640	ATmega 644	ATmega 644P	ATmega 644P Automotive	ATmega 645	ATmega 6450	ATmega 649
Flash/KB	4	64	64	64	64	64	64	64	64
E^2PROM/KB	0.256	2	4	2	2	2	2	2	2
SRAM/字节	512	4096	8192	4096	4096	4096	4096	4096	4096
最大I/O数	23	54	86	32	32	32	54	69	54
中断数	26	34	57	31	31	31	23	32	25
外部中断数	26	8	32	32	32	32	17	17	17
SPI	1+USART	1	1+USART	1+USART	1+USART	1+USART	1+USI	1+USI	1+USI
UART	1	2	4	1	2	2	1	1	1
TWI	有	有	有	有	有	有	USI	USI	USI
硬件乘法器	有	有	有	有	有	有	有	有	有
8位定时器	2	2	2	2	2	2	2	2	2
16位定时器	1	2	4	2	2	2	1	1	1
PWM	6	8	16	6	6	6	4	4	4
看门狗定时器	有	有	有	有	有	有	有	有	有
实时时钟	有	有	有	有	有	有	有	有	有
模拟比较器	有	有	有	有	有	有	有	有	有
10位A/D通道	8	8	16	8	8	8	8	8	8
片内振荡器	有	有	有	有	有	有	有	有	有
BOD	有	有	有	有	有	有	有	有	有
在线编程(ISP)	有	有	有	有	有	有	有	有	有
自编程(SPM)	有	有	有	有	有	有	有	有	有
V_{CC}/V	2.7~5.5	2.7~5.5	1.8~5.5	1.8~5.5	1.8~5.5	2.7~5.5	1.8~5.5	1.8~5.5	1.8~5.5
系统时钟频率/MHz	16	16	16	20	20	16	16	16	16
普通封装形式	QFN32	MLF64	TQFP100 CBGA100 TQFP100	MLF44	MLF44	TQFP44	MLF64	MLF64	MLF64
绿色封装形式	QFN32 TQFP32	MLF64 TQFP64	无	MLF44 PDIP40 TQFP44	MLF44 PDIP40 TQFP44	TQFP44 QFN44	MLF64 TQFP64	MLF64 TQFP100	MLF64 TQFP64 TQFP100

表 1.6 部分 AVR 系列单片机的选型表

内部资源	ATmega 6490	ATmega 64RZAPV	ATmega 64RZAV	ATmega 8	ATmega 8515	ATmega 8535	ATmega 88	ATmega 88 Automotive	ATtiny 11
Flash/KB	64	64	64	8	8	8	8	8	1
E^2PROM/KB	2	2	2	0.5	0.5	0.5	0.5	0.512	—
SRAM/字节	4096	4096	4096	1024	512	512	1024	1024	—
最大 I/O 数	69	32	32	23	35	32	23	23	6
中断数	25	31	31	18	16	20	26	26	4
外部中断数	32	32	32	2	3	3	26	26	1
SPI	1+USI	1+2 USART	1+ USART	1	1	1	1+ USART	1+ USART	—
UART	1	2	1	1	1	1	1	1	—
TWI	USI	有	有	有	—	有	有	有	—
硬件乘法器	有	有	有	有	有	有	有	有	有
8 位定时器	2	2	2	2	1	2	2	2	1
16 位定时器	1	1	1	1	1	1	1	1	—
PWM	4	6	6	3	3	4	6	6	—
看门狗定时器	有	有	有	有	有	有	有	有	有
实时时钟	有	有	有	有	—	—	有	有	—
模拟比较器	有	有	有	有	有	有	有	有	有
10 位 A/D 通道	8	8	8	8	—	8	8	8	—
片内振荡器	有	有	有	有	有	有	有	有	—
BOD	有	有	有	有	有	有	有	有	—
在线编程(ISP)	有	有	有	有	有	有	有	有	—
自编程(SPM)	有	有	有	有	有	有	有	有	—
V_{CC}/V	1.8～5.5	1.8～5.5	1.8～5.5	2.7～5.5	2.7～5.5	2.7～5.5	1.8～5.5	2.7～5.5	2.7～5.5
系统时钟频率/MHz	16	20	20	16	16	16	20	16	6
普通封装形式	MLF64 MLF64	MLF44	MLF44	PDIP28	PLCC44 MLF44	PLCC44 MLF44	PDIP28	QFN32	PDIP8
绿色封装形式	TQFP64 TQFP100	MLF44 PDIP40 TQFP44	MLF44 PDIP40 TQFP44	PDIP28 MLF32 TQFP32	MLF44 PDIP40 TQFP44	MLF44 PDIP40 TQFP44	PDIP28 MLF32 TQFP32	QFN32 TQFP32	PDIP8 SOIC8 (208mil)

第1章 AVR单片机概述

表1.7 部分AVR系列单片机的选型表

内部资源	ATtiny 12	ATtiny 13	ATtiny 15L	ATtiny 2313	ATtiny 24	ATtiny 25	ATtiny 25 Automotive	ATtiny 26	ATtiny 26L
Flash/KB	1	1	1	2	2	2	2	2	2
E^2PROM/KB	0.064	0.064	0.0625	0.128	0.128	0.128	0.128	0.125	0.128
SRAM/字节	—	64B+32 reg	—	128	128	128	128	128	128
最大I/O数	6	6	6	18	12	6	6	16	16
中断数	5	9	8	8	17	15	15	11	19
外部中断数	1	6	1(+5)	2	12	7	7	1	2
SPI	—	—	—	USI	USI	USI	USI	USI	有
UART	—	—	—	1	—	—	—	—	—
TWI	—	—	—	USI	USI	USI	USI	USI	USI
硬件乘法器	—	无	—	—	—	—	—	—	—
8位定时器	1	1	2	1	1	2	2	2	2
16位定时器	—	—	—	1	1	—	—	—	1
PWM	—	2	1	4	4	4	4	2	2
看门狗定时器	有	有	有	有	有	有	有	有	有
实时时钟	—	—	—	—	—	—	—	—	—
模拟比较器	有	有	有	有	有	有	有	有	有
10位A/D通道	—	4	4	—	8	4	4	11	11
片内振荡器	有	有	有	有	有	有	有	有	有
BOD	有	有	有	有	有	有	有	有	有
在线编程(ISP)	有	有	有	有	有	有	有	有	有
自编程(SPM)	—	有	—	有	有	有	有	—	有
V_{CC}/V	1.8~5.5	1.8~5.5	2.7~5.5	1.8~5.5	1.8~5.5	1.8~5.5	2.7~5.5	2.7~5.5	1.8~5.5
系统时钟频率/MHz	8	20	1.6	20	20	20	16	16	20
普通封装形式	PDIP8	PDIP8	PDIP8 SOIC8 PDIP8	PDIP20	PDIP14	PDIP8	rrow SOIC8	PDIP20	PDIP20
绿色封装形式	PDIP8 SOIC8	PDIP8 MLF20 SOIC8	无	PDIP20 MLF20 SOIC20	PDIP14 SOIC14 MLF20	PDIP8 SOIC8	rrow SOIC8	PDIP20 MLF32 SOIC20	PDIP20 SOIC20

表 1.8 部分 AVR 系列单片机的选型表

内部资源	ATtiny 28L	ATtiny 44	ATtiny 45	ATtiny 45 Automotive	ATtiny 461	ATtiny 84	ATtiny 85	ATtiny 85 Automotive	ATtiny 861
Flash/KB	2	4	4	4	4	8	8	8	8
E^2PROM/KB	—	0.256	0.256	0.256	0.256	0.512	0.512	0.512	0.512
SRAM/字节	32	256	256	256	256	512	512	512	512
最大 I/O 数	11	12	6	6	16	12	6	6	16
中断数	5	17	15	15	19	17	15	15	19
外部中断数	2(+8)	12	7	7	2	12	7	7	2
SPI	—	USI	USI	USI	有	USI	USI	USI	有
UART	—	—	—	—	—	—	—	—	—
TWI	—	USI	USI	USI	USI	USI	USI	USI	USI
硬件乘法器	—	—	—	—	—	—	—	—	—
8 位定时器	1	1	2	2	2	1	2	2	2
16 位定时器	—	1	—	—	1	1	—	—	1
PWM	—	4	4	4	2	4	4	4	2
看门狗定时器	有	有	有	有	有	有	有	有	有
实时时钟	—	—	—	—	—	—	—	—	—
模拟比较器	有	有	有	有	有	有	有	有	有
10 位 A/D 通道	—	8	4	4	11	8	4	4	11
片内振荡器	有	有	有	有	有	有	有	有	有
BOD	—	有	有	有	有	有	有	有	有
在线编程(ISP)	—	有	有	有	有	有	有	有	有
自编程(SPM)	—	有	有	有	有	有	有	有	有
V_{CC}/V	1.8~5.5	1.8~5.5	1.8~5.5	2.7~5.5	1.8~5.5	1.8~5.5	1.8~5.5	2.7~5.5	1.8~5.5
系统时钟频率/MHz	4	20	20	16	20	20	20	16	20
普通封装形式	PDIP28 MLF32 TQFP32	PDIP14	PDIP8	rrow SOIC8	PDIP20	PDIP14	PDIP8	rrow SOIC8	PDIP20
绿色封装形式	无	PDIP14 SOIC14 MLF20	PDIP8 MLF20 SOIC8	rrow SOIC8	PDIP20 MLF32 SOIC20	PDIP14 SOIC14 MLF20	PDIP8 MLF20 SOIC8	rrow SOIC8	PDIP20 MLF32 SOIC20

1.1.3 AVR 单片机架构

(1) AVR 单片机采用 RISC 结构，程序 ROM 空间和数据 RAM 空间分离，取程序代码和操作数采用分离的数据总线和地址总线，同时指令译码采用流水作业，因而绝大部分指令是单周期指令，可以达到 1 MIPS/MHz 的性能。

(2) AVR 单片机取指令的数据总线是 16 位宽度的，而取操作数的数据总线是 8 位宽度的。AVR 单片机的每一条指令都是 16 位，但不影响 ROM 中常量表的使用，即常量表仍然可以单个字节访问。

(3) AVR 单片机的 32 个通用寄存器(R0～R31)没有 MCS-51 单片机的单累加器的瓶颈限制。另外，32 个累加器中的最后 6 个寄存器可以组成 3 个 16 位的数据指针 X、Y 和 Z。这两个特点给使用 C 语言编程带来了很大的方便，也使 AVR 单片机具有较高的 C 语言密度。

(4) 存储器组织。AVR 单片机结构具有两个主存储器空间：数据存储器和程序存储器。这两个区都有专门的锁定位以实现读和读/写保护。用于写应用程序区的 SPM 指令必须位于引导程序区。数据 SRAM 可以通过 5 种不同的寻址模式进行访问。AVR 单片机存储器空间为线性的平面结构。AVR 单片机具有单独的片内程序 ROM 空间，其架构最多可支持 8 MB 的空间，目前生产的 AVR 单片机 MCU 最多支持 128 KB。数据存储器空间片内片外统一编址，一般从 0x60 开始分配(ATmega128 单片机可以从 0x100 开始)，直到 0xFFFF。通用工作寄存器 R0～R31，同时映射为数据存储器空间的 0x00～0x1F 段。输入/输出寄存器空间(I/O 空间)有单独的 I/O 地址 0x00～0x3F，同时映射为数据存储器空间的 0x20～0x5F，两种不同方式的地址相差 0x20。通用工作寄存器和 I/O 地址的映射方式增加了使用的灵活性，即通用工作寄存器和 I/O 空间除了可以使用自己的访问指令外，也可以当作 RAM 来访问。与 MCS-51 单片机不同，AVR 单片机访问片内和片外 RAM 的指令是相同的。当需要访问片外 RAM 时，需要设置寄存器 MCUCR 的 SRE 位，否则不能访问外部 RAM。

(5) 堆栈。堆栈主要用来保存临时数据、局部变量和中断服务函数与普通函数的返回地址。堆栈指针总是指向堆栈的顶部。AVR 单片机的堆栈是向下生长的，即新数据推入栈内时，堆栈指针的数值将减小，这与 MCS-51 单片机相反。堆栈指针指向位于 SRAM 的函数及中断堆栈时，一定要进行初始化，否则子程序调用会出错。AVR 单片机的堆栈既可以放在片内 RAM，也可以放在片外 RAM 中，但建议一般情况下放在片内 RAM，这样可以加快程序执行的速度。

(6) 中断。AVR 单片机的中断系统形式多样，有不同的中断源。每个中断在程序空间都有一个独立的中断向量，所有的中断事件都有自己的使能位。当使能位置位，且状态寄存器的全局中断使能位 I 也置位时，中断可以发生。每个中断源都有自己单独的中断向量入口，分配一个中断优先级，向量所在的地址越低，优先级越高。AVR 单片机可以使用软件的方法来实现多个中断优先级的处理。其中断响应时间最少为 4 个时钟周期。4 个时钟周期后，程序跳转到实际的中断处理例程。AVR 单片机的中断源种类齐全,有外部中断、定时器溢出中断、捕捉和比较匹配中断以及 USART 的 RXC、UDRE 和 TXC 中断,A/D 转换器的完成中断,SPI 中断,I^2C 中断,E^2PROM 就绪中断等。

(7) 端口。AVR 的端口为真正的三态双向口。作为通用数字 I/O 使用时,AVR 单片机的 I/O 端口都具有真正的读—修改—写功能。每个端口都有 3 个 I/O 存储器地址:数据寄存器 PORTx、数据方向寄存器 DDRx(用以选择引脚的方向)、端口输入引脚 PINx(当读取端口引脚电平时,应该读取 PINx 而不是读取 PORTx)。数据寄存器和数据方向寄存器为读/写寄存器,而端口输入引脚为只读寄存器,小写的"x"表示端口的序号,根据不同的 MCU 可以分别为 A~F。DDRx 控制端口的方向,当 DDRx 的某一位置"1"时,相应的端口线为输出,输出内容由对应 PORTx 中的相应位决定;当 DDRx 的某一位置"0"时,相应的端口线为输入,此时如果对应 PORTx 中的相应位为"1",则是有上拉的输入状态,否则为高阻态输入。PORTx 的内容决定了端口输出的内容或输入时上拉是否打开。除了一般的数字 I/O 之外,大多数端口引脚都具有第二功能。

1.1.4　AVR 单片机外设介绍

(1) 内部 E^2PROM。绝大部分的 AVR 单片机内部集成了 E^2PROM,方便用户保存一些重要参数。AVR 单片机内部的 E^2PROM 采用了单独的总线结构,有较快的访问速度和较短的工作代码。在程序中访问 E^2PROM 是通过 I/O 空间的寄存器实现的。在程序访问 E^2PROM 时通过 3 个寄存器 EEAR、EECR 和 EEDR 进行:地址寄存器 EEAR 决定访问 E^2PROM 的地址;控制寄存器 EECR 控制 E^2PROM 的读/写;数据寄存器 EEDR 存放访问 E^2PROM 的数据。

(2) 内部 UART 或 USART。AVR 单片机的 UART 或 USART 是一个全双工的部件,有单独的波特率发生器,可以用较低的晶振频率产生较高的波特率,支持 9 位工作方式和多机通信。

部分 AVR 单片机只具有 UART,只可以工作在异步方式,不可以工作在同步方式;而新款 AVR 单片机的 USART,不仅可以异步方式工作,还可以全双工同步方式工作,在同步方式工作时可以有很高的通信速率。

部分没有 UART 的低档 AVR 单片机,由于 AVR 单片机的高速度,便可以用软件来模拟 UART 的运行。

(3) 串行外设接口(SPI)。AVR 单片机的 SPI 在程序下载时可以用于控制对 AVR 单片机芯片的编程;在程序运行时是一个双工的 SPI,既可以 SPI 主方式运行,也可以 SPI 从方式运行;支持中断方式工作;比软件模拟 SPI 有更快的速度、更小的代码和更好的实时性。

(4) 以字节为单位进行处理的两线总线(I^2C)接口。部分 AVR 单片机有两线总线 I^2C 接口,可以作为主器件或从器件运行。AVR 单片机的 I^2C 接口以字节为单位进行数据处理,支持中断方式,使用比较方便和灵活,比软件模拟 I²C 接口有更小的代码。

(5) 带比较、捕捉和 PWM 功能的定时器/计数器。AVR 单片机具有功能很强的定时器/计数器,除了基本的定时/计数功能外,还可用于捕捉、比较匹配或 PWM(8 位、9 位或 10 位)方式。

(6) A/D 转换器。部分 AVR 单片机有多通道的 10 位逐次比较式 A/D 转换器,支持内部或外部基准。部分型号只支持模拟电压信号的单端方式输入,还有一部分型号除支持单端输入外,还支持模拟电压的差分输入和内部程控放大。

(7) 看门狗(WatchDog)定时器。AVR 单片机均支持片内 WatchDog 定时器,在满足用户需求的同时可以降低用户的成本,部分型号的看门狗定时器(WDT)可以通过编程熔丝位使能。

(8) 实时时钟(RTC)。部分 AVR 单片机支持 RTC,此时可以外接一个 32.768 kHz 的晶振,以产生时间基准信号。

注意:AVR 单片机的 RTC 在使用时将占用一个 8 位的定时器。

(9) 模拟比较器。可以产生中断、触发定时器的捕捉功能,在检测电压和一些低成本的 A/D 转换方案中获得良好的应用。

(10) 内部上电复位(POR)和掉电检测(BOD)复位电路。AVR 单片机均具有 POR 电路,部分型号还具有可编程的 BOD 复位功能。

(11) 丰富的振荡器工作方式。AVR 单片机支持多种时钟方式,有外部晶振、外部 RC 振荡、外部时钟和内部 RC 振荡 4 种。AVR 单片机的片内 RC 振荡器的工作频率可以校正到 1% 的精度。

1.1.5 AVR 单片机开发软件

C 语言工具有:IAR 的 IAR Embedded Workbench for Atmel AVR,ImageCraft 的 ICCAVR、ICCTINY,CodeVision AVR 等。

仿真工具有:ICE200、ATJTAGICE、Flash Microsystems LTD 的 ISD(在系统调试软件)。

免费软件有:
- Atmel 公司提供免费软件 AVR STUDIO,支持汇编语言的编译、汇编和高级语言的源代码级模拟和调试。
- IAR 也提供免费的汇编器和模拟调试环境。
- GNU 提供免费的 C 语言编译器 AVR GCC。

下载软件有:
- 深圳富友勒公司的 AVR_Pro 烧录程序,可以在深圳富友勒公司的主页(http://www.tlg.com.hk)上免费下载。

● 双龙公司的 SL-ISP 在系统编程软件,可以在双龙公司的网站(http://www.sl.com.cn)上免费下载。

1.1.6 相关网站

● Atmel 公司网站:http://www.atmel.com/cn/。
● 广州天河双龙电子有限公司网站:http://www.sl.com.cn。
● 我们的 AVR:http://www.ouravr.com/。

1.2 ATmega8 单片机简介

在市场上,其他系列单片机的一般规律是:低档型单片机的引脚较少,同时在内部集成的存储器容量也较小,内部集成的外设功能也较简单;而中高档型的单片机则在内部集成了较大容量的存储器容量,内部也集成了较多的外设功能,但引脚数一般为(或大于)40 个。这样的组合方式可以满足大部分应用场合的要求,但是随着各种设备智能化程度的增加,对控制器以及作为控制器核心的单片机的要求也提高了。在越来越多的应用场合,需要这样的一些单片机:不需要有太多的外围引脚,但是系统需要大量的运算,程序代码较长,功能较复杂。

为了适应市场的需要,解决这一矛盾,Atmel 公司在 2002 年第一季度推出了一款新型的 AVR 高档单片机——ATmega8。ATmega8 的芯片内部集成了较大容量的存储器和丰富强大的硬件接口电路,具备 AVR 高档单片机 mega 系列的全部性能和特点,但采用小引脚封装(DIP28 和 TQFP/MLF32),所以其价格仅与低档单片机相当,成为具有极高性价比、深受广大用户喜爱的单片机。再加上 AVR 单片机的 ISP 性能,用户往往不需要购买昂贵的仿真器和编程器也可进行单片机嵌入式系统的开发应用,同时也为单片机的初学者提供了非常方便和简捷的学习开发环境。ATmega8 的高性能低价格,在产品应用市场上具有强大的竞争力,被很多家用电器厂商和仪器仪表行业看中,从而使 ATmega8 进入大批量的应用领域。

ATmega8 属于 ATmega 系列单片机(ATmega16/32/64/128)的一个子集,指令系统完全兼容,所以学会 ATmega8 的应用,对掌握其他 ATmega 系列的单片机非常有益。本书以 ATmega8 单片机为主,介绍 AVR 单片机的硬件结构、指令系统和开发环境,并给出 ATmega8 的应用实例。

1.2.1 ATmega8 单片机特点

ATmega8 是 AVR 高档单片机中内部接口丰富、功能齐全、性能价格比最好的品种。其主要特点如下:

● 高性能、低功耗的 8 位 AVR 微控制器。
   ◇ 先进的 R/SC 精简指令集结构;

第 1 章 AVR 单片机概述

◇ 130 条功能强大的指令,大多数为单时钟周期指令;
◇ 32 个 8 位通用工作寄存器;
◇ 工作在 16 MHz 时具有 16 MIPS 的性能;
◇ 片内集成硬件乘法器(执行速度为 2 个时钟周期)。
- 片内集成了较大容量的非易失性程序和数据存储器以及工作存储器。
  ◇ 8 KB 的 Flash 程序存储器,擦写次数大于 10 000 次;
  ◇ 512 字节的 E^2PROM,擦写次数为 100 000 次;
  ◇ 1 KB 内部 SRAM;
  ◇ 可编程的程序加密位。
- 外设(Peripheral)性能。
  ◇ 2 个具有比较模式的带预分频器(Separate Prescale)的 8 位定时器/计数器;
  ◇ 1 个带预分频器、具有比较和捕获模式的 16 位定时器/计数器;
  ◇ 1 个具有独立振荡器的异步实时时钟(RTC);
  ◇ 3 个 PWM 通道,可实现任意小于 16 位、相位和频率可调的 PWM 脉宽调制输出;
  ◇ 8 通道 A/D 转换(TQFP、MLF 封装),6 路 10 位 A/D+2 路 8 位 A/D;
  ◇ 6 通道 A/D 转换(PDIP 封装),4 路 10 位 A/D+2 路 8 位 A/D;
  ◇ 1 个 I^2C 的串行接口,支持主/从、收/发 4 种工作方式,支持自动总线仲裁;
  ◇ 1 个可编程的串行 USART 接口,支持同步、异步以及多机通信自动地址识别;
  ◇ 1 个主/从(Master/Slave)、收/发的 SPI 同步串行接口;
  ◇ 带片内 *RC* 振荡器的可编程看门狗定时器;
  ◇ 片内模拟比较器。
- 独特的微控制器特点。
  ◇ 上电复位和可编程的欠电压检测电路;
  ◇ 内部集成了可选择频率(1/2/4/8 MHz)、可校准的 *RC* 振荡器;
  ◇ 外部和内部的中断源 18 个;
  ◇ 5 种休眠模式,分别为空闲模式(Idle)、ADC 噪声抑制模式(ADC Noise Reduction)、省电模式(Power-save)、掉电模式(Power-down)和等待模式(Stand-by)。
- 方便的编程方式。
  ◇ 支持在线编程(ISP)、在应用自编程(IAP);
  ◇ 带有独立加密位的可选 BOOT 区,可通过 BOOT 区内的引导程序区(用户自己写入)来实现 IAP 编程。
- I/O 口和封装。
  ◇ 最多 23 个可编程 I/O 口,可任意定义 I/O 口的输入/输出方向;输出时为推挽输出,驱动能力强,可直接驱动 LED 等大电流负载;输入口可定义为三态输入,可以设定带内部上拉电阻,省去外接上拉电阻。
◇ 28 引脚 PDIP 封装、32 引脚 TQFP 封装和 32 引脚 MLF 封装。
- 工作电压。
  ◇ 2.7～5.5 V(ATmega8L);
  ◇ 4.5～5.5 V(ATmega8)。
- 运行速度。
  ◇ 0～8 MHz(ATmega8L);0～16 MHz(ATmega8)。
- 功耗(4 MHz,3 V,25 ℃)。
  ◇ 正常模式(Active):3.6 mA。
  ◇ 空闲模式(Idle Mode):1.0 mA。
  ◇ 掉电模式(Power-down Mode):0.5 μA。

1.2.2 ATmega8 单片机描述

ATmega8 是一款基于 AVR RISC、低功耗 CMOS 的 8 位单片机。由于其先进的指令集以及单时钟周期指令执行时间,ATmega8 的数据吞吐率高达 1 MIPS/MHz,从而可以减缓系统在功耗和处理速度之间的矛盾。图 1.1 为 ATmega8 的结构框图。

AVR 单片机和传统的单片机结构不同,它不是以累加器为核心的,而是将 32 个工作寄存器和丰富的指令集连接在一起,所有的工作寄存器都与 ALU(算术逻辑单元)直接相连,使得一条指令可以在一个时钟周期内同时访问两个独立的寄存器。这种结构大大提高了代码效率,并且具有比普通 CISC 单片机最高到 10 倍的数据吞吐率。

ATmega8 具有以下特点:8 KB 的在线编程/在应用编程(ISP/IAP)Flash 程序存储器,512 字节 E^2PROM,1 KB SRAM,32 个通用工作寄存器,23 个通用 I/O 口,3 个带有比较模式的灵活的定时器/计数器,18+2 个内外中断源,1 个可编程的 SUART 接口,1 个 8 位 I^2C 总线接口,10 位 6 通道(8 通道为 TQFP 与 MLF 封装)的 ADC,8 位 2 通道 ADC,可编程的看门狗定时器,1 个 SPI 接口和 5 种可通过软件选择的休眠模式(空闲模式、掉电模式、省电模式、ADC 噪声抑制模式和等待模式)。

ATmega8 的休眠模式使 ATmega8 可以使用在要求低功耗的应用场合。当单片机处于空闲模式时,CPU 停止运行,而 SRAM、定时器/计数器、SPI 口和中断系统则继续工作;当单片机处于掉电模式时,振荡器停止工作,所有其他功能都被禁止,但寄存器内容得到保留,只有在外部中断或硬件复位时才退出此状态;单片机处于省电模式时,芯片的所有功能被禁止(处于休眠),只有异步时钟正常工作,以维持时间基准;当单片机处于 ADC 噪声抑制模式时,CPU 和其他的 I/O 模块都停止运行,只有 ADC 和异步时钟正常工作,以减少 ADC 转换过程中的开关噪声;当单片机处于等待模式时,CPU 和其他的 I/O 模块都停止运行,但系统振荡器仍在运行,使得系统在低功耗时可以很快地启动。

第1章 AVR 单片机概述

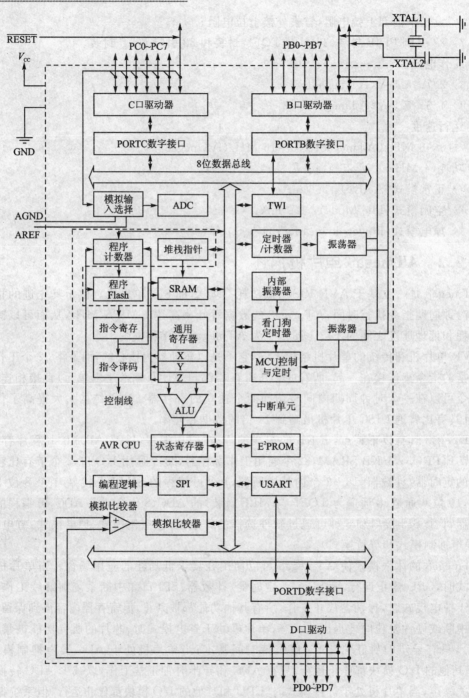

图 1.1 ATmega8 的结构框图

ATmega8 单片机采用了 Atmel 公司的高密度非易失性内存技术,片内 Flash 可以通过 SPI 接口、通用编程器及自引导 BOOT 程序进行编程和自编程。利用自引导 BOOT 程序,可以使用任一硬件接口下载应用程序,并写入到 Flash 的应用程序区。在更新 Flash 的应用程序区数据时,处在 Flash 的 BOOT 区中的自引导程序将继续执行,实现了同时读写(Read-While-Write)的功能(芯片自编程功能)。由于将增强 RISC 8 位 CPU 与在系统编程和在应用编程的 Flash 存储器集成在一个芯片内,因此 ATmega8 成为一个功能强大的单片机,为许多嵌入式控制应用提供了灵活而低成本的解决方案。

ATmega8 具有一整套的编程和系统开发工具,包括宏汇编编译器、C 语言编译器、在线调试/仿真器和评估板。

1.2.3 ATmega8 单片机封装与引脚

ATmega8 有 3 种不同形式的封装:PDIP、TQFP 和 MLF。图 1.2 为 3 种不同封装的式样图。

ATmega8 的外部引脚定义如下:

V_{CC}:数字电路的电源正(数字)。

GND:电源地。

Port B(PB7～PB0)/XTAL1/XTAL2/TOSC1/TOSC2——端口 B 是一个 8 位双向 I/O 口,每一个引脚都带有独立可编程的内部上拉电阻。B 口的输出缓冲器具有对称的驱动特性,可以输出和吸收大电流。当 B 口为输入方式且内部上拉电阻使能时,如果外部引脚被拉低,则 B 口将输出电流。在复位过程中,即使是在系统时钟还未起振的情况下,端口 B 仍呈现为高阻状态。

通过对系统时钟选择熔丝位的设定,PB6 可作为反向振荡放大器或时钟操作电路的输入端,PB7 可作为反向振荡放大器输出端。

若通过系统时钟选择熔丝位设置,则使用内部的 RC 振荡器时,通过置位 ASSR 寄存器的 AS2 位,可将 PB6、PB7 作为异步实时时钟/计数器 2(Asynchronous Timer/Counter2)的输入口 TOSC1、TOSC2 使用(连接 32.768 kHz 的时钟晶体)。

Port/C(PC5～PC0)——端口 C 口是一个 7 位双向 I/O 口,每一个引脚都带有独立可编程的内部上拉电阻。C 口的输出缓冲器具有对称的驱动特性,可以输出和吸收大电流。当 C 口为输入方式且内部上拉电阻使能时,如果外部引脚被拉低,则 C 口将输出电流。在复位过程中,即使是在系统时钟还未起振的情况下,C 口仍呈现为高阻。

PC6/RESET——当 RSTDISBL 熔丝位被编程时,可将 PC6 作为一个 I/O 引脚使用。要注意的是,PC6 引脚的电气特性和端口 C 其他引脚的电气特性是有区别的。

当 RSTDISBL 熔丝位未被编程时,PC6 将作为复位输入引脚 RESET 使用。在该引脚上,一个持续时间超过最小门限时间的低电平将使系统复位。**注意**:持续时间小于最小门限

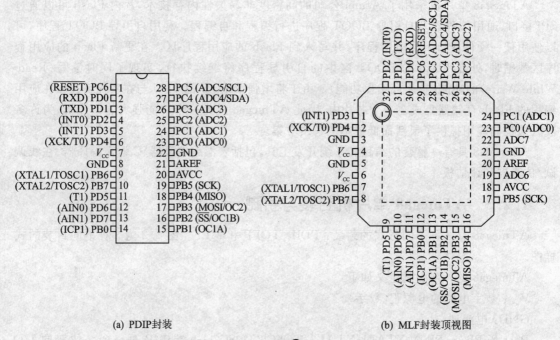

(a) PDIP封装

(b) MLF封装顶视图

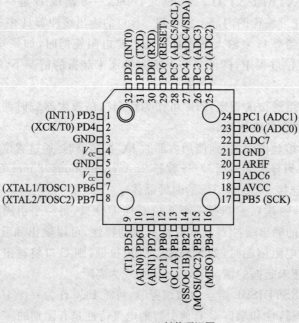

(c) TQFP封装顶视图

图 1.2 ATmega8 芯片引脚图

时间的脉冲不能保证系统可靠复位。

Port D(PD7~PD0)——端口D是一个8位双向I/O口,每一个引脚都带有独立可编程的内部上拉电阻。D口的输出缓冲器具有对称的驱动特性,可以输出和吸收大电流。当D口为输入方式且内部上拉电阻使能时,如果外部引脚被拉低,则D口将输出电流。在复位过程中,即使是在系统时钟还未起振的情况下,D口仍呈现为高阻。

端口D是一个复用端口,还提供ATmega8单片机的许多特殊接口功能。

RESET——复位输入引脚。在该引脚上的一个持续时间超过最小门限时间的低电平将使系统复位。**注意**:持续时间小于最小门限时间的脉冲不能保证系统可靠复位。

XTAL1——内部振荡放大器的输入端。

XTAL2——内部振荡放大器的输出端。

AVCC——A/D转换器、Port C(3~0)和Port C(7~6)的电源。

当引脚Port C(3~0)和Port C(7~6)用于ADC时,AVCC应通过一个低通滤波器与V_{CC}连接。在不使用ADC时,该引脚应直接与V_{CC}连接。而Port C(5~4)的电源则是由V_{CC}提供的。

AREF——A/D转换器的模拟基准电压输入端。

ADC7~6(TQFP和MLF封装)——采用TQFP和MLF封装芯片的ADC7和ADC6引脚为两个10位A/D转换器的输入端,它们的电源由AVCC提供。

1.3 开发工具简介

ATmega8单片机既可以采用汇编语言开发,也可以采用C语言开发。汇编语言和C语言都有各自的优点。汇编语言操作硬件直观,对于非常熟悉硬件的人来说,直接操作很方便。但是大部分程序还是用C语言来编写,C语言有很多优于汇编语言的地方。

(1) 直观,可读性强。一个产品周期是很长的,即使生产出第一台产品之后,还要有很长的维护时间。这中间维护人员可能经常变动,如果可读性强,将会给维护工作省下很多的费用。即使是在开发阶段,可读性强的程序也便于查错。

(2) 模块化可以做得很好。模块化做得好,当然程序的重用性就高。对于公司来说,这一点是公司要想长远发展所不可或缺的。程序可以重用,说明下一次开发的投入就可以减少,时间也可以加快。

常用的开发工具有Atmel公司提供的完全免费的集成开发环境AVR Studio,可以使用汇编语言进行程序的开发和调试,但是很可惜,它不支持C语言编译。所以要使用C语言进行开发必须使用第三方厂商开发的C语言工具。常用的有IAR的EWAVR、ImageCraft的ICCAVR、CodeVision AVR和WinAVR。

除了使用汇编和C语言进行开发以外,有些第三方厂商还提供了Basic和Pascal开发工具。常用的有 FastBasic、BASCOM-AVR、AVRco(PASCAL 编译器)等。

1.3.1 C 语言开发工具比较

GCC 是 Linux 的唯一开发语言。就嵌入式系统应用来说，几乎所有市面上有一定市场份额的 8 位以上的 MCU 都有爱好者移植 GCC 在其上。GCC 的编译器优化程度可以说是目前世界上民用软件中做得最好的。完全用 ANSI C 规范写出的超过 10 000 行代码的程序，目前还没有任何一种编译器产生的目标代码能比 GCC 产生的代码速度更快，同时其 bug 数量也可以算作所有民用 C 编译器中最少的。但是，就 8 位单片机的开发而言，GCC 有一个很严重的缺陷，即不支持 float 数据类型。实际上，GCC 在所有环境中都把 float 直接定义为 double，这样，对 8 位环境来说，就显得负担过重了。被移植到 Windows 平台上，整合了各个组件后的 Windows 版 GCCAVR 就是 WinAVR。它不是 IDE，自己定制 IDE 时就要用到 makefile。makefile 的重要作用就是：指定所用的单片机类型，指定编译的文件，设定编译优化条件等。对于初学者来说，不是很容易掌握，所以对于初学者不推荐使用 WinAVR 进行开发。

IAR 的 EWAVR 由于诞生得比较早，再加上其 IDE 为了与 IAR 其他系列单片机的开发环境相兼容，应该说其 IDE 环境不如 ICCAVR 和 CodeVisionAVR，在使用上也没有其余两个方便。但它也有自己的特点，即 IAR 有自己的源程序调试工具软件 C-SPY，而其余两家均只能通过生成 COFF 格式文件在 Atmel 的 AVR Studio 环境中进行源程序调试，而 IAR 在两个调试环境中均可以正常工作。为了便于初学者正确地选择自己的开发环境，下面分别就 IDE 工作环境、语法扩充、生成的代码效率和速度方面对 IAR 的 EWAVR、ICCAVR 和 CodeVisionAVR 作一个比较。

1. 在 IDE 工作环境方面的差异

主要有以下 4 个方面：应用程序向导、串行通信调试终端、工具配置菜单和工程属性窗口。

(1) 应用程序向导

IAR 没有应用程序向导，而 ICCAVR 与 CodeVisionAVR 都具有应用程序向导。它们的共同点是：
- 可根据选择的器件来产生 I/O 端口、定时器、中断系统、UART、SPI、模拟量比较器和片外 SRAM 配置的初始化代码。
- 都可根据选定的晶振频率和设定的波特率来计算波特率发生器 UBRR 的常数。
- 都可自动生成相应的 C 语言文件。

它们的区别是：
- ICCAVR 除自动计算波特率外，还可以根据定时器的工作方式自动计算有关寄存器的定时常数，而 CodeVisionAVR 则需要用户手工计算后再输入相应的文本框中。

- CodeVisionAVR 除了可以产生 MCU 本身所固有的硬件的初始化代码外，还可以产生一些常用的外部硬件设备的初始化代码，如 I²C 总线接口、Dallas 的单总线接口、字符型 LCD 接口、实时时钟 DS1302 的接口，等等。

（2）串行通信调试终端

ICCAVR 和 CodeVisionAVR 都有一个终端调试程序。用户可根据需要自由地设置波特率、数据位和停止位、奇偶校验等参数，然后用于通信程序的调试。在终端功能方面，CodeVisionAVR 要强一些，它既可以十六进制数的形式进行发送/接收和显示数据，又可以文本的形式来发送/接收和显示数据，而 ICCVAR 只可以文本的形式来发送/接收和显示数据。

IAR 没有终端调试窗口。

（3）工具配置菜单

在工具配置菜单方面，CodeVisionAVR 和 ICCAVR 比 IAR 出色。IAR 在菜单中只增加了一个配置菜单命令，用户可将一些工具软件的启动命令加入其中。ICCAVR 在 IAR 的基础上增加了一些项目，如 AVR 资源计算器、支持 STK200/300 接口的在线编程和基于串口通信的 ISP 编程。CodeVisionAVR 除了具有用户可自己配置工具的特点外，还增加了调试菜单命令和工具栏图标，但只可以使用 Atmel 的 AVR Studio 调试器。CodeVisionAVR 支持的在线编程器种类较多，有 STK200/300/500、DT006、VTEC-ISP 和 ATCPU/mega2000 六种。

（4）工程属性窗口

IAR 工程属性窗口可设置项目较多，但对初学者来说反而不如 ICCAVR 和 CodeVisionAVR 方便。

- IAR 的属性窗口不可以设置到具体的器件型号和准确配置片外 SRAM，而 ICCAVR 和 CodeVisionAVR 可以设置到具体的器件型号，并且可对片外 SRAM 进行较准确的配置。这样，在使用时有些区别，如使用 AT90S8515 器件并且不使用片外 SRAM，在 IAR 的初始化程序中一定要加一行"MCUCR=0x00"，否则在程序运行时 8515 的 PORTA 和 PORTC 两个端口会输出总线信号，而对于 CodeVisionAVR 和 ICCAVR，只需在工程属性窗口中设置即可，其余的工作由编译器自动完成。
- 如果用户需要修改 C 编译器的堆栈空间大小，则 IAR 的属性窗口对此无能为力。它需要修改相应的 XCL 文件才能达到目的，而 CodeVisionAVR 在工程属性窗口中可以直接修改软件堆栈的空间大小。ICCAVR 在工程属性窗口中可以直接修改硬件返回堆栈的空间大小。而 ICCAVR 的 RAM 除了用作硬件返回堆栈、全局变量和堆外，剩余的内存均是软件堆栈。
- 在一些应用中，用户可能需要使用自己的启动文件。IAR 同样需要修改相应的 XCL 文件才能达到目的，而 CodeVisionAVR 和 ICCAVR 在工程属性窗口中可以直接指定使用外部启动文件。
- 当用户使用自己的库文件时，ICCAVR 可以直接指定相应的库文件，而 IAR 需要修改相应的 XCL 文件才能使用相应的库文件。CodeVisionAVR 则必须在头文件或 C 语言文件中使用预处理命令"♯pragma library"才可以使用相应的库文件。
- 在 IAR 和 ICCAVR 中还有一项功能,即空余程序存储空间的填充功能。用户使用这个功能可以在空余的程序存储器中填入特定的数据字节,如设置软件陷阱等,而 CodeVisionAVR 没有这个功能。但 CodeVisionAVR 有另外一个特点:它自动将所有没有使用的中断向量均指向了复位向量入口。这也是一种抗干扰措施。
- IAR 中有一个函数__low_level_init(void),当程序在某些时候不需要初始化全部内存或需要初始化指定的端口时,可在 int__low_level_init(void)中加入自己的代码,让函数返回一个非 0 数值。这是另外两个软件所不具有的,也弥补了其不能方便地指定自定义启动文件的缺点。

2. 在语法扩充上的一些差异

由于 PC 机为冯·诺依曼结构,而 AVR 为哈佛结构,另外单片机的程序存储器都是存放在 ROM 中的,因此几种 C 语言都进行了不同的语法扩充,以适应结构的变化。

(1) IAR 和 CodeVisionAVR 都定义了新的数据类型 sfrb 和 sfrw,使 C 语言可以直接访问 MCU 的有关寄存器,如"sfrb DDRD=0x11"。

ICCAVR 没有定义 sfrb 和 sfrw 数据类型,而是采用强制类型转换和指针的概念来实现访问 MCU 的寄存器,如"♯define DDRD (* (volatile unsigned char *)0x31)"。

前者 sfrb 定义中的 0x11 为 DDRD 寄存器的 I/O 地址,而后者定义中的 0x31 为 DDRD 寄存器在数据内存中的映射地址。

(2) 由于 AVR 单片机内部有 3 种类型的存储器:RAM、E^2PROM 和 Flash 存储器。为了能有效地访问这些存储器,3 种 C 语言分别进行了不同的语法扩充。

IAR 中只扩充了一个关键词"flash"。由于 AVR 的内部 RAM 数量有限,使用"flash"关键词可以将使用 const 类型定义的常量分配进 Flash 存储器,以节省 RAM 使用。在 IAR 中对片内 E^2PROM 的访问只能通过函数_EEPUT 和_EEGET 进行访问。

在 ICCAVR 中对 const 类型进行了扩充。编译器自动将 const 类型数据分配进 Flash 存储器中。对片内 E^2PROM 存储器,C 语言可以通过头文件 eeprom.h 中的函数对 E^2PROM 中某一个具体地址进行访问。ICCAVR 同时也扩充了一个新的 E^2PROM 存储区域,可以在 E^2PROM 区域中定义变量,然后再通过"&"运算符获取变量的地址对其进行访问。

在 CodeVisionAVR 中扩充了"flash"和"eeprom"两个关键词。flash 的用法同 IAR,而由 eeprom 关键词限定的变量被分配进片内 E^2PROM 中。在 C 语言中访问 E^2PROM 中变量的方法,使用形式上和访问 RAM 中的变量完全相同,包括指针形式的访问。

这 3 种 C 语言工具对 Flash 中的代码和常数均可以生成 ROM 文件或 INTEL HEX 格式文件,而 ICCAVR 和 CodeVisionAVR 还可以对 E^2PROM 的初始化数据生成 INTEL HEX

格式的.EEP 文件，IAR 没有这个功能。

（3）由于在 C 程序中需要对 MCU 的中断进行处理，因此它们分别进行了语法扩充。IAR 和 CodeVisionAVR 都扩充了"interrupt"关键词，由该关键词限定的函数为中断处理函数，在 interrupt 关键词后面方括号中的内容为中断向量号。不过，IAR 和 CodeVisionAVR 在有关头文件中用不同的符号对同一个中断号进行了宏定义。例如：

```
IAR 中 interrupt [TIMER1_OVF1_vect] void timer1_overflow(void)
CodeVisionAVR 中 interrupt [TIM1_OVF] void timer1_overflow(void)
```

实际上，它们是对应于同一个中断向量的。

ICCAVR 使用预处理命令"♯pragma interrupt_handler"来说明一个函数为中断处理函数。ICCAVR 采用这种方法的一个优点是，可以将若干个中断向量指向同一个中断处理。例如：

```
♯pragma interrupt_handler timer:4 timer:5
```

中断向量 4 和 5 都指向中断处理函数 timer( )。

（4）位操作。C 语言本身有较强的位处理功能，但在控制领域有时经常需要控制某一个二进制位。为此，在 MCS-51 的 C 语言中，如 Keil 51，扩充了两个数据类型 bit 和 sbit。前者可以在 MCS-51 的位寻址区进行分配，而后者只能定义为可位寻址的特殊功能寄存器 SFR 中的某一位。这两个扩充为 MCS-51 应用 C 语言编程带来了方便。而在针对 AVR 的 3 种 C 语言中，除 CodeVisionAVR 定义了 bit 数据类型外，其余 2 种语言都没有类似的定义。而 sbit 类型，则在 3 种 C 语言中都没有定义。

经过比较，在 AVR 中进行位操作运算，CodeVisionAVR 的功能最强。它一方面有 bit 类型的数据可用于位运算，另一方面在访问 I/O 寄存器时可以直接访问 I/O 寄存器的某一位。例如可以这样访问 DDRB 的 D3 位：

```
DDRB.3 = 1 或 DDRB.3 = 0
```

而在 IAR 和 ICCAVR 中没有 bit 类型的运算。当它们需要访问 I/O 寄存器的某一位时，只能使用 ANSI C 语言的位运算功能。例如可以这样访问 DDRB 的 D3 位（CodeVisionAVR 也可这样访问）：

```
DDRB| = (1 << 3) 或 DDRB& = ~(1 << 3)
```

（5）在线汇编。IAR 不支持在线汇编，而 ICCAVR 和 CodeVisionAVR 均支持在线汇编，即可在 C 语言高级语言程序中直接嵌入汇编语言程序。ICCAVR 甚至可以将汇编语言放在所有的 C 函数体之外。

在 ICCAVR 中，在线汇编使用虚假的 asm("string")函数。例如也可以这样访问 DDRB 的 D3 位：

第1章 AVR 单片机概述

asm("sbi 0x17, 3")或 asm("cbi 0x17 , 3")

若需要嵌入多行汇编指令,则可以使用"\n"分隔。例如:

asm("nop\n nop\n nop")

在 CodeVisionAVR 中,在线汇编有两种格式。其中一种是使用♯asm 和♯endasm 预处理命令来说明它们之间的代码为汇编语言程序。例如可以这样访问 DDRB 的 D3 位:

```
♯asm
sbi 0x17, 3
nop
cbi 0x17 , 3
♯endasm
```

另外一种方式与 ICCAVR 有点类似,使用♯asm ("string")的形式。如上述程序,改写一下为♯asm("sbi 0x17,3\n nop\n cbi 0x17,3")。同样,符号"\n"表示汇编指令换行。

(6) 内存模式。为了提高代码效率,C 语言一般都设置了一些内存模式,它们决定了编译时所使用指针的长度,下面依次介绍。

在 CodeVisionAVR 中,有 2 种内存模式 Tiny 和 Small。在 Tiny 模式,访问 RAM 中变量使用的指针是 8 位的。此时,若使用指针访问 SRAM,则只能访问 SRAM 的最低的 256 字节,而且此时不可以使用外部 SRAM。在 Small 模式,使用 16 位的指针访问 SRAM,可以访问多达 64 KB 的 SRAM,此时,可以使用外部 SRAM。对访问 Flash 和 E^2PROM 的指针,程序使用 16 位的指针,因此最多可以访问 64 KB 的空间。

注意:由于访问 Flash 的程序指针为 16 位,因此,对 ATmega103 编程时编译生成的二进制代码不能超过 64 KB。

另外,使用 Tiny 模式可以获得较快的执行速度和较短的代码长度。

在 IAR 中,由于工程属性配置不能具体到某一个特定器件,因此其目标处理器的配置有 2 个项目:1 个是处理器配置,有 v0~v6 共 7 种配置;另 1 个是内存模式。

下面是 7 种配置的内存使用情况。

- v0:数据 SRAM 最大 256 字节,代码最大 8 KB。编译时只可以使用 Tiny 模式。IAR 中扩充的 near、far 和 huge 关键词不可使用。
- v1:数据 SRAM 最大 64 KB,代码最大 8 KB。编译时只可以使用 Tiny 和 Small 模式。Tiny 模式默认使用 256 字节数据 SRAM,Small 模式默认使用最多 64 KB SRAM。系统默认使用 Tiny 内存模式,可以使用 tiny 和 near 关键词。
- v2:数据 SRAM 最大 256 字节,代码最大 128 KB。编译时只可以使用 Tiny 模式。
- v3:数据 SRAM 最大 64 KB,字节代码最大 128 KB。编译时只可以使用 Tiny 和 Small 模式。

- v4：数据 SRAM 最大 16 MB，代码最大 128 KB。编译时只可以使用 Small 和 Large 模式。
- v5：数据 SRAM 最大 64 KB，字节代码最大 8 MB。编译时只可以使用 Tiny 和 Small 模式。
- v6：数据 SRAM 最大 16 MB，代码最大 8 MB。编译时只可以使用 Small 和 Large 模式。

在 ICCAVR 中没有专门设置编译内存模式。在编译时，根据用户在工程属性中对 SRAM 的设置，自动决定使用哪一种指针。ICCAVR 中对 printf( ) 的版本是分等级的。使用等级越高的 printf( )，其功能越强，但要求代码空间也越大。

（7）库文件。在 C 语言中一般都有很多库文件。IAR 只有一些常用的库，只可以实现对 I/O 寄存器的访问。ICCAVR 有一些改进，在库文件中封装了一些常用的低层操作，如访问 E^2PROM、UART、SPI 等。CodeVisionAVR 在这方面做得较为出色，不仅有与 IAR 和 ICCAVR 相同的库，而且增加了一些常用的硬件接口访问，并且也以库的形式封装起来。CodeVisionAVR 有一些比较有特点的库：访问 I^2C 接口的库、访问 Dallas 的单总线协议接口的库、常用延时函数 delay_us( ) 和 delay_ms( )、访问常用的字符 LCD 的库。对一些常用实时时钟或温度传感芯片，如 DS1302、DS1307、DS1621、DS1820/22、LM75、PCF8563、PCF8535 等也提供了库文件支持。

（8）对器件的支持。ICCAVR 和 CodeVisionAVR 均已支持到 AT94K。IAR 未见有说明，但对不含片内 SRAM 的 AVR 系列芯片，如 AT90S1200、Tiny 系列（不含 Tiny22）均不支持。

ImageCraft 另外提供了一个专门针对不含片内 SRAM 的 AVR 系列芯片的 C 语言开发工具——ICCTiny C 语言工具。

3. 在代码的效率和速度上的差异

在代码效率方面，IAR 和 CodeVisionAVR 均有 speed 和 size 两种方式优化。其中，IAR 的优化等级又分为 0～9 级。而 ICCAVR 出于商业因素，将代码优化和压缩功能放在了专业版中。如果在标准版中使用了代码压缩功能，则程序代码可以压缩但有部分程序可能不能正常工作。

（1）对下面的程序进行代码效率分析。

```c
#include <io8515.h>
void Delay(void)
{
 unsigned char a, b;
 for (a = 1; a; a++);
 for (b = 1; b; b++);
```

```
}

void LED_On(int i)
{
 PORTB = ~(1 << i);
 Delay();
}

void main(void)
{
 int i;
 MCUCR = 0x00;
 DDRB  = 0xFF;
 PORTB = 0xFF;
 while (1)
  {
   for (i = 0; i < 8; i++)
   LED_On(i);
   for (i = 8; i > 0; i--)
   LED_On(i);
   for (i = 0; i < 8; i += 2)
   LED_On(i);
   for (i = 7; i > 0; i -= 2)
   LED_On(i);
  }
}
```

编译后生成的程序代码字节数如下：

编译器	程序代码字节数
IAR	413
ICCAVR	311
CodeVisionAVR	327
Keil 51	136

注：对于 Keil 51，PORTB 换成 P1。

（2）对下面的程序进行代码速度分析。

对 Atmel 文档中的例程：

```
int max(int * array)
{
 char a;
 int maximum = -32768;
 for (a = 0;a<16;a++)
 if (array[a]>maximum) maximum = array[a];
 return (maximum);
}
```

编译后生成的代码字节数和在 8 MHz 晶振下运行所需时间对比如下:

编译器名称	代码字节数	执行时间(8 MHz 晶振)	效 率
IAR	58	47.63 μs	23.58
ICCAVR	62	50.75 μs	22.14
CodeVisionAVR	60	179.38 μs	6.26
Keil 51	57	1.1235 ms	1

(3) 最后再看一个浮点运算程序。

```
#include <math.h>
void main(void)
{
 float x,y,z;
 x = 1.0;
 y = 2.0;
 z = sin(x+y);
}
```

编译后生成的代码字节数和在 8 MHz 晶振下运行所需时间对比如下:

编译器名称	代码字节数	执行时间(8 MHz 晶振)	效 率
IAR	1237	747.5 μs	7.09
ICCAVR	1991	950.75 μs	5.58
CodeVisionAVR	1267	521 μs	10.17
Keil 51	1403	5.301 ms	1

通过以上的对比可以看出:

● C 语言密度并不单纯地决定于 AVR 的结构,而是与编译器有很大的关系。
● 在应用于 AVR 的 3 种 C 语言中,从代码效率和速度的平衡来看,应该是 IAR 最好;而

第 1 章　AVR 单片机概述

ICCAVR 和 CodeVisionAVR 则各有千秋。ICCAVR 在有指针参与的数组运算中速度较快,而 CodevisionAVR 的浮点库函数运算较快。
- 从 IDE 界面和库函数功能来看,应该是 CodeVisionAVR 最好,其次为 ICCAVR,IAR 最差。
- 对 64 KB 以上的代码和数据空间,IAR 的支持较好。
- AVR 与 MCS-51 相比,最突出的是 AVR 结构上的先进性以及其高速运算能力。

1.3.2　程序下载方法简介

对 AVR 单片机存储器的下载程序操作有 4 种方式:利用计算机 RS-232 串行口/USB 口实行 ISP 下载;利用计算机并口(打印口)实行 ISP 下载;利用 JTAG 接口;利用通用编程器。

最常用的是用 ISP 下载方式进行,可以把芯片焊接好以后进行程序写入。这极大地方便了程序的修改,方便产品升级,尤其是 SMD 封装,更利于产品微型化。JTAG 方式与 ISP 方式类似,而且可以提供在系统的调试,但并不是每一种型号都支持。通用编程器的缺点在于价格高,而且对于新型号的支持不是很好。

第 2 章 ATmega8 硬件结构

Atmel 公司推出的 AVR 单片机是一款基于增强 RISC 结构、低功耗、采用 CMOS 技术的 8 位微控制器(Enhanced RISC Microcontroller)。AVR 是一个系列产品,目前主要以 ATtiny 和 ATmega 两种类型为主,共有 70 多种型号,以满足不同的需求和应用。尽管这些产品的功能和内部配置不同,但其基本结构是一样的,指令系统也是兼容的,区别仅在于对 AVR 单片机的内部资源进行了相应的扩展和删减。

ATmega 系列单片机属于 AVR 单片机中的高档产品,它承袭了 AT90 所具有的特点,并且在 AT90(如 AT90S8515、AT90S8535)的基础上增加了更多的、功能更加完善的接口功能,而且在省电、稳定性、抗干扰性以及灵活性方面也考虑得更加周全和完善。因此,ATmega 系列单片机的硬件结构比通常的单片机要复杂得多。

在 AVR 家族中,ATmega8 是一种比较特殊的单片机,其芯片内部集成了较大容量的存储器和丰富强大的硬件接口电路,具备 AVR 高档单片机 mega 系列的全部性能和特点。但由于采用了小引脚的封装(DIP 28 和 TQFP/MLF32),所以其价格仅仅与低档单片机相当,使其成为一款具有极高性能价格比的单片机。但同时,ATmega8 又属于 ATmega 系列单片机(ATmega16/32/64/128)的一个子集,指令系统完全兼容,如果用户能够全面掌握 ATmega8 的硬件结构、特性以及使用,那么同时也就了解和掌握了其他型号 AVR 单片机,特别是 ATmega 系列单片机的硬件结构。

为了使用户能够全面地了解和更好地使用 ATmega8,本章将对其硬件结构做比较详细的介绍和说明。

2.1 ATmega8 单片机内核

2.1.1 结构概述

为了提高 MCU 并行处理的运行效率,AVR 单片机采用了 Harvard 结构,程序存储器和数据存储器使用不同的存储空间和存取总线。算术逻辑单元(ALU)使用单级流水线操作方式对程序存储器进行访问,在执行当前一条指令的同时,也完成了从程序存储器中取出下一条

第 2 章　ATmega8 硬件结构

将要执行指令的操作,因此执行一条指令仅需要一个时钟周期。图 2.1 为 AVR 单片机的系统结构图。

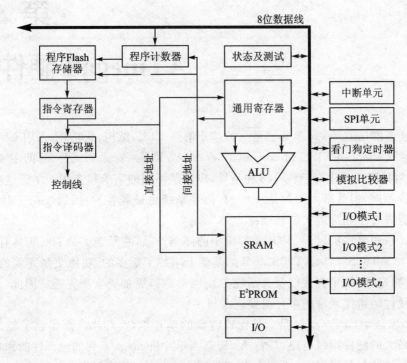

图 2.1　AVR 单片机的系统结构图

与传统的基于累加器的结构不同,在 AVR 硬件内核中,由 32 个 8 位通用工作寄存器所组成的"快速访问寄存器组"替代了累加器。这些寄存器的访问操作时间只需要一个时钟周期就可以完成。"快速访问"意味着在一个时钟周期内就可以执行一个完整的 ALU 操作。在一个标准的 ALU 操作中包含了 3 个过程:从寄存器组中取出两个操作数,操作数被执行,将执行结果写入目的寄存器中。在 ATmega8 中,这 3 个过程是在一个时钟周期内完成的,构成一个完整的 ALU 操作。

在这 32 个通用工作寄存器中,有 6 个寄存器可以合并成为 3 个 16 位的、用于对数据存储器空间进行间接寻址的间接地址寄存器(存放地址指针),以实现高效的地址计算。这 3 个 16 位的间接地址寄存器称为 X 寄存器、Y 寄存器和 Z 寄存器。其中 Z 寄存器还能作为间接寻址程序存储器空间的地址寄存器,用于在 Flash 程序存储器空间进行查表操作。

算术逻辑单元(ALU)支持寄存器之间、立即数与寄存器之间的算术与逻辑运算功能。ALU 也执行单一的寄存器操作。每一次运算操作的结果将影响和改变状态寄存器的值。

使用条件转移、无条件转移和调用指令,可以直接访问全部 Flash 程序存储器空间。大部分 AVR 指令为单一的 16 位格式,只有少数指令为 32 位格式。因此,AVR 的程序存储器单元为 16 位,即每个地址单元存放一个单一的 16 位指令字,而一条 32 位的指令字则要占据 2 个程序存储器单元。

ATmega8 单片机的 Flash 程序存储器空间分成两段:引导程序段(Boot Program Section)和应用程序段(Application Program Section)。两个段的读/写保护可以通过设置对应的锁定位(Lock Bits)来实现。在引导程序段驻留的引导程序中可以使用 SPM 指令,用以实现对应用程序段的更新写操作(实现可在应用自编程,使更新系统持续)。

在 AVR 中,所有的存储器空间都是线性的。数据存储器(SRAM)可以通过 5 种不同的寻址方式进行访问。I/O 空间为连续的 64 个 I/O 寄存器空间,它们分别对应 MCU 各个外围功能的控制和数据寄存器地址,如控制寄存器、定时器/计数器、A/D 转换器及其他的 I/O 功能等。I/O 寄存器空间可使用 I/O 寄存器访问指令直接访问,也可将其映射为通用工作寄存器组后的数据存储器空间,使用数据存储器访问指令进行访问。I/O 寄存器空间在数据存储器空间的映射地址为 0x0020~0x005F。

在进入中断和子程序调用过程时,程序计数器 PC 的返回地址将被存储于堆栈之中。堆栈空间将占用数据存储器(SRAM)中一段连续的地址,因此,堆栈空间的大小仅受到系统总的数据存储器(SRAM)的大小以及系统程序对 SRAM 的使用量的限制。用户程序应在系统上电复位后,对一个 16 位的堆栈指针寄存器 SP 进行初始化设置(或在子程序和中断程序被执行之前)。可以使用对 I/O 寄存器空间进行读/写访问的指令对堆栈指针寄存器 SP 进行操作。

AVR 的中断控制由 I/O 寄存器空间的中断控制寄存器和状态寄存器中的全局中断使能位组成。每个中断都分别对应一个中断向量(中断入口地址)。所有的中断向量构成了中断向量表,该中断向量表位于 Flash 程序存储器空间的最前面。中断的中断向量地址越小,其中断的优先级越高。

2.1.2 微控制器

1. 算术逻辑单元(ALU)

AVR 的算术逻辑单元(ALU)与 32 个通用工作寄存器直接相连。在一个系统时钟周期内,ALU 可以完成一个寄存器与寄存器之间或寄存器与立即数之间的操作。这些 ALU 的操作分为 3 类:算术、逻辑以及位操作。

2. 状态寄存器(SREG)

状态寄存器(SREG)为一个 8 位的寄存器,每一位都是一个标志位,代表不同的含义。许多指令的运行都会影响状态寄存器的标志位和状态位。对状态寄存器中的一些标志位置位或清 0,它反映了每个 ALU 操作后结果的各种状态。这些标志位可以作为程序跳转的判断条

第 2 章 ATmega8 硬件结构

件。由于每个操作的结果都会影响和改变状态寄存器标志位的内容，因此在许多情况下，可以省掉使用专用的比较指令，根据状态寄存器的值来进行判断和跳转，从而使生成的执行代码更加简短、高效和快速。

当单片机进入中断处理过程和中断返回时，状态寄存器的内容不会自动保护和恢复，因此需要在中断处理程序中使用相关的指令对状态寄存器内容进行现场的保护与恢复。

AVR 的状态寄存器(SREG)在 I/O 空间的地址为 0x3F（数据空间地址为 0x005F），其位定义如下：

位	7	6	5	4	3	2	1	0	
0x3F(0x005F)	I	T	H	S	V	N	Z	C	SREG
读/写	R/W	R/W	R/W	R/W	R/W	R/W	R/W	R/W	
复位值	0	0	0	0	0	0	0	0	

(1) 位 7——I: 全局中断允许

当全局中断允许 I 位为 1 时，全局中断使能允许。而单独的中断使能允许则由各自的中断控制寄存器控制。如果全局中断允许位清 0，则不论单独中断允许位是否置 1，所有中断都被禁止，系统不响应任何中断。一旦系统响应一个中断，I 位将由硬件自动清 0；而当执行 RETI（中断返回）指令时，I 位由硬件自动置位 1，从而允许系统再次响应下一个中断的请求。用户也可以在程序中使用 SEI 和 CLI 指令对全局中断允许标志位 I 进行置位或清除（如要求系统实现中断嵌套响应）。

(2) 位 6——T: 位复制存储

在位复制指令 BLD（SREG 中的 T 标志复制到寄存器某位）和 BST（寄存器中的某一位复制到 SREG 中的 T 标志）中，把位复制存储 T 位作为源操作位或目标操作位。通用工作寄存器组（32 个工作寄存器）中的任何一个寄存器的任何一位，可以通过 BST 指令被复制到标志 T；而使用 BLD 指令则可将标志 T 的值复制到 32 个工作寄存器中指定寄存器的指定位。

(3) 位 5——H: 半进位标志位

半进位标志位 H 指示了在一些 ALU 运算操作过程中有无半进位（低 4 位向高 4 位进位）的出现，它对于 BCD 码的运算是非常有用的。请参考第 3 章相关指令说明。

(4) 位 4——S: 符号标志位，S=N⊕V

符号标志位 S 是负数标志位 N 和 2 的补码溢出标志位 V 的"异或"值。请参考第 3 章相关指令说明。

(5) 位 3——V: 2 的补码溢出标志位

2 的补码溢出标志位 V 用于支持 2 的补码运算，请参考第 3 章相关指令说明。

(6) 位 2——N: 负数标志位

负数标志位 N 表示在一个算术或逻辑操作之后的结果是否为负数。请参考第 3 章指令说明。

(7) 位 1——Z：零值标志位

零值标志位 Z 表示在一个算术或逻辑操作之后的结果是否为零。请参考第 3 章指令说明。

(8) 位 0——C：进位标志位

进位标志位 C 表示在一个算术或逻辑操作之后有无产生进位。请参考第 3 章指令说明。

3. 通用工作寄存器组

在 AVR 中，由 32 个 8 位通用工作寄存器构成一个"通用工作寄存器组"，分别命名为 R0～R31。图 2.2 为通用工作寄存器组的结构图。通用工作寄存器组的结构，针对 AVR 单片机增强型 RISC 指令集进行了优化。为了获得需要的性能和灵活性，寄存器组支持以下 4 种数据输入/输出的方式：

- 提供一个 8 位源操作数并保存一个 8 位结果；
- 提供两个 8 位源操作数并保存一个 8 位结果；
- 提供两个 8 位源操作数并保存一个 16 位结果；
- 提供一个 16 位源操作数并保存一个 16 位结果。

大多数的工作寄存器组操作指令都能够在单个时钟周期内直接访问所有的工作寄存器。如图 2.2 所示，每个通用寄存器都占据一个数据存储器 SRAM 空间的地址，它们被直接映射到用户数据空间的前 32 个地址。虽然寄存器组的物理结构与 SRAM 不同，但是这种内存空间的组织方式为访问工作寄存器提供了极大的灵活性。

	7　　　　　　0	地址	
通用工作寄存器	R0	0x00	
	R1	0x01	
	R2	0x02	
	⋮	⋮	
	R13	0x0D	
	R14	0x0E	
	R15	0x0F	
	R16	0x10	
	R17	0x11	
	⋮	⋮	
	R26	0x1A	X寄存器，低字节
	R27	0x1B	X寄存器，高字节
	R28	0x1C	Y寄存器，低字节
	R29	0x1D	Y寄存器，高字节
	R30	0x1E	Z寄存器，低字节
	R31	0x1F	Z寄存器，高字节

图 2.2　通用工作寄存器组

4. X、Y、Z 地址指针寄存器

寄存器 R26~R31 除了可用作通用寄存器外,还可两两合并,组成三个 16 位寄存器 X、Y、Z,作为间接寻址操作中的地址指针寄存器使用,从而在整个数据空间实现间接寻址的操作。在不同的间接寻址方式中,地址指针寄存器中的内容或保持不变,或自动增量加 1,或自动减 1。X、Y、Z 寄存器的结构如图 2.3 所示。

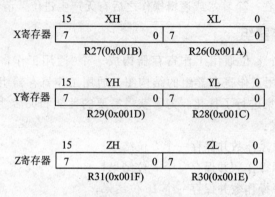

图 2.3 X、Y、Z 寄存器的结构

5. 堆栈指针寄存器(SP)

堆栈主要用于保存临时数据、局部变量、中断或子程序的返回地址。16 位的堆栈指针寄存器(SP)指示了堆栈顶部地址。需要注意的是,尽管堆栈区可在整个的数据存储器(SRAM)空间建立,但在 ATmega8 中,堆栈区在数据存储器空间内是由高端向低端发展的。这意味着执行一个进栈 PUSH 操作时,堆栈指针将自动减量(8051 的堆栈区在数据存储器空间内是由低端向高端发展的)。

在 I/O 空间,地址为 0x3E(0x005E) 和 0x3D(0x005D) 的两个 8 位寄存器构成了一个 16 位的堆栈指针寄存器 SP。由于 AVR 单片机上电复位后,堆栈寄存器(SP)的初始值 SPH=0x00,SPL=0x00,而且堆栈采用减 1 或减 2 的进栈操作,所以系统程序一开始必须对堆栈指针寄存器(SP)进行初始化(或在调用子程序及开放中断以前)。通常都将 SP 的值设在数据存储器(SRAM) 空间的最高处。ATmega8 的内部 SRAM 为 1 KB,又不能扩充外部的 SRAM,因此,堆栈初始值一般设置为 SRAM 空间的 0x045F 处。堆栈指针寄存器 SP 的结构如图 2.4 所示。

SP 堆栈指针寄存器指示了在 SRAM 空间的堆栈区域的头部地址。该堆栈空间的头部地址必须在系统程序初始化时由初始化程序定义和设置,子程序的返回地址和中断返回地址将被放置在堆栈区域中。当执行 PUSH 指令,数据被压入堆栈时,堆栈指针(SP 中的数据)自动减 1;当执行子程序调用指令 CALL 和中断响应时,指令将自动把返回地址(16 位数据)压入

位	15	14	13	12	11	10	9	8	
0x3E(0x005E)	SP15	SP14	SP13	SP12	SP11	SP10	SP9	SP8	SPH
0x3D(0x005D)	SP7	SP6	SP5	SP4	SP3	SP2	SP1	SP0	SPL
位	7	6	5	4	3	2	1	0	
读/写	R/W	R/W	R/W	R/W	R/W	R/W	R/W	R/W	
读/写	R/W	R/W	R/W	R/W	R/W	R/W	R/W	R/W	
复位值	0	0	0	0	0	0	0	0	
复位值	0	0	0	0	0	0	0	0	

图 2.4 堆栈指针寄存器 SP 的结构

堆栈中,堆栈指针将自动减 2。反之,当执行 POP 指令,将数据从堆栈中弹出时,堆栈指针将自动加 1;当执行从子程序 RET 返回或从中断 RETI 返回指令时,返回地址将从堆栈中弹出,堆栈指针将自动加 2。

2.1.3 复位和中断处理

ATmega8 通过状态寄存器的全局中断允许位和每个中断事件各自的中断允许控制位来控制对中断时间的响应。当某个中断源的中断允许位置 1,且状态寄存器(SREG)中的全局中断允许位 I 也为 1 时,MCU 才能响应该中断。

当 MCU 响应一个中断请求后,会自动将全局中断允许位 I 自动清 0,此时后续中断的响应被屏蔽。当 MCU 执行中断返回指令 RETI 时,会将全局中断允许位 I 自动置 1,以允许响应下一个中断。用户可在中断处理程序中将 I 位置 1,打开中断响应,这样 MCU 就可以再次响应中断,实现了中断嵌套处理。

AVR 的中断响应时间最少为 4 个时钟周期。硬件系统需要 4 个时钟周期的时间:首先,自动将程序计数器 PC 的值压入堆栈,同时将堆栈指针(SP)减 2,将全局中断允许位 I 自动清 0;然后跳转到中断向量处,执行在中断向量处的指令。通常情况下,在中断向量处是一条跳转到中断处理程序的 Jump 指令,执行这条指令需要 3 个时钟周期。如果中断是在一条多周期指令执行期间发生的,则必须等待当前这条多周期指令执行完后,MCU 才能响应中断。如果中断是在 MCU 处于休眠状态时发生的,则此时的中断响应时间为 4 个时钟周期再加上系统唤醒所需要的延时时间。系统唤醒延时时间的长短取决于单片机的休眠方式和相应设定。

中断返回同样也需要 4 个时钟周期。在此期间,硬件系统自动将程序计数器 PC 的值从堆栈中弹出,将堆栈指针 SP 加 2,同时将状态寄存器(SREG)的 I 位置 1。

MCU 由中断返回后,总是回到被中断打断的主程序,并至少执行一条主程序中的指令后才能响应下一个中断。

特别需要注意的是,AVR 单片机在响应中断及从中断返回时,并不会对状态寄存器 SREG 自动进行保存和恢复操作,因此,状态寄存器(SREG)的中断保护与恢复必须由用户软件完成。

如果用户软件中执行了 CLI 指令将全局中断允许位清 0,则中断响应将被立即禁止,即使是与该指令执行同时所产生的中断也被禁止;而当执行 SEI 指令允许全局中断响应后,MCU 需要再执行一条紧跟在 SEI 后的指令,才能开始响应中断。

中断源基本上分为 2 种类型的中断:事件触发型中断和条件中断。对于事件触发类中断(如时钟、计数、比较等),一旦事件产生后,便会将相应的中断标志位置位,申请中断处理。当 MCU 响应中断,跳转到实际中断向量处开始相应的中断处理程序时,硬件自动清除对应的中断标志。这些中断标志位也可通过软件写 1 来清除。当一个符合条件的中断触发置位了中断标志位,但相应的中断允许位为 0 时,这个中断标志将挂起为 1,一直保持到该中断被响应或中断标志被软件清为 0。同理,当一个或多个符合条件的中断触发置位了中断标志位,但全局中断允许位为 0 时,这个(些)中断标志将挂起保持为 1,直到全局中断允许位置 1,MCU 根据中断的优先级先后响应中断,或者中断标志被软件清为 0。对于有些条件中断(如外部电平中断)来说,它们没有中断标志位,在中断条件成立时,将一直不断地向 MCU 申请中断。如果在中断允许响应前,中断条件由成立状态变成不成立状态,则该中断即宣告中止了。

通常,Flash 程序存储器空间的最低端定义为系统复位和中断向量。ATmega8 有 18 个不同的中断源,每个中断源和系统复位在程序存储器空间都有一个独立的中断向量,每个中断事件都有各自独立的中断允许控制位。完整的中断向量见 2.6 节的表 2-13。在中断向量表中,处于低地址的中断具有高的优先级。所以,系统复位 RESET 具有最高的优先级。

通过对启动锁定位(Boot Lock Bits)BLB02 和 BLB12 编程,可以禁止 MCU 响应中断。

可以通过对 BOOTRST 熔丝位编程和 GICR 寄存器的 IVSEL 的设置,将系统复位向量和中断向量表置于 Flash 程序存储器的应用程序区的头部,或者转移到引导程序载入区的头部,或分开置于不同的两个区各自的头部。

2.2 ATmega8 单片机存储器组织

ATmega8 内部含有 8 KB 的在线编程/在应用编程(ISP/IAP)Flash 程序存储器,512 字节的 E^2PROM,1 KB 的 SRAM 以及 32 个通用工作寄存器和 64 个 I/O 寄存器。

2.2.1 Flash 程序存储器

ATmega8 单片机片内集成了 8 KB 的、支持可在线编程(ISP)和可在应用自编程(IAP)的 Flash 存储器,用于存放程序指令代码。图 2.5 为 Flash 程序存储器的结构图。由于大部分的 AVR 指令为 16 位宽(只有少数指令为 32 位宽),因此程序存储器 Flash 的结构为 4K×16 位。为了程序的安全性,

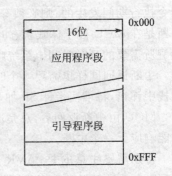

图 2.5 Flash 程序存储器结构

Flash 存储器空间被分为两部分:引导程序段(BootProgram Section)和应用程序段(Application Program Section)。可以通过对相应熔丝位的编程设定,选择是否需要使用引导程序段以及该段空间的大小。

Flash 存储器的使用寿命最少为 1000 次的擦写循环。ATmega8 的程序计数器(PC)的字长为 12 位宽,可以寻址整个 4 KB 程序存储器空间。

常量表也可以放置在程序存储器空间。

2.2.2 数据存储器和内部寄存器

图 2.6 给出了 ATmega8 数据存储器(SRAM)空间的组织结构。由低端开始的 1120 个数据存储器空间依次分配给 32 个通用工作寄存器、64 个 I/O 寄存器和 1 KB 的内部 SRAM,即前 96 个地址分配给通用工作寄存器组空间和 I/O 寄存器空间(映射)使用,接下来的 1024 个地址用于内部 SRAM。

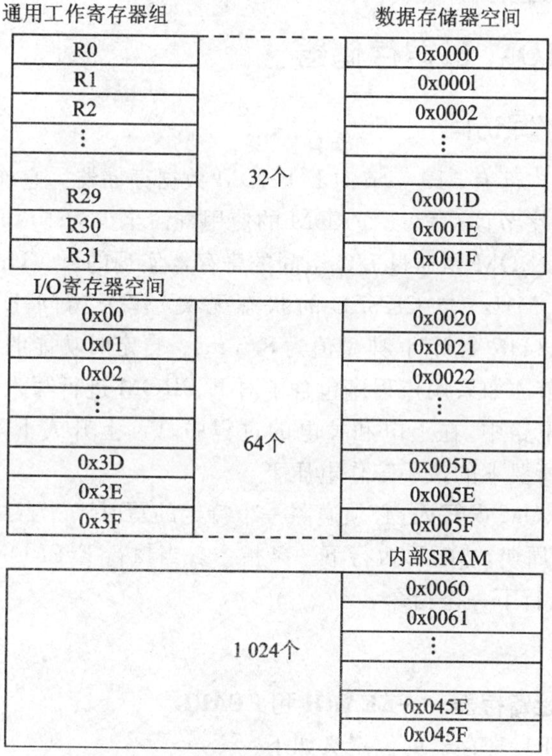

通用工作寄存器组		数据存储器空间
R0		0x0000
R1		0x0001
R2	32个	0x0002
⋮		⋮
R29		0x001D
R30		0x001E
R31		0x001F
I/O寄存器空间		
0x00		0x0020
0x01		0x0021
0x02	64个	0x0022
⋮		⋮
0x3D		0x005D
0x3E		0x005E
0x3F		0x005F
内部SRAM		
		0x0060
	1 024个	0x0061
		⋮
		0x045E
		0x045F

图 2.6 数据存储器空间组织

从图 2.6 可以看出，32 个通用工作寄存器和 64 个 I/O 寄存器全部在 SRAM 空间有映射地址，因此可以采用访问 SRAM 的指令对这些寄存器进行操作。此时，指令中所使用寄存器的地址为该寄存器在 SRAM 空间的映射地址。但是，最好还是使用专用的寄存器访问指令对这些寄存器进行操作，因为这类寄存器专用指令不仅操作功能强大，而且指令执行周期也短。使用专用的寄存器指令访问寄存器时，用寄存器在实际寄存器空间的地址，如访问工作寄存器，地址为 R0～R1；访问 I/O 寄存器，地址空间为 0x00～0x3F。

数据存储器的寻址模式分为 5 种：直接寻址、带偏移量的间接寻址、间接寻址、带预减量的间接寻址和带后增量的间接寻址。在寄存器组中，寄存器 R26～R31 构成了间接寻址的指针寄存器。数据存储器的直接寻址范围为整个数据存储器空间的 1120 个地址。带偏移量的间接寻址模式能够寻址到由寄存器 Y 和 Z 给定的基址附近的 63 个地址。在自动预减量和后增量的间接寻址模式中，寄存器 X、Y 和 Z 被用作地址指针寄存器，其内容将自动增加或减小。

全部 32 个通用工作寄存器、64 个 I/O 寄存器以及 1024 字节的数据存储器（SRAM），可以通过上述的寻址模式进行读/写访问。

2.2.3 E^2PROM 数据存储器

1. E^2PROM 读/写访问

ATmega8 单片机内部有 512 字节的 E^2PROM 数据存储器。它作为一个独立的数据存储器空间而存在，可以按字节读/写。E^2PROM 的使用寿命至少为 100000 次的擦写循环。

在程序中访问 E^2PROM 是通过 I/O 空间的寄存器实现的。ATmega8 采用芯片内部可校准的 *RC* 振荡器的 1 MHz（与 CKSEL 的状态无关）作为访问 E^2PROM 的定时时钟。E^2PROM 编程时间为 8448 个周期，典型值为 8.5 ms。自定时功能的应用，可使用户程序检测何时能够写入下一字节。如果用户程序包含了对 E^2PROM 进行写入的指令，则必须注意：在电源滤波常数较大的电路中，在上电和掉电的过程中，V_{cc} 上升或下降得比较慢。此时，CPU 可能工作在低于晶振所要求的最小工作电压下。

为了防止对 E^2PROM 误写入，必须遵照一个特定的写时序。当执行 E^2PROM 读操作时，CPU 将暂停 4 个时钟周期，然后再执行下一条指令。当执行 E^2PROM 写操作时，CPU 暂停 2 个时钟周期，然后再执行下一条指令。

2. 寄存器描述

(1) E^2PROM 地址寄存器——EEARH 和 EEARL

EEARH 和 EEARL 寄存器的位定义如下：

位	15	1	13	12	11	10	9	8	
0x1F(0x003F)	—	—	—	—	—	—	—	EEAR8	EEARH
0x1E(0x003E)	EEAR7	EEAR6	EEAR5	EEAR4	EEAR3	EEAR2	EEAR1	EEAR0	EEARL
位	7	6	5	4	3	2	1	0	
读/写	R	R	R	R	R	R	R	R	
读/写	R/W	R/W	R/W	R/W	R/W	R/W	R/W	R/W	
复位值	0	0	0	0	0	0	0	x	

位 15~9——保留。保留位,读操作返回值始终为 0。

位 8~0——EEAR[8:0]：E^2PROM 地址。E^2PROM 地址寄存器(EEARH 和 EEARL)指定了 512 字节的 E^2PROM 空间的地址。E^2PROM 地址空间是线性排列的,从 0 到 511。EEAR 中的初始值未定义,因此在读取 E^2PROM 前必须写入一个正确的地址值。

(2) E^2PROM 数据寄存器——EEDR

EEDR 寄存器的位定义如下：

位	7	6	5	4	3	2	1	0	
0x1D(0x003D)	MSB							LSB	EEDR
读/写	R/W	R/W	R/W	R/W	R/W	R/W	R/W	R/W	
复位值	0	0	0	0	0	0	0	0	

位 7~0——EEDR[7:0]：E^2PROM 数据。对于写 E^2PROM 操作,EEDR 寄存器包含了将要写入 E^2PROM 中的数据,EEAR 寄存器给出其地址。对于读 E^2PROM 操作,EEAR 寄存器为指定的地址,读出的数据在 EEDR 寄存器中。

(3) E^2PROM 控制寄存器——EECR

EECR 寄存器的位定义如下：

位	7	6	5	4	3	2	1	0	
0x1C(0x003C)	—	—	—	—	EERIE	EEMWE	EEWE	EERELSB	EECR
读/写	R	R	R	R	R/W	R/W	R/W	R/W	
复位值	0	0	0	0	0	0	X	0	

位 7~4——保留。保留位,读操作返回值始终为 0。

位 3——EERIE：E^2PROM 就绪中断使能。如果 SREG 寄存器中的 I 位为 1,则 EERIE 置位将使能 E^2PROM 就绪中断。EERIE 清 0,则禁止该中断。当 EEWE 位被清 0 时,E^2PROM 就绪中断即可发生。

位 2——EEMWE：E^2PROM 主机写使能。EEMWE 位决定了置位 EEWE 位是否可以启动 E^2PROM 写操作。若 EEMWE 位为 1，则在 4 个时钟周期内，置位 EEWE 将把数据写入到 E^2PROM 的指定地址；若 EEMWE 为 0，则置位 EEWE 不能启动 E^2PROM 写操作。当 EEMWE 被置位 4 个时钟周期后，硬件自动清 0 该位。

位 1——EEWE：E^2PROM 写使能。EEWE 位为 E^2PROM 写操作的使能信号。当 E^2PROM 地址和数据被正确设置后，须置位 EEWE 位，以便将数据写入 E^2PROM。此时，EEMWE 位必须为 1（使能主机写 E^2PROM），否则，不能启动 E^2PROM 的写操作。写时序如下（其中第③步和第④步不是必需的）：

① 等待 EEWE 位变为 0；
② 等待 SPMCR 寄存器中的 SPMEN 位变为 0；
③ 将新的 E^2PROM 地址写到寄存器 EEAR（可选）；
④ 将新的 E^2PROM 数据写到寄存器 EEDR（可选）；
⑤ EEMWE 置位，同时 EEWE 清 0；
⑥ 在置位 EEMWE 的 4 个时钟周期内，置位 EEWE。

当 CPU 写 Flash 存储器时，不能对 E^2PROM 进行编程操作。在启动 E^2PROM 写操作前，必须检测 Flash 写操作是否已经完成。步骤②在软件包含引导加载程序，并允许 CPU 对 Flash 进行编程时才有用。如果 CPU 从不写 Flash，则步骤②可以省略。

注意：在步骤⑤和步骤⑥之间发生中断，将使写操作失败，因为此时 E^2PROM 主机写使能（EEMWE）将超时。如果一个操作 E^2PROM 的中断打断另一个对 E^2PROM 的操作，则 EEAR 或 EEDA 寄存器的值有可能被改变，从而导致被中断的 E^2PROM 访问操作失败。建议在所有以上步骤中关闭全局中断允许标志 I。

当写 E^2PROM 写操作完成后，EEWE 位将被硬件自动清 0。用户程序可以查询 EEWE 标志来判断写操作是否结束。当 EEWE 被置位后，CPU 须停止 2 个时钟周期，才会再执行下一条指令。

位 0——EERE：E^2PROM 读使能。EERE 位为 E^2PROM 读操作的使能信号。当 EEAR 寄存器被设置了正确的地址后，须置位 EERE 位，以便把数据读入 EEDR。E^2PROM 的读取操作只需一个指令，并且无须等待，立即可以获得访问地址的数据。当执行 E^2PROM 读操作时，CPU 将停止 4 个时钟周期，然后再执行下一个指令。

在开始执行 E^2PROM 读操作前，用户程序应该检测 EEWE 标志位。如果一个 E^2PROM 的写操作正在进行，就无法读取 E^2PROM，也无法改变 EEAR 寄存器内容。

3. E^2PROM 读/写例程

下面给出读/写 E^2PROM 的例程。在例程中，假定中断已经屏蔽，在读/写 E^2PROM 期间不响应任何的中断，同时没有对 Flash 程序存储器的写操作。

(1) 写 E²PROM

汇编代码如下：

```
EEPROM_write:
; 等待上一次写操作结束
sbic EECR,EEWE
rjmp EEPROM_write
; 设置地址寄存器(18:r17)
out EEARH,r18
out EEARL,r17
; 将数据写入数据寄存器(r16)
out EEDR,r16
; 置位 EEMWE
sbi EECR,EEMWE
; 置位 EEWE 以启动写操作
sbi EECR,EEWE
ret
```

C 程序代码如下：

```c
void EEPROM_write(unsigned int uiAddress,unsigned char ucData)
{/* 等待上一次写操作完成 */
while(EECR & (1 << EEWE));
/* 设置地址和数据寄存器 */
EEAR = uiAddress;
EEDR = ucData;
/* 置位 EEMWE */
EECR |= (1 << EEMWE);
/* 置位 EEWE 以启动写操作 */
EECR |= (1 << EEWE);
}
```

(2) 读 E²PROM

汇编代码如下：

```
EEPROM_read:
; 等待上一次写操作完成
sbic EECR,EEWE
rjmp EEPROM_read
; 设置地址寄存器(r18:r17)
out EEARH,r18
out EEARL,r17
```

```
; 置位 EERE 以启动读操作
sbi EECR,EERE
; 自数据寄存器读取数据
in r16,EEDR
ret
```

C 程序代码如下：

```c
unsigned char EEPROM_read(unsigned int uiAddress)
{/* 等待上一次写操作完成 */
while(EECR & (1 << EEWE));
/* 设置地址和数据寄存器 */
EEAR = uiAddress;
/* 置位 EERE 以启动读操作 */
EECR |= (1 << EERE);
/* 自数据寄存器读取数据 */
return EEDR;
}
```

4. 防止 E^2PROM 数据丢失

当电源电压 V_{CC} 过低时，会导致 CPU 和 E^2PROM 存储器工作不正常，造成 E^2PROM 中的数据被破坏（丢失）。形成这种情况的原因有 2 种：一是电源电压低于 E^2PROM 写操作所需的最低电压；二是电源电压低于 CPU 正常运行所需的最低电压，引起 CPU 本身非正常操作。

通过以下的措施可以避免和防止 E^2PROM 被破坏：当电源电压不足时，保持 AVR 的复位为低电平。如果电源电压与 BROWN-OUT 检测电压相匹配，则使能芯片内部的掉电检测电路 BOD 来实现；如果不匹配，则需要使用外部复位电路。如果在 E^2PROM 写操作过程中，出现了复位信号，则只要电源电压足够高，写操作仍将正常结束。

2.3 系统时钟和时钟选择

2.3.1 时钟系统和时钟分配

图 2.7 为 AVR 的主时钟系统和时钟分配图。这些时钟并不需要同时工作。为了降低功耗，可以通过使用不同的休眠模式来禁止无须工作的模块的时钟。

AVR 的主时钟系统将产生以下几种用于驱动芯片各个不同模块的时钟信号。

CPU 时钟信号——clk_{CPU}。CPU 时钟信号与 AVR 内核子系统相连接，如通用寄存器组、

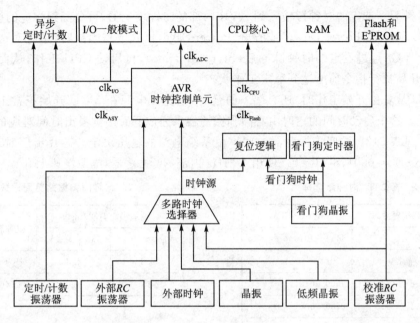

图 2.7 时钟系统和时钟分配

状态寄存器和保存堆栈指针的数据存储器。中止 CPU 时钟信号将停止 AVR 内核的工作和运算。

I/O 时钟信号——$clk_{I/O}$。I/O 时钟信号用于主要的输入/输出模块，如定时器/计数器、SPI 和 USART。I/O 时钟信号还用于外部中断模块。某些外部中断是通过异步逻辑来检测的，即使在 I/O 时钟信号停止的情况下，这些中断仍然可以得到有效的监控。此外，I^2C 模块的起始条件检测也是异步进行的，因此，在任何休眠模式下都可以正常工作。

Flash 时钟信号——clk_{Flash}。Flash 时钟信号控制着 Flash 接口的操作。此时钟通常与 CPU 时钟信号同时挂起或激活。

异步定时器时钟信号——clk_{ASY}。异步定时器时钟允许异步定时器/计数器直接由外部 32 kHz 时钟晶体驱动，使得此定时器/计数器即使在睡眠模式下依然可以为系统提供实时时钟。异步定时器/计数器与 CPU 主时钟使用相同的 XTAL 引脚，但其需要的时钟频率是振荡频率的 4 倍。因此，只有当系统使用内部振荡器时，异步操作才有效。

ADC 时钟信号——clk_{ADC}。ADC 转换使用一个专用的时钟信号 clk_{ADC}。这样，就允许在 ADC 转换时暂停 CPU 和 I/O 的时钟，从而可以降低由于数字电路引起的噪声，提高 ADC 转换精度。

2.3.2 时钟源选择

通过对 ATmega8 的 Flash 熔丝位 CKSEL 编程设置，器件可选择如表 2.1 所列的 5 种类型的系统时钟源。选定的时钟源输入到 AVR 内部的时钟发生器,再分配到相应的模块。

当 CPU 从掉电(Power-Down)或省电(Power-Save)模式下被唤醒时,系统对选定的时钟源脉冲进行计数,经过设定的时钟脉冲后(Start-up Time),再启动 CPU 工作,从而保证振荡器在 CPU 开始执行指令前已达到稳定工作状态。

当 CPU 从复位开始工作时,还有额外的延时,以保证电源在 MCU 开始正常工作前达到稳定的电平。这个启动时间的定时由看门狗振荡器来完成。看门狗溢出时间对应的 WDT 振荡器周期数见表 2.2。看门狗振荡器的频率由系统电源的电压决定。芯片出厂时,熔丝位的设置为:CKSEL=0001,SUT=01(使用 1 MHz 内部 RC 振荡器,电源慢速上升)。

表 2.1 时钟源选择

可选系统时钟源	熔丝位 CKSEL3~0*
外部晶振	1111~1010
外部低频晶振	1001
外部 RC 振荡器	1000~0101
内部 RC 振荡器	0100~0001
外部时钟	0000

表 2.2 看门狗振荡器周期数

典型溢出时间/ms		时钟周期数
$V_{CC}=5.0\,V$	$V_{CC}=3.0\,V$	
4.1	4.3	4K(4096)
65	69	64K(65536)

* 1 表示熔丝位未编程;0 表示熔丝位被编程。

2.3.3 外部晶振

ATmega8 的 XTAL1 和 XTAL2 引脚分别用作片内振荡器的反相放大器输入、输出端,可在外部连接一个石英晶体或陶瓷谐振器,组成如图 2.8 所示的系统时钟源。熔丝位 CKOPT 用于选择振荡器的 2 种不同工作方式。当 CKOPT 编程时,振荡器输出一个满幅的振荡信号,适用于较高噪声环境下工作或需要把 XTAL2 的时钟信号作为时钟输出驱动时,具有较宽的工作频率范围。当熔丝位 CKOPT 未编程时,振荡器输出一个较小摆幅的振荡信号。其优点是大大降低了功耗;缺点是工作频率范围较窄,而且振荡器的输出不能驱动其他时钟缓冲器。

外接的陶瓷振荡器,在 CKOPT 未被编程时,最高工作频率为 8 MHz;在 CKOPT 被编程时,最高工作频率为 16 MHz。无论外接使用的是石英晶体还是陶瓷谐振器,电容 C_1 和 C_2 的值

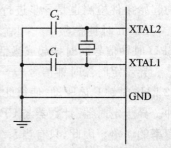

图 2.8 使用外部晶振

要求相等。具体电容值的选择,取决于使用的石英晶体或陶瓷振荡器,以及总的引线电容和环境的电磁噪声等。表 2.3 给出了采用石英晶体时的电容选择参考值。使用陶瓷振荡器时,电容值应采用陶瓷振荡器的生产厂家给出的值。

振荡器能够工作在 3 种不同的模式下,每一种都对特定的工作频率范围进行了优化。工

作模式可通过熔丝位 CKSEL3～1 选择,具体情况参见表 2.3。

表 2.3 振荡器的不同工作模式

熔丝位		工作频率范围/MHz	C_1、C_2 范围
CKOPT	CKSEL3～1		(使用石英晶体)
1	101	0.4～0.9	仅适合陶瓷振荡器
1	110	0.9～3.0	12～22
1	111	3.0～8.0	12～22
0	101、110、111	≤1.0	12～22

此外,通过对 CKSEL0 熔丝位和 SUT1～0 熔丝位的组合设置,可以选择系统启动时间,具体情况见表 2.4。

表 2.4 晶体振荡器时钟选项对应的启动时间

熔丝位		掉电和省电模式下的启动时间	复位时额外延时时间/ms (V_{CC}=5.0 V)	适合应用条件
CKSEL0	SUT1～0			
0	00	258 CLK	4.1	陶瓷振荡器,电源快速上升
0	01	258 CLK	65	陶瓷振荡器,电源慢速上升
0	10	1K CLK	—	陶瓷振荡器,BOD 方式
0	11	1K CLK	4.1	陶瓷振荡器,电源快速上升
1	00	1K CLK	65	陶瓷振荡器,电源慢速上升
1	01	16K CLK	—	石英振荡器,BOD 方式
1	10	16K CLK	4.1	石英振荡器,电源快速上升
1	11	16K CLK	65	石英振荡器,电源慢速上升

2.3.4 外部低频晶振

为了使用外接 32.768 kHz 手表用振荡器作为器件的时钟源,必须将熔丝位 CKSEL 设置为 1001,选择使用低频晶体振荡器的工作方式。外部低频晶体振荡器的连接也如图 2.8 所示。通过编程 CKOPT 熔丝位,可以使能与 XTAL1 和 XTAL2 连接的芯片内部电容,从而无须使用外接电容。芯片内部的电容值为 36 pF。

使用外部低频振荡器时,系统启动时间由熔丝位 SUT1～0 确定,具体情况见表 2.5。

表 2.5 外部低频晶振时钟选项对应的启动时间

熔丝位		掉电和省电模式下的启动时间	复位时额外延时时间/ms ($V_{CC}=5.0$ V)	适合应用条件
CKSEL1~0	SUT1~0			
1001	00	1K CLK	4.1	电源快速上升或 BOD 方式
1001	01	1K CLK	65	电源慢速上升
1001	10	32K CLK	65	唤醒时频率已经稳定
1001	11	保留		

2.3.5 外部 RC 振荡器

对于定时要求不高的应用,可以使用外部 RC 振荡回路,如图 2.9 所示。其工作频率可以用 $f=1/(3RC)$ 公式进行粗略估算。电容 C 至少为 22 pF。通过对熔丝位 CKOPT 的编程,可以使用 XTAL1 与地之间的片内 36 pF 电容,从而无须使用外部电容 C。

使用外部 RC 振荡器时也有 4 种不同的模式,每种模式都对特定的频率范围进行了优化。通过对熔丝位 CKSEL3~0 的编程,可以选择使用不同的工作模式,如表 2.6 所列。

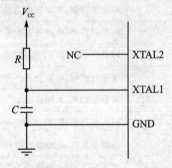

图 2.9 使用外部 RC 振荡器

表 2.6 使用外部 RC 振荡器的不同工作模式

熔丝位(CKSEL3~0)	工作频率范围/MHz
0101	≤0.9
0110	0.9~3.0
0111	3.0~8.0
1000	8.0~12.0

使用外部 RC 振荡器时,系统启动时间由熔丝位 SUT1~0 确定,具体见表 2.7。

表 2.7 外部 RC 振荡器时钟选项对应的启动时间

熔丝位 (SUT1~0)	省电模式下的启动时间	复位时额外延时时间/ms ($V_{CC}=5.0$ V)	适合应用条件
00	18 CLK		BOD 方式
01	18 CLK	4.1	快速上升电源
10	18 CLK	65	慢速上升电源
11	6 CLK	4.1	快速上升电源或 BOD 方式(工作频率>8 MHz 时不建议使用)

2.3.6 内部 RC 振荡器

在 ATmega8 芯片中集成了可校准的内部 RC 振荡器,它可以提供固定的 1.0 MHz、2.0 MHz、4.0 MHz 或 8.0 MHz 时钟信号作为系统时钟源。这些时钟频率都是在 5 V、25 ℃ 条件时的典型值。通过对 CKSEL 熔丝位编程可以选用内部 RC 振荡器作为系统时钟源,见表 2.8。此时,无须使用外部引脚 XTAL1 和 XTAL2 连接任何的外部元件,并且 CKOPT 熔丝位必须处于未编程的状态。

系统复位时,硬件自动将标定字节装载到 OSCCAL 寄存器,从而完成对内部的 RC 振荡器频率的标定。在 5 V、25 ℃ 和选择内部 RC 振荡器振荡频率为 1.0 MHz 时,这种标定可以提供标称频率±3%的精度。当使用内部 RC 振荡器作为芯片的时钟源时,看门狗仍然使用自己的看门狗定时器作为溢出复位的依据。

使用内部 RC 振荡器时,系统启动时间由熔丝位 SUT1~0 确定,具体见表 2.9。

表 2.8 使用内部 RC 振荡器的不同工作模式

熔丝位 (CKSEL3~1)	工作频率 /MHz
0001*	1.0
0010	2.0
0011	4.0
0100	8.0

* 芯片出厂设置值。

表 2.9 内部 RC 振荡器时钟选项对应的启动时间

熔丝位 (SUT1~0)	掉电和省电模式下的启动时间	复位时额外延时时间/ms ($V_{CC}=5.0$ V)	适合应用条件
00	6 CLK	—	BOD 方式
01	6 CLK	4.1	电源快速上升
10*	6 CLK	65	电源慢速上升
11		保留	

* 芯片出厂设置值。

振荡器校准寄存器 OSCCAL 的位定义如下:

位	7	6	5	4	3	2	1	0	
0x31(0x0051)	CAL7	CAL6	CAL5	CAIA	CAL3	CAL2	CAL1	CAL0	OSCCAL
读/写	R/W	R/W	R/W	R/W	R/W	R/W	R/W	R/W	
复位值					器件设定值				

寄存器位 7~0 定义名称为 CAL[7:0],用于存放内部 RC 振荡器的校准字。

将标定数据写入寄存器 OSCCAL,可以对内部振荡器进行调节,以消除生产工艺所带来的振荡器频率偏差。系统复位时,1 MHz 的标定数据(标识数据的高字节,地址为 0x00)自动加载到 OSCCAL 寄存器。如果内部 RC 振荡器使用其他的频率,则与频率对应的校准数据需要手动装载。可以先使用编程器读取标识数据,然后将其保存到 Flash 或 E^2PROM 中。这些数据可以由软件读取,并加载到 OSCCAL 寄存器。

当 OSCCAL 寄存器值为 0x00 时，内部 RC 振荡频率以最低频率工作。写非零值到该寄存器将提高内部 RC 振荡器的振荡频率。写 0xFF 到该寄存器，则得到最高振荡频率。校准后的内部 RC 振荡器，可用于对 E^2PROM 和 Flash 的访问定时。如果程序要对 E^2PROM 或 Flash 写操作，则不要对内部 RC 振荡频率标定到超出标称频率的 10%。要注意，振荡器只对 1.0 MHz、2.0 MHz、4.0 MHz 或 8.0 MHz 这 4 种频率进行了标定，对于其他频率则无法保证，如表 2.10 所列。

表 2.10 内部 RC 振荡器频率范围

OSCCAL 校准字	最低频率（与标称频率的百分比）	最高频率（与标称频率的百分比）
0x00	50%	100%
0x7F	75%	150%
0xFF	100%	200%

2.3.7 外部时钟

为了从外部时钟源驱动芯片，XTAL1 必须如图 2.10 所示进行连接。同时，熔丝位 CKSEL 必须编程为 0000 时，即选定系统使用外部时钟源。若熔丝位 CKOPT 也被编程，则可使用芯片内部的 XTAL1 与地之间的 36 pF 电容。

当使用外部时钟源时，系统启动时间由熔丝位 SUT1～0 确定，具体见表 2.11。

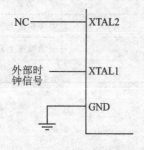

图 2.10 外部时钟源接法

表 2.11 外部时钟源时钟选项对应的启动时间

熔丝位（SUT1～0）	掉电和省电模式下的启动时间	复位时额外延时时间/ms（V_{CC}=5.0 V）	适合应用条件
00	6 CLK	—	BOD 方式
01	6 CLK	4.1	电源快速上升
10	6 CLK	65	电源慢速上升
11		保留	

为了保证 MCU 能够稳定工作，不能突然改变外部时钟源的振荡频率；工作频率突然变化超过 2% 时，将会产生异常现象。应该在 MCU 保持复位状态时改变外部时钟的振荡频率。

2.4 系统复位

在系统上电复位过程中，所有的 I/O 寄存器都被置为它们的初始值，程序从复位中断向量处开始执行。复位向量处的指令必须是绝对跳转 JMP 指令，以使程序跳转到复位处理例程。如果程序不使用任何中断，那么就不需要使用中断向量表，因此可在这些中断向量表的地方放置正常的程序代码。图 2.11 的电路框图说明了复位逻辑关系，表 2.12 给出复位电特性参考值。

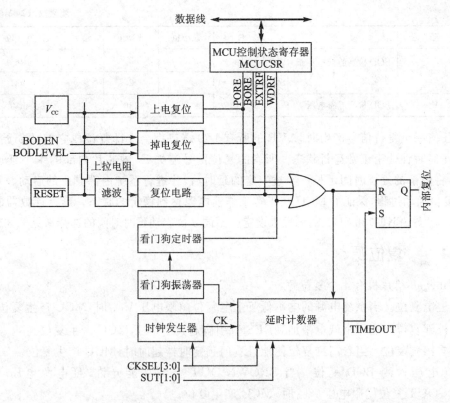

图 2.11 上电复位逻辑结构框图

表 2.12 系统复位电参数

符号	参数	条件	最小值	典型值	最大值	单位
V_{POT}	上电复位门限电压（上升沿）			1.4	2.3	V
	上电复位门限电压（下降沿）			1.3	2.3	V
V_{RST}	复位引脚门限电压		0.1		0.9	V_{CC}
t_{RST}	复位引脚的最小复位脉冲宽度			50		ns
V_{BOT}	BOD 复位门限电压	BODLEVEL=1	2.5	2.7	3.2	V
		BODLEVEL=0	3.7	4.0	4.5	

续表 2.12

符 号	参 数	条 件	最小值	典型值	最大值	单 位
t_{BOD}	BOD 检测的低电压最小宽度	BODLEVEL=1		2		μs
		BODLEVEL=0		2		μs
V_{HYST}	BOD 检测迟滞电压			130		mV

当任何一个复位信号产生时,AVR 的所有 I/O 端口都会立即复位成它们的初始值,而并不要求任何时钟处于正常运行状态。所有的复位信号消失后,硬芯片内部的一个延迟计数器被激活,将内部的复位时间延长。经过一定的延时后,才进行系统内部真正的启动。采用这种形式的复位启动过程,保证了 MCU 在正常工作前电源达到稳定的状态。延迟计数器的溢出时间通过熔丝位 CSKEL 和 SUT 的编程来设定。不同复位启动延时时间的选择参见 2.3 节内容。

2.4.1 复位源

ATmega8 单片机有 4 个复位源:
- 上电复位。当系统电源的电平低于上电复位门限电压 V_{POT} 时,MCU 产生复位。
- 外部复位。当一个低电平加到 RESET 引脚超过 t_{RST} 时,MCU 产生复位。
- 看门狗复位。当看门狗复位使能且看门狗定时器超时时,MCU 产生复位。

电源电压检测 BOD 复位。当 BROWN-OUT 检测功能允许,且电源电压 V_{CC} 低于 BROWN-OUT 复位门限电压 V_{BOT} 时,MCU 产生复位。

1. 上电复位

上电复位(POR)脉冲由芯片内部的电源检测电路产生,检测电平门限见表 2.12。当 V_{CC} 低于上电复位 V_{BOT} 时,MCU 复位。POR 电路可以用来触发启动复位,也可以用来检测电源故障。POR 电路保证器件在上电时复位。系统上电时,当 V_{CC} 达到上电门限电压后触发延迟计数器,在计数器溢出之前器件一直保持为复位状态。复位状态的保持时间为:V_{CC} 上升到 V_{POT} 的时间+启动延时时间。当电源电压 V_{CC} 下跌,低于 V_{POT} 时,无须经过任何延时,MCU 立即进入复位状态。图 2.12 和图 2.13 给出了两种不同情况的系统复位-启动的时序。

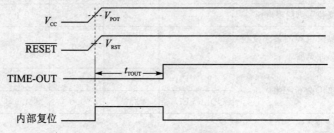

图 2.12 MCU 上电复位(RESET 引脚连接 V_{CC})

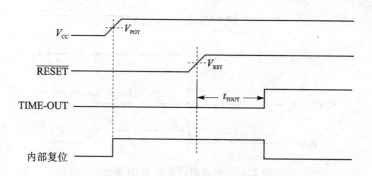

图 2.13　MCU 上电复位（$\overline{\text{RESET}}$引脚由外部控制）

2. 外部复位

外部复位由外加于$\overline{\text{RESET}}$引脚上的低电平产生。当复位低电平持续时间大于所要求的最小脉冲宽度t_{RST}（见表 2.12）时，即触发复位过程。当$\overline{\text{RESET}}$引脚上的电平由低变高，达到V_{RST}时，t_{TOUT}延时周期开始。延时结束后，MCU 启动运行，见图 2.14。

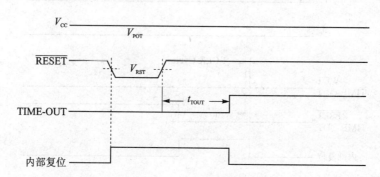

图 2.14　MCU 运行中$\overline{\text{RESET}}$引脚由外部控制复位

3. 电源电压检测 BOD 复位

ATmega8 有一个片内 BOD(Brown-Out Detection)电路，通过与固定的触发电平对比来检测工作过程中V_{CC}的变化。BOD 的触发电平可以通过 BODLEVEL 熔丝位设定为 2.7 V 或 4.0 V。BOD 检测阈值电压有迟滞效应，以避免电源的毛刺引起误触发。阈值电平的迟滞效应可以理解为：上阈值电压$V_{\text{BOT}+}=V_{\text{BOT}}+V_{\text{HYST}}/2$，下阈值电压$V_{\text{BOT}-}=V_{\text{BOT}}-V_{\text{HYST}}/2$。

BOD 电路的开关由熔丝位 BODEN 来控制。当 BOD 使能后，V_{CC}电压跌到下阈值电压($V_{\text{BOT}-}$，见图 2.15)以下时，BOD 复位生效，MCU 进入复位状态。当V_{CC}上升到上阈值电压($V_{\text{BOT}+}$，见图 2.15)以上时，延时计数器开始计数，一旦超过溢出时间t_{TOUT}，MCU 即恢复工作。只有当V_{CC}电压低于阈值电压并且持续时间超过t_{BOD}后，BOD 电路才起作用。

第 2 章　ATmega8 硬件结构

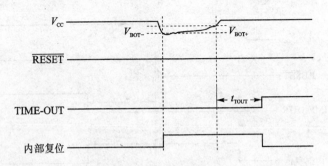

图 2.15　电源电压检测 BOD 复位

4. 看门狗复位

当看门狗定时器溢出时,它将产生持续时间为一个时钟周期宽度的复位脉冲。在脉冲的下降过程中,延时定时器开始对 t_{TOUT} 计数,延时结束后,MCU 启动运行,见图 2.16。延时时间见表 2.12。

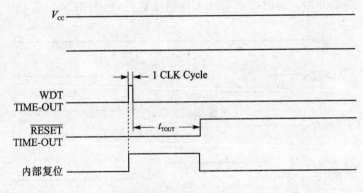

图 2.16　看门狗复位

2.4.2　MCU 控制和状态寄存器 MCUCSR

MCU 控制和状态寄存器 MCUCSR 提供了系统是由哪一个复位源触发的复位信息。MCU 控制和状态寄存器 MCUCSR 在 I/O 空间的地址为 0x34(数据空间地址为 0x0054),每一位的定义如下:

位	7	6	5	4	3	2	1	0	
0x35(0x0055)	—	—	—	—	WDRF	BORF	EXTRF	PORF	MCUCSR
读/写	R	R	R	R	R/W	R/W	R/W	R/W	
复位值	0	0	0	0	见说明				

位 7～4——Res：保留。保留位，读操作始终为"0"。

位 3——WDRF：看门狗复位标志位。当看门狗复位发生时，该位置 1。上电复位将使其清 0，也可以通过写入 0 来清除。

位 2——BORF：Brown-Out 复位标志位。当 BOD 复位发生时，该位置 1。上电复位将使其清 0，也可以通过写入 0 来清除。

位 1—— EXTRF：外部复位标志位。当外部复位发生时，该位置 1。上电复位将使其清 0，也可以通过写入 0 来清除。

位 0——PORF：上电复位标志位。当上电复位发生时，该位置 1。只能通过写入 0 来清除。MCU 复位启动后，用户可以通过程序指令来检测这些复位标志位，以了解系统是由于哪种情况产生的复位。同时，当系统启动后，应及时将复位标志位清除。

2.4.3 复位电路

ATmega8 已经内置了上电复位电路（见图 2.17），并且在熔丝位里，可以控制复位时的额外时间。因此，AVR 外部的复位线路在上电时，可以设计得很简单：直接接一只 10 kΩ 的电阻到 V_{CC} 即可（R_0）。为了可靠，再加上一只 0.1 μF 的电容（C_0）以消除干扰、杂波。D3(1N4148)的作用有两个：一是将复位输入的最高电压钳在 V_{CC}+0.5 V 左右；二是系统断电时，将 R_0(10 kΩ)电阻短路，让 C_0 快速放电，让下一次来电时，能产生有效的复位。当 AVR 在工作时，按下 S0 开关时，复位引脚变成低电平，触发 AVR 芯片复位。在实际应用时，如果不需要复位按钮，复位引脚可以不接任何的器件，AVR 芯片也能稳定工作。

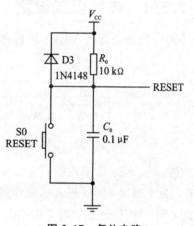

图 2.17 复位电路

2.5 电源管理

休眠模式可以使应用程序中关闭 CPU 中没有使用的模块，从而降低功耗。AVR 提供了多种不同的休眠模式，允许用户根据实际应用的需求进行裁剪。

进入休眠模式的条件是置位 MCUCR 寄存器中的 SE 位，然后执行 SLEEP 指令。具体进入哪一种休眠模式，由 MCUCR 寄存器中的 SM2、SM1 和 SM0 决定。AVR 提供了 5 种休眠模式：空闲（IDLE）、ADC 降噪（ADC Noise Reduction）、掉电（Power-Down）、省电（Power-Save）和等待（Stand-by），参见表 2.13。

单片机处于休眠模式时,一个使能的中断信号可把 MCU 从休眠模式中唤醒。经过启动时间(Start-up Time),外加 4 个时钟周期后,时钟振荡进入稳定,MCU 运行中断处理程序,然后返回 SLEEP 的下一条指令处。单片机从休眠模式唤醒时,寄存器和 SRAM 中的值不会改变。如果单片机处于休眠模式时发生了复位信号,则单片机将被唤醒,并从复位向量处开始执行程序。

需要注意的是,由于 TOSC 和 XTAL 共用一个引脚,许多其他 AVR 单片机中具备的扩展等待模式(Extended Standby)在 ATmega8 中已被取消了。

表 2.13 休眠模式设定

SM2	SM1	SM0	休眠模式
0	0	0	空闲
0	0	1	ADC 降噪
0	1	0	掉电
0	1	1	省电
1	0	0	保留
1	0	1	保留
1	1	0	等待*

* 等待模式仅在使用外部晶体或外部振荡器时才可用。

2.5.1 休眠模式设定

MCU 控制寄存器 MCUCR 包含了电源管理的控制位。其位定义如下:

位	7	6	5	4	3	2	1	0	
0x35(0x0055)	SE	SM2	SM1	SM0	ISC11	ISC10	ISC01	ISC00	MCUCR
读/写	R/W	R/W	R/W	R/W	R/W	R/W	R/W	R/W	
复位值	0	0	0	0	0	0	0	0	

位 7——SE:休眠使能。为了使 MCU 在执行 SLEEP 指令后进入休眠模式,SE 位必须置位。为了确保 MCU 进入休眠模式是程序员的有意行为,建议仅在 SLEEP 指令的前一条指令置位 SE,MCU 一旦唤醒,则立即清除 SE。

位 6~4—— SM[2:0]:休眠模式选择位 2~0。这些位的设置如表 2.13 所列,用于选择具体的休眠模式。

1. 空闲模式

当 SM[2:0]被设置为 000 时,执行 SLEEP 指令使 MCU 进入空闲模式。此时,MCU 停止工作,但 SPI、USART、模拟比较器、两线串行接口(即 I^2C 接口)、定时器/计数器、看门狗和中断系统继续工作。这种休眠模式只停止了 MCU 和 Flash 的时钟信号(即 clk_{CPU} 和 clk_{Flash}),而其他时钟信号保持运行。

空闲模式可以由外部中断信号或内部中断信号唤醒,如定时器溢出中断、USART 传送完成中断等。如果不需要从模拟比较器中断唤醒,则可以通过置位模拟比较器控制和状态寄存器 ACSR 中的 ACD,切断模拟比较器电源,这可以减少空闲模式的功耗。如果模/数转换器被使能,则当进入空闲模式时,将自动启动一次 A/D 转换。

2. ADC 降噪模式

当 SM[2:0] 位被设置为 001 时,执行 SLEEP 指令将使 MCU 进入 ADC 降噪模式。在此模式下,MCU 停止工作,而 ADC、外部中断、两线串行接口(即 I^2C 接口)、定时器/计数器 2 和看门狗将继续运行。这种休眠模式只停止了 MCU、I/O 和 Flash 的时钟信号(即 $clk_{I/O}$、clk_{CPU} 和 clk_{Flash}),其他时钟则继续工作。

ADC 降噪模式提高了 ADC 在噪声环境中的工作能力,使得转换精度更高。当模/数转换器被使能,进入 ADC 降噪模式时,将自动启动一次 A/D 转换。除了 ADC 转换结束中断外,外部复位、看门狗复位、BOD 复位、两线接口(I^2C 接口)的地址匹配中断、定时器/计数器 2 中断、SPM/E^2PROM 就绪中断和外部电平中断(INT0 或 INT1)或外部中断 2(INT2)可以将 MCU 从 ADC 降噪模式中唤醒。

3. 掉电模式

当 SM[2:0] 位被设置为 010 时,执行 SLEEP 指令将使 MCU 进入掉电模式。在这种模式下,外部晶振将停止工作,但外部中断、两线接口(即 I^2C 接口)地址匹配和看门狗(如果使能)继续工作。只有外部复位、看门狗复位、Brown-Out 复位、两线接口(即 I^2C 接口)地址匹配中断和外部的电平中断(INT0 和 INT1)才能将 MCU 唤醒。这种休眠模式停止了所有的时钟,只有异步模块可以继续工作。

如果使用一个外部电平中断方式将 MCU 从掉电模式唤醒,则这个触发电平必须保持一定的时间,才能保证将 MCU 唤醒。

由掉电模式唤醒时,从施加唤醒条件到真正唤醒之间有一个延迟时间,此时间用于使已经停止的时钟重新开始工作,并达到稳定的状态。该唤醒延时时间与由 CKSEL 熔丝位定义的复位周期(Start-up Time)是一样的。

4. 省电模式

当 SM[2:0] 位被设置为 011 时,执行 SLEEP 指令将使 MCU 进入省电模式。该模式与掉电模式相比,只有一点不同:如果定时器/计数器 2 为异步驱动,即 ASSR 寄存器中的 AS2 位置位,则定时器/计数器 2 在省电模式时依然运行。除了掉电模式的唤醒方式以外,如果 TIMSK 寄存器中的定时器/计数器 2 中断使能位被置 1,同时 SREG 寄存器中的全局中断使能位也被置 1,那么定时器/计数器 2 的溢出中断和比较匹配中断也可以将 MCU 从休眠模式唤醒。

当 ASSR 寄存器中的 AS2 位为 0 时,定时器/计数器 2 未工作在异步时钟驱动方式,建议使用掉电模式,而不是省电模式。因为在省电模式下,若 AS2 为 0,则 MCU 唤醒后异步定时器/计数器的寄存器中的值是不确定的。

这个模式停止了除了 clk_{AYS} 以外的所有其他时钟,只有异步模块可以工作。

5. 等待模式

当 SM[2:0] 位被设置为 110,并且选择外部石英晶体或陶瓷振荡器作为时钟源时,执行 SLEEP 指令将使 MCU 进入等待模式。在该模式下,除了振荡器仍然工作,其他等同于掉电模式。从等待模式唤醒的延时时间为 6 个时钟周期。

2.5.2 最小化功耗

试图降低 AVR 控制系统的功耗时,必须考虑几个问题。通常来说,应尽可能地利用休眠模式,使尽可能少的功能模块继续工作,所有不必要的功能模块必须禁止。以下几个功能模块需要特殊考虑,以达到尽可能低的功耗。

1. 模/数转换器

如果 ADC 被使能,那么在所有的休眠模式下它都处于工作状态。为了降低功耗,应该在进入休眠前禁止 ADC。重新启动后的第一次 A/D 转换为扩展的转换,转换结果应舍弃。细节请参见模/数转换器的相关部分。

2. 模拟比较器

进入空闲模式前,如果不使用模拟比较器,则应将其关闭。当进入 ADC 降噪模式时,同样如此。在其他休眠模式下,模拟比较器被自动关闭。但是如果模拟比较器使用了内部基准电源,那么在所有的休眠模式中,都应关闭模拟比较器;否则,无论在何种休眠模式下,内部参考电源都将处于工作状态。

3. 掉电检测(BOD)电路

如果在应用中不需要使用掉电检测器 BOD,则应关闭此模块。如果熔丝位 BODEN 被编程,从而使能了 BOD 功能,那么在所有的休眠模式中该模块都处于运行状态,也就意味着该模块一直在消耗电能。在深度休眠模式下,它消耗的电流在整个电流中将占很大的比重。

4. 内部电压参考源

使用 BOD、模拟比较器和 ADC 时,可能需要使用内部电压基准源。如果这些功能模块被关闭了,则内部电压基准源也应关闭,这样可以节省电源消耗。重新使能后,用户必须等待基准源稳定后才可以使用它。如果内部参考电压源在休眠模式时是使能的,则其输出可以立即使用。

5. 看门狗定时器

若在应用中不需要使用看门狗,则应关闭该模块。如果看门狗被使能,则它在所有的休眠模式中都处在运行工作状态,因而一直会消耗电流。在深度的休眠模式下,这个电流将占总电流的很大比重。

6. 端口引脚

当进入休眠模式时,所有端口的引脚应该设置为只消耗最少的功率,最重要的是避免驱动电阻性的负载。在休眠模式下,I/O 时钟(clk$_{I/O}$)和 ADC 时钟(clk$_{ADC}$)都被停止了,输入缓冲也禁止了,从而保证输入电路不会消耗电流。在某些情况下,输入逻辑是使能的,用来检测唤醒条件,那么该输入逻辑电路在休眠模式下应处于工作状态。此时,输入不能悬空,电平也不能接近 $V_{CC}/2$,否则输入缓冲器会消耗额外的电流。

2.6 中 断

2.6.1 复位和中断向量表

ATmega8 有 18 个中断源。Flash 程序存储器空间的最低位置(0x000~0x012)定义为复位和中断向量空间。完整的中断向量见表 2.14。在中断向量表中,处于低地址的中断向量所对应的中断拥有高优先级,所以,系统复位 RESET 拥有最高优先级。

表 2.14 复位和中断向量表

中断向量号	向量地址	中断源	中断定义
1	0x000	RESET	外部引脚、上电复位、BOD、看门狗复位
2	0x001	INT0	外部中断请求 0
3	0x002	INT1	外部中断请求 1
4	0x003	TIMER2 COMP	定时器/计数器 2 比较匹配
5	0x004	TIMER2 OVF	定时器/计数器 2 溢出
6	0x005	TIMER1 CAPT	定时器/计数器 2 捕获事件
7	0x006	TIMER1 COMPA	定时器/计数器 1 比较匹配 A
8	0x007	TIMER1 COMPB	定时器/计数器 1 比较匹配 B
9	0x008	TIMER1 OVF	定时器/计数器 1 溢出
10	0x009	TIMER0 OVF	定时器/计数器 0 溢出
11	0x00A	SPI,STC	SPI 串行传输结束
12	0x00B	USART,RCX	USART,Rx 完成
13	0x00C	USART,UDRE	USART,数据寄存器空

续表 2.14

中断向量号	向量地址	中断源	中断定义
14	0x00D	USART,TXC	USART,TX 完成
15	0x00E	ADC	ADC 转换结束
16	0x00F	EE_RDY	E^2PROM 就绪
17	0x010	ANA COMP	模拟比较器
18	0x011	TWI	两线串行接口
19	0x012	SPM_RDY	保护程序存储器内容就绪

2.6.2 外部中断

外部中断是由 INT0 和 INT1 引脚触发的。需要注意的是，只要使能了外部中断，即使 INT0 和 INT1 引脚配置为输出方式，如果电平发生了合适的变化，外部中断也会触发。这一特性提供了使用软件产生中断的途径。通过设置 MCU 控制寄存器 MCUCR，外部中断可选择采用上升沿触发、下降沿触发以及低电平触发。当外部中断使能且设置为电平触发方式时，只要中断输入引脚保持低电平，那么将一直触发产生中断。若要求 INT0 和 INT1 在信号的上升沿或下降沿触发，则 I/O 时钟必须工作。由于低电平触发中断的检测是异步的，不需要时钟，因此电平中断可以作为外部唤醒源，将处在各种休眠模式的 MCU 唤醒。

通过电平方式触发中断，从而将 MCU 从掉电模式中唤醒时，要保证电平保持一定的时间，以降低 MCU 对噪声的敏感程度。电平以看门狗的频率检测 2 次。在通常的 5.0 V 和 25 ℃ 的条件下，看门狗的标称时钟周期为 1 μs，看门狗时钟受电压的影响。只要在采样过程中出现了合适的电平，且能保持 2 次采样周期的时间，或者持续到 MCU 启动过程的末尾，MCU 将被唤醒。如果该电平的保持时间大于看门狗的 2 次采样周期，但是在启动过程完成之前就消失了，那么 MCU 仍将被唤醒，但不会触发中断进入中断服务程序。所以，为了保证既能将 MCU 唤醒，又能触发中断，中断触发电平必须维持足够长的时间。

1. MCU 控制寄存器 MCUCR

MCU 控制寄存器中包含中断触发控制位和通用 MCU 功能控制位。其位的定义如下：

位	7	6	5	4	3	2	1	0	
0x35(0x0055)	SE	SM2	SM1	SM0	ISC11	ISC10	ISC01	ISC00	MCUCR
读/写	R/W	R/W	R/W	R/W	R/W	R/W	R/W	R/W	
复位值	0	0	0	0	0	0	0	0	

位 3、2——ISC11、ISC10：外部中断 1 的中断触发控制位 1 和位 0。如果 SREG 寄存器中

的 I 位和 GICR 寄存器中相应的中断屏蔽位被置位,则外部中断 1 由外部引脚 INT1 触发。触发方式如表 2.15 所列。在检测边沿前,MCU 首先采样 INT1 引脚上的电平。如果选择边沿触发方式或电平变化触发方式,那么持续时间大于一个时钟周期的脉冲将触发中断,过短的脉冲则不能保证触发中断。如果选择低电平触发中断,那么低电平必须保持到当前指令执行完成才触发中断。

位 1、0——ISC01、ISC00:外部中断 0 的中断方式控制位 1 和位 0。如果 SREG 寄存器中的 I 位和 GICR 寄存器中相应的中断屏蔽位被置位,则外部中断 0 由外部引脚 INT0 触发。触发方式如表 2.16 所列。在检测边沿前,MCU 首先采样 INT0 引脚上的电平。如果选择边沿触发方式或电平变化触发方式,那么持续时间大于一个时钟周期的脉冲将触发中断,过短的脉冲则不能保证触发中断。如果选择低电平触发中断,那么低电平必须保持到当前指令执行完成才触发中断。

表 2.15 INT1 中断方式

ISC11	ISC10	中断方式
0	0	INT1 为低电平时产生一个中断请求
0	1	INT1 引脚上任意的逻辑电平变化都将引发中断
1	0	INT1 的下降沿产生一个中断请求
1	1	INT1 的上升沿产生一个中断请求

表 2.16 INT0 中断方式

ISC01	ISC00	中断方式
0	0	INT0 为低电平时产生一个中断请求
0	1	INT0 引脚上任意的逻辑电平变化都将引发中断
1	0	INT0 的下降沿产生一个中断请求
1	1	INT0 的上升沿产生一个中断请求

2. 通用中断控制寄存器 GICR

GICR 寄存器的位定义如下:

位	7	6	5	4	3	2	1	0	
0x3B(0x005B)	INT1	INT0	—	—	—	—	IVSEL	IVCE	GICR
读/写	R/W	R/W	R	R	R	R	R/W	R/W	
复位值	0	0	0	0	0	0	0	0	

位 7——INT1:外部中断请求 1 使能。当 INT1 位为 1,同时状态寄存器 SREG 的 I 位被置为 1 时,外部引脚中断 1 被使能。MCU 通用控制寄存器 MCUCR 中的中断 1 方式控制位 ISC11 和 ISC10 决定了外部中断 1 是由引脚上的低电平触发,还是由上升沿或者下降沿触发。只要使能,即使 INT1 引脚被配置为输出方式,如果引脚电平发生了相应的变化,中断将产生。

位 6——INT0:外部中断请求 0 使能。当 INT0 位为 1,同时状态寄存器 SREG 的 I 位被置为 1 时,外部引脚中断 0 被使能。MCU 通用控制寄存器 MCUCR 中的中断 1 方式控制位 ISC11 和 ISC10 决定了外部中断 0 是由引脚上的低电平触发,还是由上升沿或者下降沿触发。只要使能,即使 INT0 引脚被配置为输出方式,如果引脚电平发生了相应的变化,中断将产生。

3. 通用中断标志寄存器 GIFR

GIFR 寄存器的位定义如下:

位	7	6	5	4	3	2	1	0	
0x3A(0x005A)	INTF1	INTF0	—	—	—	—	—	—	GIFR
读/写	R/W	R/W	R	R	R	R	R	R	
复位值	0	0	0	0	0	0	0	0	

位 7——INTF1:外部中断标志位 1。当 INT1 引脚上的电平发生变化时,将触发中断请求,并置位相应的中断标志 INTF1。如果 SREG 寄存器中位 I 和 GICR 寄存器中相应的中断使能位 INT1 为 1,MCU 将跳转到相应的中断向量处开始执行中断服务程序,同时硬件自动将 INTF1 标志位清 0。此标志位也可以通过写入 1 来清 0。当 INT1 设置为低电平触发方式时,标志 INTF1 位始终为 0。

位 6——INTF0:外部中断标志位 0。当 INT0 引脚上的电平发生变化时,将触发中断请求,并置位相应的中断标志 INTF0。如果 SREG 寄存器中位 I 和 GICR 寄存器中相应的中断使能位 INT0 为 1,MCU 将跳转到相应的中断向量处开始执行中断服务程序,同时硬件自动将 INTF0 标志位清 0。此标志位也可以通过写入 1 来清 0。当 INT0 设置为低电平触发方式时,标志 INTF0 位始终为 0。

2.7 I/O 端口

AVR 的 I/O 端口作为通用数字输入/输出口使用时,都具备真正的读—修改—写(Read-Modify-Write)特性。这意味着用 SBI 或 CBI 指令可以单独改变某个 I/O 引脚的方向(或者是端口电平、禁止/使能引脚的内部上拉电阻)时,不会无意改变其他引脚的方向(或者是端口电平、禁止/使能引脚的内部上拉电阻)。每个 I/O 引脚采用推挽式驱动,可以输出或吸收大电流,能直接驱动 LED。AVR 采用 3 个 8 位寄存器来控制 I/O 端口,它们分别是数据方向寄存器 DDRx、数据寄存器 PORTx 和端口输入引脚寄存器 PINx,其中 DDRx 和 PORTx 是可读/写寄存器,而 PINx 为只读寄存器。每个 I/O 引脚内部都有独立的与电压无关的上拉电阻,可通过程序设置内部上拉电阻的使能与否。此外,若置位 SFIOR 寄存器中的上拉屏蔽位 PUD,则会屏蔽掉所有端口引脚中的内部上拉电阻。每个 I/O 引脚在芯片内部都有对电源 V_{CC}

和对地 GND 的二极管钳位保护电路，如图 2.18 所示。

ATmega8 多数的 I/O 口为复用口，除了作为通用数字 I/O 使用外，大多数端口引脚都具有第二功能，分别作为芯片内部其他外围电路的接口。

2.7.1 通用数字 I/O 口

ATmega8 有 23 个 I/O 引脚，分成 3 个 8 位的端口 B、C 和 D，其中 C 口只有 7 位。所有的 I/O 端口都是双向口，每一个端口内部分别带有可选的上拉驱动电路。图 2.19 给出了一个数字 I/O 口引脚的逻辑结构。

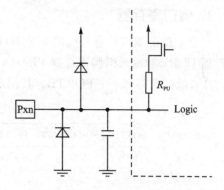

图 2.18 I/O 引脚等效电路

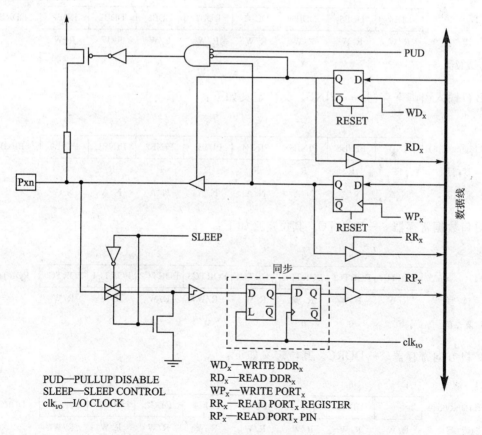

图 2.19 通用数字 I/O 口内部逻辑电路

第2章 ATmega8 硬件结构

1. 端口寄存器

每个8位的端口都有对应的3个I/O端口寄存器,它们分别是数据寄存器 PORTx、方向寄存器 DDRx 和输入引脚寄存器 PINx(x 为 B、C 或 D,分别代表 B 口、C 口或 D 口)。

B 口数据寄存器——PORTB。其位定义如下:

位	7	6	5	4	3	2	1	0	
0x18(0x0038)	PORTB7	PORTB6	PORTB5	PORTB4	PORTB3	PORTB2	PORTB1	PORTB0	PORTB
读/写	R/W	R/W	R/W	R/W	R/W	R/W	R/W	R/W	
复位值	0	0	0	0	0	0	0	0	

B 口方向寄存器——DDRB。其位定义如下:

位	7	6	5	4	3	2	1	0	
0x17(0x0037)	DDB7	DDB6	DDB5	DDB4	DDB3	DDB2	DDB1	DDB0	DDRB
读/写	R/W	R/W	R/W	R/W	R/W	R/W	R/W	R/W	
复位值	0	0	0	0	0	0	0	0	

B 口输入引脚寄存器——PINB。其位定义如下:

位	7	6	5	4	3	2	1	0	
0x16(0x0036)	PINB7	PINB6	PINB5	PINB4	PINB3	PINB2	PINB1	PINB0	PINB
读/写	R	R	R	R	R	R	R	R	
复位值	N/A	N/A	N/A	N/A	N/A	N/A	N/A	N/A	

C 口数据寄存器——PORTC。其位定义如下:

位	7	6	5	4	3	2	1	0	
0x15(0x0035)	PORTC7	PORTC6	PORTC5	PORTC4	PORTC3	PORTC2	PORTC1	PORTC0	PORTC
读/写	R/W	R/W	R/W	R/W	R/W	R/W	R/W	R/W	
复位值	0	0	0	0	0	0	0	0	

C 口方向寄存器——DDRC。其位定义如下:

位	7	6	5	4	3	2	1	0	
0x14(0x0034)	—	DDC6	DDC5	DDC4	DDC3	DDC2	DDC1	DDC0	DDRC
读/写	R/W	R/W	R/W	R/W	R/W	R/W	R/W	R/W	
复位值	0	0	0	0	0	0	0	0	

C口输入引脚寄存器——PINC。其位定义如下：

位	7	6	5	4	3	2	1	0	
0x13(0x0033)	—	PINC6	PINC5	PINC4	PINC3	PINC2	PINC1	PINC0	PINC
读/写	R	R	R	R	R	R	R	R	
复位值	N/A	N/A	N/A	N/A	N/A	N/A	N/A	N/A	

D口数据寄存器——PORTD。其位定义如下：

位	7	6	5	4	3	2	1	0	
0x12(0x0032)	PORTD7	PORTD6	PORTD5	PORTD4	PORTD3	PORTD2	PORTD1	PORTD0	PORTD
读/写	R/W	R/W	R/W	R/W	R/W	R/W	R/W	R/W	
复位值	0	0	0	0	0	0	0	0	

D口方向寄存器——DDRD。其位定义如下：

位	7	6	5	4	3	2	1	0	
0x11(0x0031)	—	DDD6	DDD5	DDD4	DDD3	DDD2	DDD1	DDD0	DDRD
读/写	R/W	R/W	R/W	R/W	R/W	R/W	R/W	R/W	
复位值	0	0	0	0	0	0	0	0	

D口输入引脚寄存器——PIND。其位定义如下：

位	7	6	5	4	3	2	1	0	
0x10(0x0030)	—	PIND6	PIND5	PIND4	PIND3	PIND2	PIND1	PIND0	PIND
读/写	R	R	R	R	R	R	R	R	
复位值	N/A	N/A	N/A	N/A	N/A	N/A	N/A	N/A	

PORTxn、DDxn、PINxn 分别表示这3个I/O寄存器中相应的各个位，其中n为0～7，代表寄存器中的位值。

2. 特殊功能寄存器 SFIOR

I/O特殊功能寄存器 SFIOR 的位定义如下：

位	7	6	5	4	3	2	1	0	
0x30(0x0050)	—	—	—	SDHSM	ACME	PUD	PSR2	PSR10	SFIOR
读/写	R	R	R	R/W	R/W	R/W	R/W	R/W	
复位值	0	0	0	0	0	0	0	0	

位 2——PUD：上拉禁止位。当 PUD 位被置 1 后，所有 I/O 引脚的上拉电阻都无效。即使在 DDxn=0、PORTxn=1 的情况下，只要 PUD=1，则上拉电阻仍旧无效。

3. 配置引脚

位于方向寄存器 DDRx 中的每个位 DDxn 用于控制一个 I/O 引脚的输入/输出方向。当 DDxn 为 1 时，对应的 Pxn 配置为输出引脚；而当 DDxn 写入 0 时，对应的 Pxn 配置为输入引脚。当 Pxn 定义为输出引脚（DDxn=1）时，PORTxn 中的数据为外部引脚的输出电平。即置 PORTxn 为 1，端口引脚被强制驱动为高，输出高电平（输出电流）；将 PORTxn 清 0，端口引脚被强制拉低，输出低电平（吸入电流）。

当 Pxn 定义为输入（DDxn=0），置 PORTxn 为 1 时，则配置该引脚的内部上拉电阻有效。要屏蔽内部上拉电阻，应将 PORTxn 清 0，或将该引脚配置为输出。此外，通过对 I/O 特殊功能寄存器 SFIOR 中 PUD 位的设置，可以使所有引脚的上拉电阻处于无效状态。当芯片复位后，即使没有时钟脉冲，所有端口的引脚也被置为高阻态。表 2.17 给出了 I/O 口的各种配置与性能。

表 2.17 I/O 口设置（n=7,6,…,1,0）

DDxn	PORTxn	PDU	I/O	上拉	说明
0	0	x	输入	无效	三态（高阻）
0	1	0	输入	有效	外部引脚拉低时输出电流
0	1	1	输入	无效	三态（高阻）
1	0	x	输出	无效	低电平推挽输出，吸收电流
1	1	x	输出	无效	高电平推挽输出，输出电流

在将一个引脚从输入高阻态（DDxn=0,PORTxn=0）转换为高电平输出状态（DDxn=1,PORTxn=1）的过程中，会出现上拉电阻使能（DDxn=0,PORTxn=1）或低电平输出（DDxn=1,PORTxn=0）的中间过程。通常情况下，上拉电阻使能是完全可以接受的，因为高阻环境不在意是强高电平输出还是上拉输出。如果需要，则可以通过置位 SFIOR 寄存器的 PUD 位来禁止所有端口的上拉电阻。

同样，在上拉输入（DDxn=0,PORTxn=1）和输出低电平（DDxn=1,PORTxn=0）之间切换时，也会产生类似的问题。用户必须选择高阻态（DDxn=0,PORTxn=0）或输出高电平（DDxn=1,PORTxn=1）作为中间转换过程，再转换为低电平输出。

4. 读取引脚上的数据

不管方向寄存器 DDnx 如何配置，都可以通过读 PINxn 寄存器来获得外部引脚当前的逻辑电平。如图 2.20 所示，PINxn 寄存器的各个位与前面的锁存器组成了一个同步锁存电路。

采用这种结构,可以避免当外部引脚电平的改变出现在系统时钟边沿处时而产生一个不确定的值,但形成了引脚电平的变化到 PINxn 寄存器位变化之间的一个锁存延时。图 2.21 给出了读取引脚实际电平时的同步锁存时序,$t_{pd,max}$ 和 $t_{pd,min}$ 表示延时的最大值和最小值。

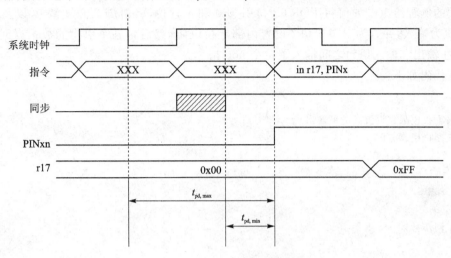

图 2.20 读取引脚数据时的同步

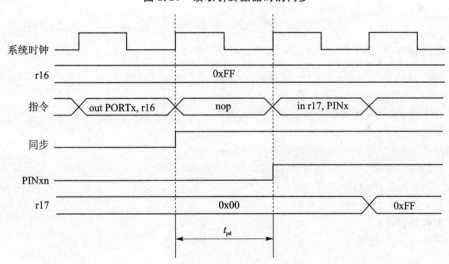

图 2.21 读取由程序设置的引脚实际电平时的同步锁存时序

同步锁存从第一个系统时钟的下降沿处开始。锁存器在时钟的低电平时为锁定状态,在时钟高电平时为导通状态,如图 2.20 中 SYNC LATCH 信号的阴影区所示。当系统时钟变为低电平时,外部引脚的值被锁存,在之后的时钟的上升沿处又被锁存到 PINxn 寄存器。如图中 $t_{pd,max}$ 和 $t_{pd,min}$ 所示,引脚上的信号转换延迟,介于 1/2~3/2 个系统时钟。

如图 2.21 所示,读取软件赋予的引脚电平时,需要在赋值指令 out 和读取指令 in 之间有一个时钟周期的间隔,如 nop 指令。输出指令在系统时钟的上升沿置位 SYNC LATCH。此时,同步器的延迟时间 t_{pd} 为一个系统时钟。

下面的例程给出了如何将 PORTB 口引脚 0 和 1 置位,将引脚 2 和 3 清 0,以及将引脚 4~7 设置为输入,并且为引脚 6 和 7 设置内部上拉电阻,然后将各个引脚的数据读回来。如前所述,在输出和输入语句之间插入了一个 nop 指令。

汇编代码如下:

```
...
;定义上拉电阻和设置高电平输出
;定义端口引脚方向
ldi   r16,(1 << PB7)|(1 << PB6)|(1 << PB1)|(1 << PB0)
ldi   r17,(1 << DDB3)|(1 << DDB2)|(1 << DDB1)|(1 << DDB0)
out   PORTB, r16
out   DDRB, r17
;为了同步插入 nop 指令
nop
;读取端口引脚
in    r16,PINB
...
```

C 语言的例子如下:

```
unsigned char i;
...
/*定义上拉电阻和设置高电平输出*/
/*定义端口引脚方向*/
PORTB = (1 << PB7)|(1 << PB6)|(1 << PB1)|(1 << PB0);
DDRB  = (1 << DDB3)|(1 << DDB2)|(1 << DDB1)|(1 << DDB0);
/*为了同步插入 nop 指令*/
_NOP();
/*读取端口引脚*/
i = PINB;
...
```

2.7.2 端口的第二功能

大多数的端口引脚除了可作为一般数字 I/O 口外,都有第二功能。图 2.22 给出了各种端口控制信号,这些控制信号可以将如图 2.19 所示引脚的通用数字 I/O 功能屏蔽掉,而将其转换用于第二功能。并不是所有的端口引脚都有这种控制屏蔽信号,但图 2.22 可以适用于

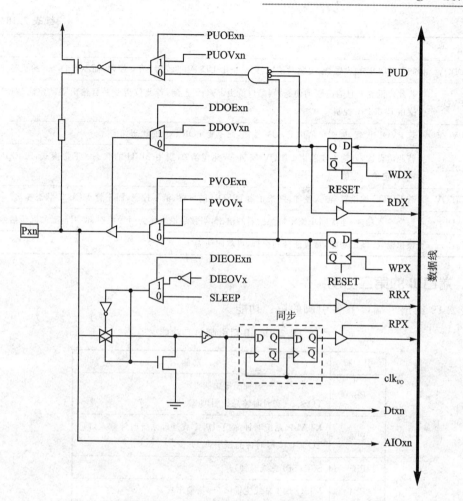

图 2.22　I/O 口第二功能控制逻辑电路

AVR 单片机系列所有端口引脚的一般描述。

表 2.18 汇总了控制屏蔽信号的功能,这些控制屏蔽信号是由第二功能模块内部产生的。

表 2.18　第二功能模块控制屏蔽信号简述

信　号	描　述
PUOE	此位被设置,上拉使能由 PUOV 控制;此位清 0 时,若{DDxn,PORTxn,PUD}=0b010,则上拉使能
PUOV	如果 PUOE 被设置,则上拉使能/禁止由 PUOE 的设置/清 0 控制,而不管 DDxn、PORTxn、PUD 的状态如何
DDOE	此位被设置,输出驱动使能由 DDOV 控制;此位清 0 时,由 DDxn 控制输出驱动使能

续表 2.18

信号	描述
DDOV	如果 DDOE 被设置,输出驱动使能,则禁止由 DDOV 的设置/清 0 控制,而不管 DDxn 的状态如何
PVOE	若此位设置并且输出驱动使能,则端口值由 PVOV 控制;若此位清 0 并且输出驱动使能,则端口值由 PORTxn 控制
PVOV	若 PVOE 设置,则端口值由 PVOV 控制,而不管 PORTxn 的状态如何
DIEOE	若此位设置,则输入使能由 DIEOV 控制;若此位清 0,则由 MCU 的状态(正常模式,SLEEP 模式)决定输入使能
DIEOV	若 DIEOE 被设置,输入使能,则禁止由 DIEOV 的设置、清 0 控制,而不管 MCU 的状态如何
DI	数字输入功能,连接同步施密特触发器的输出,当数字输入作为时钟源时,使用自己的同步信号
AIO	模拟输入/输出功能,直接连接到引脚,可双向使用

1. 端口 B 的第二功能

表 2.19 给出了端口 B 各引脚的第二功能。

表 2.19 B 口引脚第二功能

引脚	第二功能
PB7	XTAL2(系统时钟晶振引脚 2) TOSC2(实时时钟晶振引脚 2)
PB6	XTAL1(系统时钟晶振引脚 1 或外部系统时钟输入口) TOSC1(实时时钟晶振引脚 1)
PB5	SCK(SPI 总线时钟)
PB4	MISO(SPI 总线主输入口/从输出口)
PB3	MOSI(SPI 总线主输出口/从输入口) OC2(T/C2 输出比较匹配输出口)
PB2	SS(SPI 总线主从选择) OCIB(T/C1 输出比较 B 匹配输出口)
PB1	OC1A(T/C1 输出比较 A 匹配输出口)
PB0	ICP(T/C1 输入捕捉输入口)

端口 B,位 7——XTAL2/TOSC2。

XTAL2:芯片时钟晶振引脚 2。芯片使用外部晶振作为时钟时,该引脚连接晶振的一个脚,此时,该引脚不能作为 I/O 引脚使用。当系统使用内部可校准的 RC 振荡器和外部时钟源时,PB7 可以作为一般 I/O 引脚使用。

TOSC2：实时时钟晶振引脚2。只有当选择内部可校准的 RC 振荡器作为系统时钟源，且使能异步时钟定时器时，才作为时钟引脚。当 ASSR 寄存器的 AS2 位置1，使能定时器/计数器2的异步时钟功能时，PB7 不与端口连接，作为振荡放大器的反向输出使用。在该模式下，时钟晶体与该引脚相连，且该引脚不能作为 I/O 引脚使用。

如果 PB7 作为时钟引脚使用，则寄存器 DDB7、PORTB7 和 PINB7 的读出值为0。

端口 B，位 6——XTAL1/TOSC1。

XTAL1：芯片时钟晶振引脚1。适用于所有芯片时钟源（片内标定 RC 振荡器除外），此时不能作为 I/O 引脚使用。当系统使用内部可校准的 RC 振荡器时，PB6 可以作为一般 I/O 引脚使用。

TOSC1：实时时钟晶振引脚1。只有当选择内部可校准的 RC 振荡器作为系统时钟源，且使能异步时钟定时器时，才作为时钟引脚。当 ASSR 寄存器的 AS2 位置1，使能定时器/计数器2的异步时钟功能时，PB6 不与端口连接，作为振荡放大器的反向输出使用。在该模式下，时钟晶体与该引脚相连，且该引脚不能作为 I/O 引脚使用。

如果 PB6 作为时钟引脚使用，则寄存器 DDB6、PORTB6 和 PINB6 的读出值为0。

端口 B，位 5——SCK：SPI 串行总线的主机时钟输出、从机时钟输入端口。当使能 SPI 且工作为从机状态时，无论 DDB5 为何设置，该引脚均被强制设置为输入。设置为输入后，内部上拉电阻仍然由 PORTB5 控制。当使能 SPI 且工作为主机状态时，该引脚的数据方向由 DDB5 控制。

端口 B，位 4——MISO：SPI 串行总线的主机数据输入、从机数据输出端口。当使能 SPI 且工作为主机状态时，无论 DDB4 为何设置，该引脚均被强制设置为输入。设置为输入后，内部上拉电阻仍然由 PORTB4 控制。当使能 SPI 且工作为从机状态时，该引脚的数据方向由 DDB4 控制。

端口 B，位 3——MOSI/OC2。

MOSI：SPI 串行总线的主机数据输出、从机数据输入端口。当使能 SPI 且工作为从机状态时，无论 DDB3 为何设置，该引脚均被强制设置为输入。设置为输入后，内部上拉电阻仍然由 PORTB3 控制。当使能 SPI 且工作为主机状态时，该引脚的数据方向由 DDB3 控制。

OC2：T/C2 比较匹配输出。PB3 引脚可作为定时器/计数器2比较匹配的外部输出。此时，PB3 引脚必须设置为输出（DDB3＝1）。OC2 引脚在 PWM 模式定时器功能时作为输出引脚。

端口 B，位 2——SS/OC1B。

SS：SPI 总线从机选择输入。当使能 SPI 且工作于从机模式时，无论 DDB2 为何值，PB2 脚均被设置为输入。当此引脚被外部拉低时，SPI 功能被激活。当 PB2 被设置为输入时，上拉电阻仍然由 PORTB2 控制。当使能 SPI 且工作为主机模式时，该引脚的数据方向由 DDB2 控制。

第 2 章　ATmega8 硬件结构

OC1B：T/C1 比较匹配 B 输出。PB2 引脚还可作为定时器/计数器 1 比较匹配 B 的外部输出口，此时，PB2 引脚必须设置为输出(DDB2=1)。OC1B 引脚在 PWM 模式定时器功能时作为输出引脚。

端口 B，位 1——OC1A：T/C1 比较匹配 A 输出。PB1 引脚能作为定时器/计数器 1 比较匹配 A 的外部输出口，此时，PB1 引脚必须设置为输出(DDB1=1)。OC1A 引脚在 PWM 模式定时器模块时作为输出引脚。

端口 B，位 0——ICP：输入捕捉的输入引脚。PB0 引脚能作为定时器/计数器 1 输入捕捉功能的输入引脚。

2. 端口 C 的第二功能

表 2.20 给出了端口 C 各引脚的第二功能。

端口 C，位 6——RESET：系统复位引脚。当 RSTDISBL 熔丝位被编程时，PC6 作为普通 I/O 引脚应用，此时，芯片内部的上电复位(Power-Up)和 BOD 复位将作为系统的复位源。当 RSTDISBL 熔丝位未编程时，复位电路与该引脚相连接，此时，引脚不能作为 I/O 口使用。当该引脚被外部拉成低电平时，产生系统复位。如果 PC6 作为 RESET 复位引脚，则寄存器 DDC6、PORTC6 和 PINC6 的读出值为 0。

表 2.20　C 口引脚第二功能

引　脚	第二功能
PC6	RESET(系统复位引脚)
PC5	ADC5(ADC 输入通道 5) SCL(两线串行总线接口时钟线)
PC4	ADC4(ADC 输入通道 4) SDA(两线串行总线接口数据输入/输出线)
PC3	ADC3(ADC 输入通道 3)
PC2	ADC2(ADC 输入通道 2)
PC1	ADC1(ADC 输入通道 1)
PC0	ADC0(ADC 输入通道 0)

端口 C，位 5——SCL/ADC5。

SCL：两线串行总线的时钟。当 TWCR 寄存器中的 TWEN 位置 1 时，使能两线串行接口，PC5 引脚不与端口相连接，成为 TWI 总线接口的串行时钟线。PC5 工作在 TWI 模式下时，有一个窄带滤波器连接到该引脚，用于抑制输入信号中宽度低于 50 ns 的毛刺，同时引脚将由具有斜率限制(Slew-Rate Limitation)的开漏驱动器驱动。

ADC5：PC5 也能作为 ADC 的输入通道 5。**注意**：ADC 输入通道 5 由数字电源 V_{CC} 供电。

端口 C，位 4——SDA/ADC4。

SDA：两线串行总线的数据线。当 TWCR 寄存器中的 TWEN 位置 1 时，使能两线串行接口，PC5 引脚不与端口相连接，成为 TWI 总线接口的串行数据线。PC4 工作在 TWI 模式下时，有一个窄带滤波器连接到该引脚，用于抑制输入信号中宽度低于 50 ns 的毛刺，同时引脚将由具有斜率限制的开漏驱动器驱动。

ADC5：PC4 也能作为 ADC 的输入通道 4。**注意**：ADC 输入通道 4 由数字电源 V_{CC} 供电。

端口 C，位 3——ADC3：PC3 也作为 ADC 输入通道 3。ADC 输入通道 3 使用模拟电源 AVCC 供电。

端口 C，位 2——ADC2：PC2 也作为 ADC 输入通道 2。ADC 输入通道 2 使用模拟电源 AVCE 供电。

端口 C，位 1——ADC1：PC1 也作为 ADC 输入通道 1。ADC 输入通道 1 使用模拟电源 AVCC 供电。

端口 C，位 0——ADC0：PC0 也作为 ADC 输入通道 0。ADC 输入通道 0 使用模拟电源 AVCC 供电。

3. 端口 D 的第二功能

表 2.21 给出了端口 D 各引脚的第二功能。

端口 D，位 7——AIN1：模拟比较器的负输入。在使用模拟比较器功能时，应将 PD7 设置为输入，且关断内部上拉电阻，以避免模拟比较器干扰数字端口的功能。

端口 D，位 6——AIN0：模拟比较器的正输入。在使用模拟比较器功能时，应将 PD6 设置为输入，且关断内部上拉电阻，以避免模拟比较器干扰数字端口的功能。

端口 D，位 5——T1：定时器/计数器 1 的外部计数脉冲输入端。

端口 D，位 4——XCK/T0。

XCK：USART 外部时钟端。

T0：定时器/计数器 0 的外部计数脉冲输入端。

表 2.21 D 口引脚第二功能

引　脚	第二功能
PD7	AIN1（模拟比较器负输入）
PD6	AIN0（模拟比较器正输入）
PD5	T1（T/C1 外部计数脉冲输入口）
PD4	XCK（USART 外部时钟输入/输出口） T0（T/C0 外部计数脉冲输入口）
PD3	INT1（外部中断 1 输入）
PD2	INT0（外部中断 0 输入）
PD1	TXD（USART 输出口）
PD0	RXD（USART 输入口）

端口 D，位 3——INT1：外部中断源 1。PD3 引脚可作为外部中断源的输入端。

端口 D，位 2——INT0：外部中断源 0。PD2 引脚可作为外部中断源的输入端。

端口 D，位 1——TXD：USART 的数据输出口。当使能 USART 的发送器后，PD1 被强制设置为输出，此时 DDD1 不起作用。

端口 D，位 0——RXD：USART 的数据输入口。当使能 USART 的接收器后，PD1 被强制设置为输入，此时 DDD0 不起作用。但引脚的内部上拉电阻仍然由 PORTD0 控制。

2.8 定时器/计数器

ATmega8 单片机有 3 个定时器/计数器：8 位定时器/计数器 0、16 位定时器/计数器 1 和 8 位定时器/计数器 2（以下表示为 T/C0、T/C1、T/C2）。这些定时器/计数器除了能够实现通常的定时和计数功能外，还具有捕捉、比较、脉宽调制（PWM）输出、实时时钟计数等更为强大的功能。

2.8.1 定时器/计数器 0

ATmega8 的 T/C0 是一个通用 8 位定时器/计数器，其主要特点是：
- 单通道计数器；
- 频率发生器；
- 外部事件计数；
- 带 10 位预定比例分频器。

1. 综述

8 位 T/C0 单元是一个可编程的计数器，图 2.23 为其逻辑功能图。计数器为单向加 1 计数器，对每一个时钟 clk_{T0} 加 1 计数。clk_{T0} 可以由内部或外部时钟源产生，具体则由时钟选择位 CS0[2:0]设定。当 CS0[2:0]=0 时，无计数时钟源，计数器停止计数。

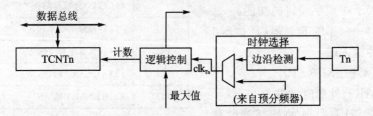

图 2.23　T/C0 的逻辑功能图

计数值保存在寄存器 TCNT0 中，不管有没有 clk_{T0}，MCU 都访问 TCNT0。MCU 写操作比计数器的其他操作（如清 0、加减操作）优先级更高，写入 TCNT0 的值将立即覆盖其中原有的内容，并会影响计数器的运行。

2. 操　作

T/C0 计数方向始终向上（增加），且没有清 0 操作。当计数器值超过最大 8 位值（max=0xFF）时，下一个计数脉冲到来时便重新由 0x00 开始计数。在 TCNT0 变为 0x00 的同时，T/C0 溢出标志位（TOV0）置位。此时，TOV0 像第 9 位，只能置位，不能清 0。TOV0 可用于定时器/计数器溢出中断申请。用户可以通过写入 TCNT0 寄存器初值来调整计数器溢出的时间间隔,也可以通过对溢出次数的计数来提高定时器/计数器的分辨率。图 2.24、图 2.25 所示为 T/C0 的计数时序,图中 MAX=0xFF,BOTTOM=0x00。

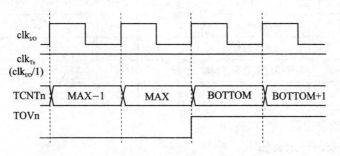

图 2.24 T/C0 计数时序(无预分频)

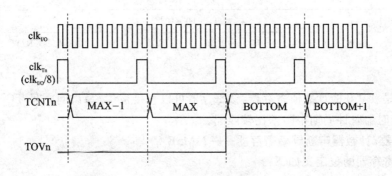

图 2.25 T/C0 计数时序(预分频为 $f_{clk\_I/O}/8$)

3. 8 位 T/C0 的寄存器

(1) T/C0 控制寄存器——TCCR0

TCCR0 寄存器的位定义如下:

位	7	6	5	4	3	2	1	0	
0x33(0x0053)						CS02	CS01	CS00	TCCR0
读/写	R	R	R	R	R	R/W	R/W	R/W	
复位值	0	0	0	0	0	0	0	0	

位 2~0——CS0[2:0]:时钟源选择位。

这 3 个标志位用于选择 T/C0 的时钟源,见表 2.22。

如果 T/C0 使用外部时钟源,即使 T0 被配置为输出,其上的逻辑信号电平的变化仍然会驱动 T/C0 计数。利用这个特性,用户可以通过软件来控制计数。

表 2.22 T/C0 的时钟源选择位

CS02	CS01	CS00	说明	CS02	CS01	CS00	说明
0	0	0	无时钟源(停止 T/C0)	1	0	0	clk$_{I/O}$/256(来自预分频器)
0	0	1	clk$_{I/O}$(系统时钟)	1	0	1	clk$_{I/O}$/1024(来自预分频器)
0	1	0	clk$_{I/O}$/8(来自预分频器)	1	1	0	外部 T0 引脚,下降沿驱动
0	1	1	clk$_{I/O}$/64(来自预分频器)	1	1	1	外部 T0 引脚,上升沿驱动

(2) T/C0 计数寄存器——TCNT0

TCNT0 寄存器的位定义如下:

位	7	6	5	4	3	2	1	0	
0x32(0x0052)				TCNT0[7:0]					TCNT0
读/写	R/W	R/W	R/W	R/W	R/W	R/W	R/W	R/W	
复位值	0	0	0	0	0	0	0	0	

TCNT0 是 T/C0 的计数值寄存器,该寄存器可以直接被读/写访问。写 TCNT0 寄存器,将在下一个定时器时钟周期中阻塞比较匹配。

(3) 定时器/计数器中断屏蔽寄存器——TIMSK

TIMSK 寄存器的位定义如下:

位	7	6	5	4	3	2	1	0	
0x39(0x0059)	OCIE2	TOIE2	TICIE1	OCIE1A	OCIE1B	TOIE1	—	TOIE0	TIMSK
读/写	R/W	R/W	R/W	R/W	R/W	R/W		R/W	
复位值	0	0	0	0	0	0	0	0	

位 0——TOIE0:T/C0 溢出中断使能。当 TOIE0 被设为 1 且状态寄存器中的全局中断使能位 I 位为 1 时,T/C0 的溢出中断使能。当 T/C0 上发生溢出,即 TIFR 中的 TOV0 置位时,执行 T/C0 溢出中断服务程序。

(4) 定时器/计数器中断标志寄存器——TIFR

TIFR 寄存器的位定义如下:

位	7	6	5	4	3	2	1	0	
0x38(0x0058)	OCF2	TOV2	ICF1	OCF1A	OCF1B	TOV1	—	TOV0	TIFR
读/写	R/W	R/W	R/W	R/W	R/W	R/W		R/W	
复位值	0	0	0	0	0	0	0	0	

位 0——TOV0：T/C0 溢出标志位。当 T/C0 产生溢出时，TOV0 位被置为 1。当 MCU 转入 T/C0 溢出中断向量处执行中断处理程序时，TOV0 由硬件自动清 0。此外，TOV0 标志位也可以通过写入一个逻辑 1 来清除。当寄存器 SREG 中的 I 位（全局中断使能）、TOIE0（T/C0 溢出中断使能）以及 TOV0 均为 1 时，执行 T/C0 溢出中断服务程序。

2.8.2　T/C0 和 T/C1 的预分频器

ATmega8 的 T/C0 和 T/C1 共用一个预分频模块，但它们可以有不同的分频设置。预分频器是独立运行的，其操作独立于 T/C 的时钟选择逻辑。该预分频器由一个 10 位的计数器组成，用于将系统时钟按设定的比例进行分频，以产生不同周期的时钟 clk_{T0}、clk_{T1}，分别作为 T/C0 和 T/C1 的时钟源，这使得 AVR 的定时器/计数器的使用更加灵活和方便。图 2.26 所示为预分频器结构图。

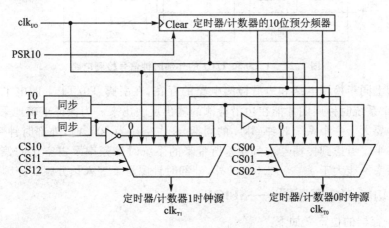

图 2.26　T/C0 和 T/C1 的预分频器结构

1. T/C0 和 T/C1 的时钟源

T/C0 和 T/C1 的时钟源可来自芯片内部，也可来自外部引脚 T0 和 T1。

- 当 CSn[2:0]=1 时，系统内部时钟直接作为定时器/计数器的时钟源，这也是最高频率的时钟源（$clk_{I/O}$）。
- 由预分频器提供的时钟源。预分频器对系统时钟 $clk_{I/O}$ 分频，由于预分频器提供了 4 种不同的分频系数：8、64、256 和 1024，所以可以输出 4 种不同周期的时钟信号 $clk_{I/O}/8$、$clk_{I/O}/64$、$clk_{I/O}/256$ 和 $clk_{I/O}/1024$。定时器/计数器 T/C0 和 T/C1 可以分别选定其中一个作为时钟源。
- 定时器/计数器 T/C0（T/C1）还可以使用来自引脚 T0（T1）的外部时钟信号作为时钟源 clk_{T0}（clk_{T1}）。

2. 外部时钟信号的检测

施加在外部引脚 T0/T1 的时钟信号,由引脚同步检测电路在每个系统时钟周期进行采样,然后把同步(采样)信号送到边沿检测器(见图 2.27)。同步检测电路在系统时钟 $clk_{I/O}$ 的上升沿将外部信号电平锁存,下降沿时将锁存的电平由寄存器输出。当系统时钟频率大大高于外部输入时钟的频率时,同步检测寄存器电路可以看作是透明的。边沿检测器对同步检测的输出信号进行边沿检测,当 $CSn[2:0]=7$ 时,检测到信号的一个正跳变产生一个 clk_{Tn} 脉冲;当 $CSn[2:0]=6$ 时,检测到信号的一个负跳变产生一个 clk_{Tn} 脉冲。

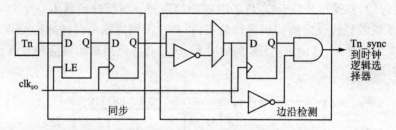

图 2.27 T/C0 和 T/C1 的外部时钟信号检测电路

由于引脚上同步检测电路和边沿检测电路的存在,在引脚 T0/T1 上的电平变化,需要延时 2.5～3.5 个系统时钟周期才能在边沿检测的输出反映出来。为保证正确地采样,外部时钟脉冲宽度至少要大于一个系统时钟 $clk_{I/O}$ 的周期,在占空比为 50% 时,外部时钟频率必须小于系统时钟的一半。考虑到振荡器本身误差所带来的系统时钟频率及占空比的偏差,建议外部时钟的最高频率不能大于 $f_{clk\_I/O}/2.5$。此外,外部时钟源是不进入预分频器分频的。

3. 特殊功能 I/O 寄存器——SFIOR

SFIOR 寄存器的位定义如下:

位	7	6	5	4	3	2	1	0	
0x30(0x0050)	—	—	—	ADHSM	ACME	PUD	PSR2	PSR10	SFIOR
读/写	R	R	R	R/W	R/W	R/W	R/W	R/W	
复位值	0	0	0	0	0	0	0	0	

位 0——PSR10:预分频器复位。当该位被置位时,预定比例分频器复位。一旦预定比例分频器复位,硬件将对该标志位自动清 0。而写入 0 时无效。由于预分频器的输出为 T/C0 和 T/C1 共享,因此复位预分频器会同时影响到两个定时器/计数器。读取 PSRl0 位的值时,总是为 0。

2.8.3 定时器/计数器 1

ATmega8 的 T/C1 是一个 16 位的多功能定时器/计数器,其主要特点是:

- 真正的 16 位设计（允许 16 位 PWM）；
- 两个独立的输出比较单元；
- 双缓冲输出比较寄存器；
- 一个输入捕获单元；
- 输入捕捉噪声抑制器；
- 比较匹配时寄存器清 0（自动重载）；
- 无干扰脉冲，相位正确的脉宽调制输出（PWM）；
- 周期可调的 PWM；
- 频率发生器；
- 外部事件计数器；
- 4 个独立的中断源（TOV1、OCF1A、OCF1B 和 ICF1）。

16 位 T/C 是从以前的版本 AVR T/C 改进和升级得来的，在以下方面与以前版本完全兼容：
- 包括定时器中断寄存器在内的所有 16 位 T/C 相关的 I/O 寄存器的地址；
- 包括定时器中断寄存器在内的所有 16 位 T/C 相关的寄存器位定位；
- 中断向量。

下列控制位名称已改，但具有相同的功能和存储器单元：
- PWM10 改成 WGM10；
- PWM11 改成 WGM11；
- CTC1 改成 WGM12。

16 位 T/C 控制寄存器中还添加了下列位：
- TCCR1A 中加入了 FOC1A 和 FOC1B。
- TCCR1B 中加入了 WGM13。

因此，原来熟悉和使用过早期 AVR 产品的用户在选用 mega 系列单片机时，应注意 T/C1 的变化和不同。

1. T/C1 的结构

图 2.28 为 16 位 T/C1 的结构框图。在图中给出了 MCU 可以操作的寄存器以及相关的标志位，其中，定时器/计数器寄存器 TCNT1、输出比较寄存器 OCR1A/OCR1B 以及输入捕捉寄存器 ICR1 都是 16 位的寄存器。T/C1 的中断请求信号可以在定时器中断标志寄存器 TIFR 中找到。在定时器中断屏蔽寄存器 TIMSK 中，可以找到各自独立的中断屏蔽位。

(1) T/C1 的时钟源

T/C1 时钟源可来自芯片内部，也可来自外部引脚 T1。T/C1 与 T/C0 共享一个预分频器（参见 2.8.2 小节）。时钟源的选择由寄存器 TCCR1B 中的标志位 CS1[2:0]确定。

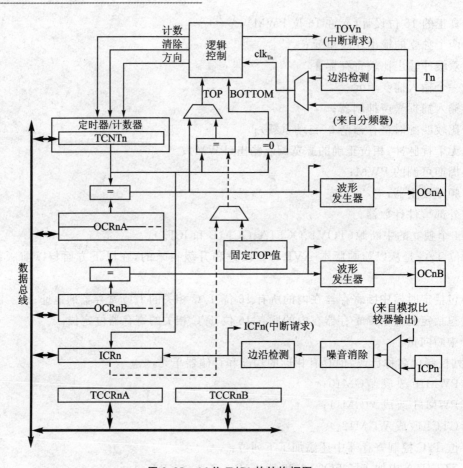

图 2.28　16 位 T/C1 的结构框图

(2) 16 位 T/C1 的计数单元

T/C1 的计数单元是一个可编程的 16 位双向计数器,图 2.29 为其逻辑功能图。根据计数器的工作模式,在每一个 clk_{T1} 时钟到来时,计数器进行加 1、减 1 或清 0 操作。clk_{T1} 的来源由标志位 CS1[2:0]设定,当 CS1[2:0]=0 时,计数器停止计数(无计数时钟源)。

图 2.29 中的符号所代表的意义如下:

- 计数(Count)——TCNT1 加 1 或减 1;
- 方向(Direction)——确定是加操作还是减操作;
- 清除(Clear)——TCNT1 清 0;
- clk_{T1}——计数器时钟信号;
- 顶点值(TOP)——表示 TCNT1 计数值到达最大值;
- 底点值(BOTTOM)——表示 TCNT1 计数值到达最小值(0)。

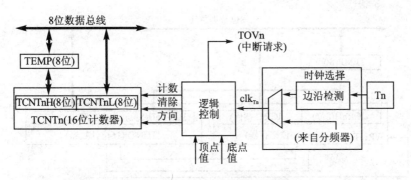

图 2.29 T/C1 计数器的逻辑功能图

计数值保存在 16 位寄存器 TCNT1 中。TCNT1 映射到两个 8 位 I/O 寄存器位置：TCNT1H 为高 8 位，TCNT1L 为低 8 位。MCU 访问 TCNT1H 时，实际访问的是临时寄存器（TEMP）。当读取 TCNT1L 数据时，临时寄存器的值更新为 TCNT1H 的值；而在对 TCNT1L 执行写操作时，TCNT1H 的值被临时寄存器的值所更新。利用这样的方式来实现在一个时钟周期内通过 8 位数据总线实现对 16 位计数器的读/写。

计数器的计数序列取决于寄存器 TCCR1A 和 TCCR1B 中的标志位 WGM1[3:0]的设置。WGM1[3:0]的设置直接影响到计数器的运行方式、OC1A 和 OC1B 的输出形式，同时也影响和涉及 T/C1 的溢出标志位 TOV1 的置位。标志位 TOV1 可以用于产生中断申请。

(3) 输入捕获单元

T/C1 内部的输入捕获单元（见图 2.30）可应用于精确捕获一个外部事件的发生，并为其赋予时间标记（Time-Stamp），以说明此事件的发生时刻。外部事件的触发信号由引脚 ICP1 输入，也可通过模拟比较器单元来实现。

当引脚 ICP1 上的逻辑电平发生了变化，或者模拟比较器输出 ACO 电平发生了变化，而且这个电平变化被边沿检测器所证实时，输入捕获即被激发：16 位的 TCNT1 数据被复制到输入捕获寄存器 ICR1 中，同时输入捕获标志位 ICF1 被置位。如果此时 ICIE1＝1，将产生输入捕捉中断。中断执行时 ICF1 自动清 0。用户也可以通过对其对应的 I/O 位置写 1 来清 0。输入捕获功能常用于频率和周期的精确测量。

读取 ICR1 时，要先读低字节 ICR1L，再读高字节 ICR1H。读低字节时，ICR1H 的值被复制到临时寄存器（TEMP）；读高字节时，读取 TEMP 寄存器。

对 ICR1 寄存器的写操作只能在 PWM 方式下进行。此时，ICR1 的值将作为计数器计数序列的上限值（TOP）。写 ICR1 之前，首先要设置 WGM1[3:0]，以允许写操作。对 ICR1 写操作时，必须先将高字节写入 ICR1H，后将低字节写入 ICR1L。

置位标志位 ICNC1,将使能对输入捕获触发信号的噪声抑制功能。噪声抑制电路是一个数字滤波器，它对输入触发信号进行 4 次采样。只有当 4 次采样值相等时，其输出才会送入边

第 2 章 ATmega8 硬件结构

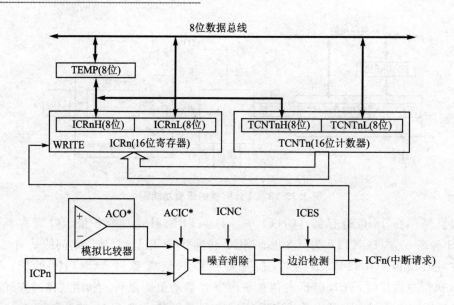

图 2.30 T/C1 的输入捕捉单元方框图

沿检测器。使能噪声抑制器后,在输入变化到 ICR1 得到更新之间,将会有额外的 4 个系统时钟周期延时。

(4) 输出比较单元

图 2.31 为 T/C1 的输出比较单元逻辑功能图。在 T/C1 运行期间,输出比较单元持续比较寄存器 TCNT1 的计数值和寄存器 OCR1x 的内容,一旦发现它们相等,比较器即会产生一个比较匹配信号,然后 OCF1x 在下一个定时器时钟置位。如果此时 OC1E1x=1,OCF1x 置位将引发输出比较中断。中断执行时,OCF1x 自动清 0。用户也可以通过对其对应的 I/O 位写 1 来清 0。根据 WGM1[3:0]、COM1A[1:0] 和 COM1B[1:0] 的不同设置,波形发生器用匹配信号生成不同的波形。

寄存器 OCR1A 和 OCR1B 各自配置有一个缓冲寄存器。当 T/C1 工作在非 PWM 模式时,该缓冲寄存器被禁止。MCU 直接访问和操作寄存器 OCR1A 或 OCR1B 本身。

当 T/C1 工作在 12 种 PWM 模式中的任何一种时,OCR1A 和 OCR1B 的缓冲寄存器投入使用。这时,MCU 对 OCR1A 或 OCR1B 的访问操作实际上是在对它们相对应的缓冲寄存器操作。当计数器的计数值达到设定的最大值(TOP)或最小值(BOTTOM)时,缓冲寄存器的内容将同步更新比较寄存器 OCR1A 或 OCR1B 的值。这可以有效地防止产生不对称的 PWM 脉冲信号,消除毛刺。

(5) 比较匹配输出单元

比较匹配模式控制位 COM1A[1:0] (COM1B[1:0]) 有两个作用:波形发生器利用 COM1x[1:0] 来确定下一次比较匹配时的输出比较 OC1x 的状态;COM1x[1:0] 控制外部引

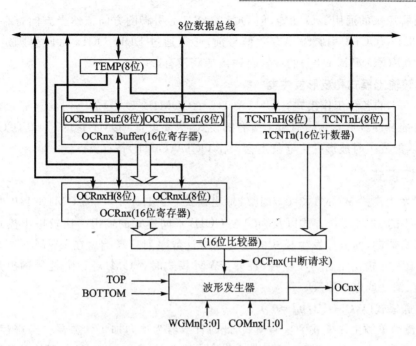

图 2.31 T/C1 的输出比较单元逻辑功能图

脚 OClx 引脚输出的来源。图 2.32 为 T/C1 的比较匹配输出单元的逻辑图。

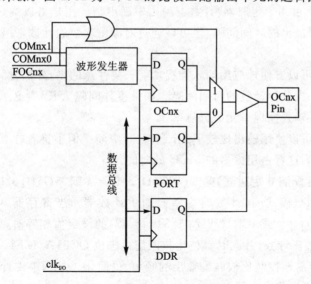

图 2.32 T/C1 的比较匹配输出单元逻辑图

只要 COM1A[1:0]（COM1B[1:0]）中任何一位为 1，波形发生器的输出 OC1A（OC1B）

就会取代引脚原来的通用I/O功能,但OC1A(OC1B)引脚的方向依然受方向寄存器DDR的控制。从OC1A(OC1B)引脚输出有效信号前,必须通过DDR_OC1x将此引脚定义为输出。COM1A[1:0](COM1B[1:0])的设置对输入捕获没有影响。

(6) 比较输出模式和波形发生器

对于T/C1的各种工作模式,COM1A[1:0](COM1B[1:0])的不同设置都会影响到波形发生器产生的脉冲波形方式。但对于所有的模式,只要设置COM1A[1:0]=0(COM1B[1:0]=0),比较匹配发生时波形发生器就不会操作OC1A(OC1B)寄存器。

2. 工作模式

由波形发生模式WGM1[3:0]和比较输出模式COM1A[1:0]/COM1B[1:0]控制位的组合构成T/C1的16种工作方式以及OC1A/OC1B不同模式的输出。比较输出模式的不同对计数序列没有影响,而波形发生模式的不同则对计数序列有影响。在PWM模式时,COM1x[1:0]控制PWM输出是否为反极性;在非PWM模式时,COM1x[1:0]控制输出是否在比较匹配时置位、清0或电平取反。

(1) 普通模式(WGM1[3:0]=0)

T/C1最简单的工作模式为普通模式,此时计数器为单向加1计数器。当寄存器TCNT1的计数值达到最大值0xFFFF且下一个计数脉冲到来时,由于溢出,计数器简单地返回到最小值0x0000重新开始向上计数,同时置位溢出标志位TOV1。此时,TOV1像第17位,只能置位,不能清0。TOV1可用于定时器/计数器溢出中断申请。用户可以通过写入TCNT1寄存器初值来调整计数器溢出的时间间隔,也可以通过对溢出次数的计数来提高定时器/计数器的分辨率。

在普通模式中,可以方便地应用输入捕捉功能。要注意的是,外部时间的最大时间间隔不能超过计数器完成一次单程计数的时间间隔。如果事件间隔太长,则必须使用定时器溢出中断或预分频器来扩展输入捕捉单元的分辨率。

在普通模式中,可以使用输出比较单元产生定时中断。但不推荐在普通模式下利用输出比较来产生波形,因为这将占用太多的MCU的时间。

(2) CTC(比较匹配清0定时器)模式(WGM1[3:0]=4或WGM1[3:0]]=12)

T/C1工作在CTC模式时,计数器为单向加1计数器。当寄存器TCNT1的计数值与OCR1A(WGM1[3:0]=4)或ICR1(WGM1[3:0]=12)的设定值相等时,就将计数器TCNT1清0,重新开始向上加1计数,并同时置位比较匹配标志位OCF1A/ICF1。通过设置OCR1A/ICR1的值,可以很容易地控制比较匹配输出的频率,也简化了外部事件计数的应用。图2.33为T/C1的CTC模式计数时序图。

利用比较匹配标志位OCF1A/ICF1可以在计数值达到TOP时产生中断。用户可以在中断服务程序中修改TOP的值。由于CTC模式没有双缓冲功能,因此在计数器以无预分频器

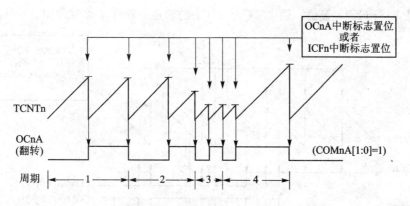

图 2.33　T/C1 的 CTC 模式计数时序图

或很低的预分频器工作时,将 TOP 值更改为接近 BOTTOM 的数值时要格外小心。如果写入的 OCR1A 或 ICR1 的值小于当前的 TCNT1 的数值,计数器将丢失一次比较匹配。在下一次比较匹配发生前,计数器不得不先计数到最大值 0xFFFF,然后再从 0x0000 计数到 OCR1A 或 ICR1。

例如,当 TCNT1 的值与 OCR1A 相等时,TCNT1 便被硬件清 0 并申请中断;在中断服务中重新改变设置 OCR1A 为 0x0008;但中断返回后 TCNT1 的计数值已经为 0x0015 了。此时便丢失了一次比较匹配成立条件,计数器将继续加 1 计数到 0xFFFF,然后返回 0x0000;当再次计数到 0x0008 时,才能产生比较匹配成功。

为了在 CTC 模式下产生波形输出,可以设置 COM1A[1:0]=1,使 OC1A 在每次比较匹配时改变逻辑输出。在期望获得 OC1A 输出之前,首先要将其端口设置为输出(DDR_OC1A =1)。OC1A 输出波形的最高频率为 $f_{OC1A}=f_{clk\_I/O}/2$(OCR1A=0x0000)。其他的输出频率由下式确定,式中 N 的取值为 1、8、64、256 或 1024。

$$f_{OC1A}=\frac{f_{clk\_I/O}}{2N(1+OCR1A)}$$

变量 N 代表预分频因子(1、8、64、256、1024)。

除此之外,与普通模式相同,当计数器 TCNT1 的计数值由 MAX 变为 0x0000 时,标志位 TOV1 置位。

(3) 快速 PWM 模式(WGM1[3:0]=5、6、7、14 或 15)

T/C1 工作在快速 PWM 模式时,可以产生高频的 PWM 波形。快速 PWM 模式采用单边斜坡工作方式。计数器从 BOTTOM 一直加到 TOP,然后立即回到 BOTTOM 开始加 1 计数。对于普通比较输出模式(COM1A[1:0]=2/COM1B[1:0]=2),当 TCNT1 的计数值与 OCR1x 的值相匹配时将 OC1x 置位,在 TOP 时将 OC1x 清 0。而在反向比较输出(COM1A[1:0]=3/COM1B[1:0]=3)模式时,当 TCNT1 的计数值与 OCR1x 的值相匹配时将 OC1x

清 0，在 TOP 时将 OC1x 置位。图 2.34 为 T/C1 的快速 PWM 工作时序图。

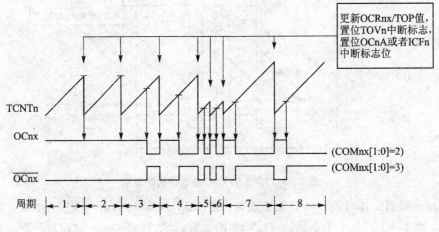

图 2.34 T/C1 的快速 PWM 工作时序图

由于快速 PWM 模式采用了单边斜坡工作方式，所以其产生 PWM 波的频率比使用双斜坡的零相位修正 PWM 模式高 1 倍。因此快速 PWM 模式适用于功率调节、整流和 DAC 等应用。

快速 PWM 的分辨率（即 TOP 值）可以为固定的 8、9、10 位（0x00FF、0x01FF、0x03FF），也可以由寄存器 OCR1A、ICR1 定义。最小分辨率为 2 位（OCR1A = 0x0003 或 ICR1 = 0x0003），最大分辨率为 16 位（OCR1A = 0xFFFF 或 ICR1 = 0xFFFF）。PWM 分辨率位数可用下式计算：

$$R_{FPWM} = \log_2(TOP+1)$$

计数器数值在达到 TOP 时，T/C 溢出标志 TOV1 置位。若 TOP 值是由 OCF1A/ICF1 定义的，则 OC1A 或 ICF1 标志将与 TOV1 在同一时钟周期置位。如果中断使能，则用户可以在中断服务程序中修改 TOP 的值。

当改变计数器的计数上限 TOP 值时，必须保证新的 TOP 值不小于所有比较寄存器的值；否则不会出现比较匹配。若使用固定的 TOP 值，则向任意 OCR1x 寄存器写入数据时未使用的位将屏蔽为 0。

使用寄存器 OCR1A/ICR1 的设定值作为计数器计数上限 TOP 值时，更新 ICR1 和 OCR1A 的过程是不同的。寄存器 ICR1 不是双缓冲寄存器，因此当计数器以无预分频器或很低的预分频器工作时，给 ICR1 赋予一个小的数值时存在着新写入的 ICR1 数值小于 TCNT1 当前计数值的可能，结果将丢失一次比较匹配。在下一次比较匹配前，计数器不得不计数到 0xFFFF，再从 0x0000 开始计数，直到比较匹配发生。而寄存器 OCR1A 是双缓冲寄存器，这一特性决定 OCR1A 数据可以随时写入。当更新 OCR1A 时，数据首先被写入到缓冲寄存器中,而 OCR1A 仍保持原 TOP 值。等到 TCNT1 与原 TOP 值匹配时,在 TCNT1 清 0、TOV1 置位的同时,缓冲寄存器中数据才写入 OCR1A,使 OCR1A 真正得到更新。

因此,当使用固定的 TOP 值时,建议使用寄存器 ICR1 来设定计数器计数的上限值,或采用固定的 8、9、10 位 TOP 值。这样,寄存器 OCR1A 可以用于 OC1A 产生 PWM 脉冲(相当于有两个 PWM 输出)。但是,如果 PWM 的基频不断变化(需要经常改变计数器的计数上限 TOP 值),那么 OCR1A 的双缓冲特性使其更加适合,但此时只能有一个 PWM 输出(OCR1B 控制的 OC1B 输出)。

工作于快速 PWM 模式时,比较单元可以在 OC1x 引脚上输出 PWM 波形。设置 COM1x[1:0]为 2 可以产生普通 PWM 波形,为 3 则可以产生反向 PWM 波形。此外,要真正从物理引脚上输出信号,还必须将 OC1x 的数据方向 DDR_OC1x 设置为输出。产生 PWM 波形的机理是:OC1x 寄存器在 OCR1x 与 TCNT1 匹配时置位(或清 0)以及在计数器清 0(从 TOP 变为 BOTTOM)的那个定时器时钟周期清 0(或置位)。输出的 PWM 波形频率由下式确定,式中 N 的取值为 1、8、64、256 或 1024。

$$f_{OC1APWM} = \frac{f_{clk\_I/O}}{N(1+TOP)}$$

通过设置比较寄存器 OCR1A/OCR1B 的值,可以获得不同占空比的 PWM 脉冲波形。

OCR1A/OCR1B 的一些特殊值会产生极端的 PWM 波形。当 OCR1A/OCR1B 的设置值与 0x0000 相近时,会产生窄脉冲序列。而设置 OCR1A/OCR1B 的值等于 TOP,OC1A/OC1B 的输出为恒定的高(低)电平。当设置 OCR1A 的值为 0x0000 且 OC1A 的输出方式为触发模式(COM1A[1:0]=1)时,OC1A 产生占空比为 50% 的最高频率 PWM 波形($f_{OC1A} = f_{clk\_I/O}/2$)。

(4) 相位修正 PWM 模式(WGM1[3:0]=1、2、3、10 或 11)

相位修正 PWM 模式用于产生高精度的相位正确的 PWM 波形。此模式基于双斜坡工作方式,计数器为双向计数器:从 BOTTOM 一直加到 TOP,在下一个计数脉冲到达时,改变计数方向,从 TOP 开始减 1 计数到 BOTTOM。对于普通比较输出(COM1A[1:0]=2/COM1B[1:0]=2)模式,在正向加 1 过程中,TCNT1 的计数值与 OCR1A/OCR1B 的值相匹配时将 OCR1x 清 0;在反向减 1 过程中,当计数器 TCNT1 的值与 OCR1x 相匹配时将 OCR1x 置位。对于反向比较输出(COM1A[1:0]=3/COM1B[1:0]=3)模式,在正向加 1 过程中,TCNT1 的计数值与 OCR1x 的值相匹配时将 OCR1x 置位;在反向减 1 过程中,当计数器 TCNT1 的值与 OCR1x 相匹配时将 OCR1x 清 0。图 2.35 为 T/C1 相位修正 PWM 工作时序图。

由于该 PWM 模式采用斜坡工作方式,所以它产生的 PWM 波的频率比快速 PWM 低,但其对称特性非常适合于电机控制。

计数器计数上限 TOP 值的大/小决定了 PWM 输出频率的低/高,而比较寄存器的数值则决定了输出脉冲的起始相位和脉宽。

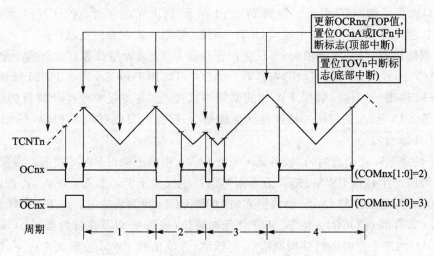

图 2.35 T/C1 相位修正 PWM 工作时序图

相位修正 PWM 的分辨率（即 TOP 值）可以为固定的 8、9、10 位（0x00FF、0x01FF、0x03FF），也可以由寄存器 OCR1A 或 ICR1 定义。最小分辨率为 2 位（OCR1A＝0x0003 或 ICR1＝0x0003），最大精度为 16 位（OCR1A＝0xFFFF 或 ICR1＝0xFFFF）。PWM 分辨率位数可用下式计算：

$$R_{\text{PCPWM}} = \log_2(\text{TOP}+1)$$

当 TCNT1 的计数值到达 BOTTOM 时，置位溢出标志位 TOV1。若 TOP 值由寄存器 OCR1A/ICR1 来定义，则在 OCR1x 寄存器通过双缓冲方式得到更新的同一个定时器时钟周期里 OC1A 或 ICF1 置位。标志置位后，若中断使能，即可产生中断。

当改变计数器的计数上限 TOP 值时，必须保证新的 TOP 值不小于所有比较寄存器的值；否则不会出现比较匹配。若使用固定的 TOP 值，则向任意 OCR1x 寄存器写入数据时未使用的位将屏蔽为 0。

由于在相位修正 PWM 模式中，OCR1x 的更新发生在 TCNT1＝TOP（即一个 PWM 的周期起始点在 TOP 处），所以会导致一个周期内的两个斜坡长度不同，输出也就不对称了。因此，如果在应用中需要经常改变计数器计数的上限 TOP 值，那么建议使用相位与频率修正 PWM 模式。

工作于相位修正 PWM 模式时，比较单元可以在 OC1x 引脚上输出 PWM 波形。设置 COM1x[1:0] 为 2 可以产生普通 PWM 波形，为 3 则可以产生反向 PWM 波形。此外，要真正从物理引脚上输出信号，还必须将 OC1x 的数据方向 DDR_OC1x 设置为输出。产生 PWM 波形的机理是：OC1x 寄存器在 OCR1x 与 TCNT1 匹配时产生相应的置位或清 0 操作。输出的 PWM 波形频率由下式确定（式中 N 的取值为 1、8、64、256 或 1024）：

$$f_{\text{OC1APCPWM}} = \frac{f_{\text{clk\_I/O}}}{2N \cdot \text{TOP}}$$

通过设置比较寄存器 OCR1A/OCR1B 的值,可以获得不同占空比的脉冲波形。

OCR1A/OCR1B 的一些特殊值会产生极端的 PWM 波形。当 OCR1A/OCR1B 的设置值与 0x0000 相近时,会产生窄脉冲序列。在普通 PWM 模式下,当 OCR1A/OCR1B 的值为 TOP 时,OC1A/OC1B 的输出为恒定的高电平;而当 OCR1A/OCR1B 的值为 BOTTOM 时,OC1A/OC1B 的输出为恒定的低电平。反向 PWM 模式则正好相反。若用 OCR1A 来定义 TOP 值,且 COM1A[1:0]=1,则 OC1A 输出占空比为 50% 的周期信号。

(5) 相位与频率修正 PWM 模式(WGM1[3:0]=8 或 9)

相位与频率修正 PWM 模式可以产生高精度的相位与频率都正确的 PWM 波形,简称相频修正模式。此模式同样基于双斜坡工作方式,计数器为双向计数器:从 BOTTOM 一直加到 TOP,在下一个计数脉冲到达时,改变计数方向,从 TOP 开始减 1 计数到 BOTTOM。对于普通比较输出(COM1A[1:0]=2/COM1B[1:0]=2)模式,在正向加 1 过程中,TCNT1 的计数值与 OCR1A/OCR1B 的值相匹配时 OC1A/OC1B 清 0;在反向减 1 过程中,当计数器 TCNT1 的值与 OCR1A/OCR1B 相匹配时 OC1A/OC1B 置位。对于反向比较输出(COM1A[1:0]=3 或 COM1B[1:0]=3)模式,在正向加 1 过程中,TCNT1 的计数值与 OCR1A/OCR1B 的值相匹配时 OC1A/OC1B 置位;在反向减 1 过程中,当计数器 TCNT1 的值与 OCR1A/OCR1B 相匹配时 OCR1A/OCR1B 清 0。图 2.36 为 T/C1 相位与频率修正 PWM 工作时序图。

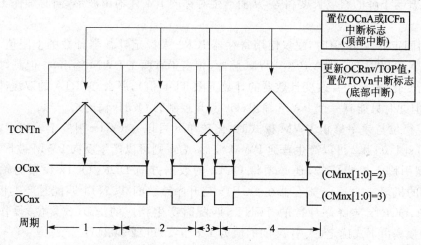

图 2.36　T/C1 相位频率可调 PWM 工作时序

由于该 PWM 模式采用双斜坡工作方式,所以它产生的 PWM 波的频率比快速 PWM 低,但其对称特性非常适合于电机控制。

计数器计数上限 TOP 值的大/小决定了 PWM 输出频率的低/高,而比较寄存器的数值则决定了输出脉冲的起始相位和脉宽。

相位与频率修正 PWM 的分辨率(即 TOP 值)由寄存器 OCR1A、ICR1 定义。最小分辨率为 2 位(OCR1A=0x0003 或 ICR1=0x0003),最大精度为 16 位(OCR1A=0xFFFF 或 ICR1=0xFFFF)。其他由 OCR1A 或 ICR1 设定值所定义的分辨率(单位为"位")可以由下式计算,式中 TOP 为寄存器 OCR1A/ICR1 的设定值。

$$R_{PFCPWM} = \log_2(TOP+1)$$

在 TCNT1 的计数值到达 BOTTOM 时,置位溢出标志位 TOV1,同时 OCR1A/OCR1B 自动更新,其更新数据来源于各自的缓冲寄存器。这是相位与频率修正 PWM 模式和相位修正 PWM 模式的唯一区别。在相位修正 PWM 模式下,OCR1A/OCR1B 自动更新发生在 TCNT1 计数到达 TOP 时。若使用寄存器 OCR1A/ICR1 的设定值作为计数器计数上限 TOP 值,则当在 TCNT1 计数到达 TOP 时,OC1A/ICF1 标志位置位。若中断使能,则这些标志置位后将产生中断。

当改变计数器的计数上限 TOP 值时,必须保证新的 TOP 值不小于所有比较寄存器的值,否则不会出现比较匹配。若使用固定的 TOP 值,则向任意 OCR1x 寄存器写入数据时未使用的位将屏蔽为 0。

由于在相位与频率修正 PWM 模式中,OCR1A/OCR1B 的更新发生在 TCNT1=BOTTOM(即一个 PWM 的周期起始点在 BOTTOM 处),因此,不管如何改变计数器计数的上限 TOP 值,上升与下降的斜坡长度相等,从而产生对称的 PWM 输出波形,同时确保了频率的准确性。

当使用固定的 TOP 值时,建议使用寄存器 ICR1 来设定计数器计数的上限值。这样,寄存器 OCR1A 可以用于 OC1A 产生 PWM 脉冲(相当于有两个 PWM 输出)。但是,如果 PWM 的基频不断变化(需要经常改变计数器的计数上限 TOP 值),那么 OCR1A 的双缓冲特性使其更加适合,但此时只能有一个 PWM 输出(OCR1B 控制的 OC1B 输出)。

工作于相位与频率修正 PWM 模式时,比较单元可以在 OC1x 引脚上输出 PWM 波形。设置 COM1x[1:0]为 2 可以产生普通 PWM 波形,为 3 则可以产生反向 PWM 波形。此外,要真正从物理引脚上输出信号,还必须将 OC1x 的数据方向 DDR_OC1x 设置为输出。产生 PWM 波形的机理是:OC1x 寄存器在 OCR1x 与升序计数的 TCNT1 匹配时产生相应的置位(或清 0),在 OCR1x 与降序计数的 TCNT1 匹配时产生相应的清 0(或置位)操作。输出的 PWM 波形频率由下式确定(式中 N 的取值为 1、8、64、256 或 1024):

$$f_{OC1APFCPWM} = \frac{f_{clk\_I/O}}{2N \cdot TOP}$$

通过设置比较寄存器 OCR1A/OCR1B 的值,可以获得不同占空比的脉冲波形。

OCR1A/OCR1B 的一些特殊值,会产生极端的 PWM 波形。当 OCR1A/OCR1B 的设置值与 BOTTOM 相近时,会产生窄脉冲序列。在普通 PWM 模式下,当 OCR1A/OCR1B 的值为 TOP 时,OC1A/OC1B 的输出为恒定的高电平;而当 OCR1A/OCR1B 的值为 BOTTOM 时,OC1A/OC1B 的输出为恒定的低电平。反向 PWM 模式则正好相反。若用 OCR1A 来定义 TOP 值,且 COM1A[1:0]=1,则 OC1A 输出占空比为 50% 的周期信号。

3. T/C1 计数器的计数时序

图 2.37～图 2.40 给出了 T/C1 在同步工作情况下的各种计数时序,同时给出了 TOV1 和 OCF1A、OCF1B 的置位条件以及寄存器 OCR1A/OCR1B 的更新位置。

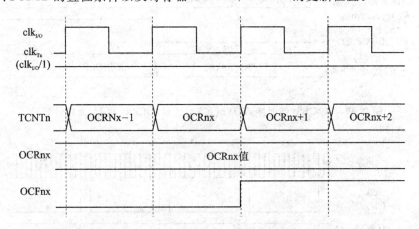

图 2.37 T/C1 计数时序,OCFnx 置位,无预分频

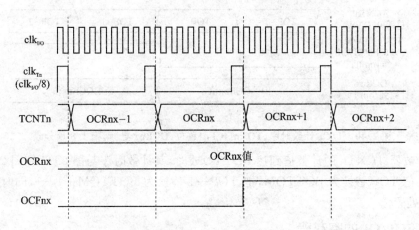

图 2.38 T/C1 计数时序,OCFnx 置位,带 1/8 预分频

在图 2.39 和图 2.40 中,给出了在相位修正 PWM 和快速 PWM 两种模式下,当计数器 TCNTn 的计数值接近 TOP 时的计数时序。而在相位与频率修正 PWM 模式下,OCRnx 的

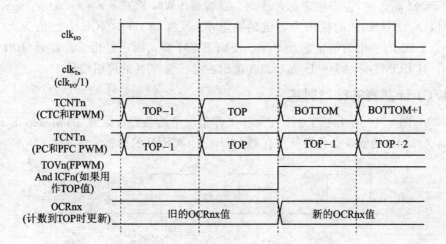

图 2.39 T/C1 计数时序,TOVn(ICFn)置位,OCRnx 更新,无预分频

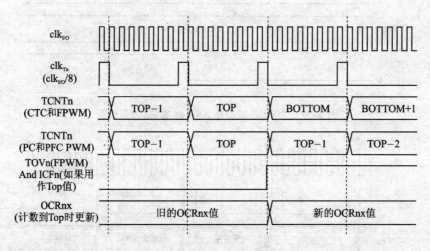

图 2.40 T/C1 计数时序,TOVn(ICFn)置位,OCRnx 更新,带 1/8 预分频

更新是在计数器 TCNTn 的计数值到达 BOTTOM 时,其计数时序与图 2.37 和图 2.38 类似,区别仅在于把 TOP 替换为 BOTTOM,把 TOP−1 替换为 BOTTOM+1,…,同时 TOVn 在 BOTTOM 处置位。

4. 16 位 T/C1 的寄存器

(1) T/C1 计数寄存器——TCNT1H 和 TCNT1L

TCNT1H 和 TCNT1L 寄存器的位定义如下:

位	15	14	13	12	11	10	9	8	
0x2D(0x004D)				TCNT1[15:8]					TCNT1H
0x2C(0x004C)				TCNT1[7:0]					TCNT1L
位	7	6	5	4	3	2	1	0	
读/写	R/W	R/W	R/W	R/W	R/W	R/W	R/W	R/W	
读/写	R/W	R/W	R/W	R/W	R/W	R/W	R/W	R/W	
复位值	0	0	0	0	0	0	0	0	
复位值	0	0	0	0	0	0	0	0	

两个 8 位寄存器 TCNT1H 和 TCNT1L 组成 T/C1 的 16 位计数值寄存器 TCNT1。该寄存器可以直接被 CPU 读/写访问。为保证 MCU 对高字节与低字节的同时读/写,必须使用一个临时高字节寄存器 TEMP。写 TCNT1 寄存器,将在下一个定时器时钟周期中阻塞比较匹配。因此,在计数器运行期间修改 TCNT1 的内容,有可能丢失一次 TCNT1 与 OC1A(OC1B) 的比较匹配操作。

(2) T/C1 控制寄存器 A——TCCR1A

TCCR1A 寄存器的位定义如下:

位	7	6	5	4	3	2	1	0	
0x2F(0x004F)	COM1A1	COM1A0	COM1B1	COM1B0	FOC1A	FOC1B	WGM11	WGM10	TCCR1A
读/写	R/W	R/W	R/W	R/W	W	W	W	W	
复位值	0	0	0	0	0	0	0	0	

位 7~6——COM1A[1:0]:通道 A 比较输出模式。

位 5~4——COM1B[1:0]:通道 B 比较输出模式。

这些位分别控制 OC1A 与 OC1B 的状态。如果 COM1A[1:0](COM1B[1:0])中的任何一个位或两位被置 1,则 OC1A(OC1B)的输出功能将替代 PB1(PB2)引脚的一般 I/O 端口功能。但是,OC1A(OC1B)相应的输出引脚数据方向必须置位,以使能输出驱动器。当 OC1A (OC1B)与物理引脚相连是输出引脚时,COM1x[1:0]的功能由 WGM1[3:0]的设置决定。

表 2.23 给出了在 WGM1[3:0]的设置为普通模式和 CTC 模式(非 PWM)时,COM1A[1:0] (COM1B[1:0])位的功能定义。表 2.24 给出了在 WGM1[3:0]的设置为快速 PWM 模式时, COM1A[1:0] (COM1B[1:0])位的功能定义。表 2.25 给出了在 WGM1[3:0]的设置为相位修正以及相位与频率修正 PWM 模式时,COM1A[1:0] (COM1B[1:0])位的功能定义。

位 3——FOC1A:通道 A 强制输出比较。

位 2——FOC1B:通道 B 强制输出比较。

表 2.23　比较输出模式，非 PWM 模式

COM1A1/COM1B1	COM1A0/COM1B0	说　明
0	0	普通端口操作，OC1A/OC1B 未连接
0	1	比较匹配时 OC1A/OC1B 电平取反
1	0	比较匹配时 OC1A/OC1B 清 0（输出低电平）
1	1	比较匹配时 OC1A/OC1B 置位（输出高电平）

表 2.24　比较输出模式，快速 PWM 模式

COM1A1/COM1B1	COM1A0/COM1B0	说　明
0	0	普通端口操作，OC1A/OC1B 未连接
0	1	WGM1[3:0]＝15：比较匹配时 OC1A 取反，OC1B 未连接 WGM1[3:0]＝其他值：普通端口操作，OC1A/OC1B 未连接
1	0	比较匹配时 OC1A/OC1B 清 0，在 TOP 时 OC1A/OC1B 置位
1	1	比较匹配时 OC1A/OC1B 置位，在 TOP 时 OC1A/OC1B 清 0

表 2.25　比较输出模式，相位修正及相位与频率修正 PWM 模式

COM1A1/COM1B1	COM1A0/COM1B0	说　明
0	0	普通端口操作，OC1A/OC1B 未连接
0	1	WGM1[3:0]＝9 或 14：比较匹配时 OC1A 取反，OC1B 未连接 WGM1[3:0]＝其他值：普通端口操作，OC1A/OC1B 未连接
1	0	升序计数过程中比较匹配时 OC1A/OC1B 清 0 降序计数过程中比较匹配时 OC1A/OC1B 置位
1	1	升序计数过程中比较匹配时 OC1A/OC1B 置位 降序计数过程中比较匹配时 OC1A/OC1B 清 0

FOC1A/FOC1B 位只在 WGM1[3:0]位被设置为非 PWM 模式下才有效。为了保证与以后的器件兼容，在 PWM 模式下写 TCCR1A 寄存器时，这两位必须被写 0。当写一个逻辑 1 到 FOC1A/FOC1B 位时，将强加在波形发生器上一个比较匹配成功信号，使波形发生器依据 COM1A[1:0]/COM1B[1:0]位的设置而改变 OC1A/OC1B 的输出状态。注意：FOC1A/FOC1B 的作用仅如同一个选通脉冲，而 OC1A/OC1B 的输出还是取决于 COM1A[1:0]/

COM1B[1:0]位的设置。在 CTC 模式下使用 OCR1A 作为 TOP 值,FOC1A/FOC1B 选通既不会产生中断,也不会使计数器清 0。对 FOC1A/FOC1B 读操作的返回值总为 0。

位 1~0——WGM1[1:0]:波形发生模式。这两个标志位与 WGM1[3:2](位于寄存器 TCCR1B)相组合,用于控制 T/C1 的计数和工作方式——计数器计数的上限值和确定波形发生器的工作模式(见表 2.26)。T/C1 支持的工作模式有:普通模式、比较匹配时清 0 定时器(CTC)模式以及 3 种脉宽调制(PWM)模式等 15 种。

表 2.26 波形产生模式

模式	WGM1[3:0]	T/C1 工作模式	计数上限值 (TOP)	OCR1A OCR1B 更新	TOV1 置位
0	0000	一般模式	0xFFFF	立即	0xFFFF
1	0001	8 位 PWM,相位可调	0x00FF	TOP	0x0000
2	0010	9 位 PWM,相位可调	0x01FF	TOP	0x0000
3	0011	10 位 PWM,相位可调	0x03FF	TOP	0x0000
4	0100	CTC	OCR1A	立即	0xFFFF
5	0101	8 位 PWM,快速	0x00FF	TOP	TOP
6	0110	9 位 PWM,快速	0x01FF	TOP	TOP
7	0111	10 位 PWM,快速	0x03FF	TOP	TOP
8	1000	PWM,相位和频率可调	ICR1	0x0000	0x0000
9	1001	PWM,相位和频率可调	OCR1A	0x0000	0x0000
10	1010	PWM,相位可调	ICR1	TOP	0x0000
11	1011	PWM,相位可调	OCR1A	TOP	0x0000
12	1100	CTC	ICR1	立即	0xFFFF
13	1101	保留	—	—	—
14	1110	PWM,快速	ICR1	TOP	TOP
15	1111	PWM,快速	OCR1A	TOP	TOP

(3) T/C1 控制寄存器 B——TCCR1B

TCCR1B 寄存器的位定义如下:

位	7	6	5	4	3	2	1	0	
0x2E(0x004E)	ICNC1	ICES1	—	WGM13	WGM12	CS12	CS11	CS10	TCCR1B
读/写	R/W	R/W	R/W	R/W	R/W	R/W	R/W	R/W	
复位值	0	0	0	0	0	0	0	0	

位 7——ICNC1：输入捕捉噪声抑制使能。置位 ICNC1 将使能输入捕捉噪声抑制功能。此时，外部引脚 ICP1 的输入被滤波。其作用是对引脚 ICP1 的信号进行 4 次采样，如果 4 次采样结果相等，则信号送入边沿检测器。使能该功能使输入捕捉被延迟了 4 个时钟周期。

位 6——ICES1：输入捕捉触发方式选择。该位选择使用 ICP1 的哪个边沿触发捕捉事件。ICES1＝0 时，外部引脚 ICP1 上逻辑电平变化的下降沿触发一次输入捕获；ICES1＝1 时，外部引脚 ICP1 上逻辑电平变化的上升沿触发一次输入捕获。

位 4～3——WGM1[3:2]：波形发生模式。这 2 个标志位与 WGM1[1:0]（位于寄存器 TCCR1A）相组合，用于控制 T/C1 的计数和工作方式。见寄存器 TCCR1A 功能描述。

位 2～0——CS1[2:0]：T/C1 时钟源选择。这 3 个标志位用于选择 T/C1 的时钟源，见表 2.27。

当选择使用外部时钟源时，即使 T1 引脚被定义为输出，在 T1 引脚上的逻辑信号电平的变化依然会驱动 T/C1 计数，这个特性允许用户通过软件来控制计数。

表 2.27　T/C1 的时钟源选择

CS12	CS11	CS10	说明	CS12	CS11	CS10	说明
0	0	0	无时钟源（停止 T/C1）	1	0	0	$clk_{I/O}/256$（来自预分频器）
0	0	1	$clk_{I/O}$（系统时钟）	1	0	1	$clk_{I/O}/1024$（来自预分频器）
0	1	0	$clk_{I/O}/8$（来自预分频器）	1	1	0	外部 T1 引脚，下降沿驱动
0	1	1	$clk_{I/O}/64$（来自预分频器）	1	1	1	外部 T1 引脚，上升沿驱动

（4）输出比较寄存器——OCR1AH 和 OCR1AL、OCR1BH 和 OCR1BL

OCR1AH 和 OCR1AL 寄存器的位定义如下：

位	15	14	13	12	11	10	9	8	
0x2B(0x004B)				OCR1A[15:8]					OCR1AH
0x2A(0x004A)				OCR1A[7:0]					OCR1AL
位	7	6	5	4	3	2	1	0	
读/写	R/W	R/W	R/W	R/W	R/W	R/W	R/W	R/W	
读/写	R/W	R/W	R/W	R/W	R/W	R/W	R/W	R/W	
复位值	0	0	0	0	0	0	0	0	
复位值	0	0	0	0	0	0	0	0	

OCR1BH 和 OCR1BL 寄存器的位定义如下：

位	15	14	13	12	11	10	9	8	
0x29(0x0049)				OCR1B[15:8]					OCR1BH
0x28(0x0048)				OCR1B[7:0]					OCR1BL
位	7	6	5	4	3	2	1	0	
读/写	R/W	R/W	R/W	R/W	R/W	R/W	R/W	R/W	
读/写	R/W	R/W	R/W	R/W	R/W	R/W	R/W	R/W	
复位值	0	0	0	0	0	0	0	0	
复位值	0	0	0	0	0	0	0	0	

OCR1AH 和 OCR1AL（OCR1BH 和 OCR1BL）组成 16 位输出比较寄存器 OCR1A（OCR1B）。该寄存器中的 16 位数据用于与 TCNT1 寄存器中的计数值进行连续的匹配比较。一旦 TCNT1 的计数值与 OCR1A（OCR1B）的数据匹配相等，将产生一个输出比较中断，或改变 OCR1A（OCR1B）的输出逻辑电平。

（5）输入捕捉寄存器——ICR1H 和 ICR1L

ICR1H 和 ICR1L 寄存器的位定义如下：

位	15	14	13	12	11	10	9	8	
0x27(0x0047)				ICR1[15:8]					ICR1H
0x26(0x0046)				ICR1[7:0]					ICR1L
位	7	6	5	4	3	2	1	0	
读/写	R/W	R/W	R/W	R/W	R/W	R/W	R/W	R/W	
读/写	R/W	R/W	R/W	R/W	R/W	R/W	R/W	R/W	
复位值	0	0	0	0	0	0	0	0	
复位值	0	0	0	0	0	0	0	0	

ICR1H 和 ICR1L 组成 16 位输入捕获寄存器 ICR1。当外部引脚 ICP1 或模拟比较器有输入捕捉触发信号产生时，计数器 TCNT1 中的计数值写入寄存器 ICR1 中。

在 PWM 方式下，ICR1 的设定值可作为计数器的计数上限（TOP）值。

（6）定时器/计数器中断屏蔽寄存器——TIMSK

TIMSK 寄存器的位定义如下：

位	7	6	5	4	3	2	1	0	
0x39(0x0059)	OCIE2	TOIE2	TICIE1	OCIE1A	OCIE1B	TOIE1	—	TOIE0	TIMSK
读/写	R/W	R/W	R/W	R/W	R/W	R/W	R/W	R/W	
复位值	0	0	0	0	0	0	0	0	

位 5——TICIE1：T/C1 输入捕捉中断使能。当 TICIE1 被设为 1，且状态寄存器中的 I 位被设为 1 时，将使能 T/C1 的输入捕捉中断。一旦 TIFR 的 ICF1 置位，MCU 便执行 T/C1 输入捕捉中断服务程序。

位 4——OCIE1A：T/C1 输出比较 A 匹配中断使能。当 OCIE1A 被设为 1，且状态寄存器中的 I 位被设为 1 时，将使能 T/C1 的输出比较 A 匹配中断。一旦 TIFR 的 OCF1A 置位，MCU 便执行 T/C1 输出比较 A 匹配中断服务程序。

位 3——OCIE1B：T/C1 输出比较 B 匹配中断使能。当 OCIE1B 被设为 1，且状态寄存器中的 I 位被设为 1 时，将使能 T/C1 的输出比较 B 匹配中断。一旦 TIFR 的 OCF1B 置位，MCU 便执行 T/C1 输出比较 B 匹配中断服务程序。

位 2——TOIE1：T/C1 溢出中断允许标志位。当 TOIE1 被设为 1，且状态寄存器中的 I 位被设为 1 时，将使能 T/C1 溢出中断。一旦 TIFR 的 TOV1 置位，MCU 便执行 T/C1 溢出中断服务程序。

（7）定时器/计数器中断标志寄存器——TIFR

TIFR 寄存器的位定义如下：

位	7	6	5	4	3	2	1	0	
0x38(0x0058)	OCF2	TOV2	ICF1	OCF1A	OCF1B	TOV1	—	TOV0	TIFR
读/写	R/W	R/W	R/W	R/W	R/W	R/W	R/W	R/W	
复位值	0	0	0	0	0	0	0	0	

位 5——ICF1：T/C1 输入捕捉中断标志位。当 T/C1 由外部引脚 ICP1 触发输入捕捉时，ICF1 位被置位。此外，在 T/C1 运行方式为 PWM 时，若使用寄存器 ICR1 定义计数器计数上限值，一旦计数器 TCNT1 计数值与 ICR1 相等，也将置位 ICF1。当转入 T/C1 输入捕捉中断向量执行中断处理程序时，ICF1 由硬件自动清 0。另外，也可以对其写入一个逻辑 1 来清除该标志位。

位 4——OCF1A：T/C1 输出比较 A 匹配中断标志位。当 T/C1 输出比较 A 匹配成功 (TCNT1＝OCR1A) 时，OCF1A 位被设为 1。强制输出比较不会置位 OCF1A 标志位。当转入 T/C1 输出比较 A 匹配中断向量执行中断处理程序时，OCF1A 由硬件自动清 0。另外，也可以对其写入一个逻辑 1 来清除该标志位。

位 3——OCF1B：T/C1 输出比较 B 匹配中断标志位。当 T/C1 输出比较 B 匹配成功 (TCNT1＝OCR1B) 时，OCF1B 位被设为 1。强制输出比较不会置位 OCF1B 标志位。当转入 T/C1 输出比较 B 匹配中断向量执行中断处理程序时，OCF1B 由硬件自动清 0。另外，也可以对其写入一个逻辑 1 来清除该标志位。

位 2——TOV1：T/C1 溢出中断标志位。该位的设置与 T/C1 的工作方式有关。工作于普通模式和 CTC 模式时，当 T/C1 产生溢出时，TOV1 位被置位。对工作于其他模式下的

TOV1 标志位置位,请见本节相关描述。当转入 T/C1 溢出中断向量执行中断处理程序时,TOV1 由硬件自动清 0。另外,也可以对其写入一个逻辑 1 来清除该标志位。

5. 16 位寄存器的读/写操作步骤

T/C1 有 4 个 16 位的寄存器:TCNT1、OCR1A、OCR1B、ICR1。由于 AVR 的内部数据总线为 8 位,因此读/写 16 位的寄存器需要分 2 次操作。为了能够同步读/写 16 位寄存器,每一个 16 位寄存器分别分配有一个 8 位的临时辅助寄存器(Temporary Register),用于保存 16 位寄存器的高 8 位数据。为了保证这些 16 位寄存器的正确读/写,在执行写操作时,要遵循以下特定的步骤:

(1) 16 位寄存器的读操作

当 MCU 读取 16 位寄存器的低字节(低 8 位)时,16 位寄存器低字节内容被送到 MCU,而高字节(高 8 位)内容在读低字节操作的同时被放置于临时辅助寄存器(TEMP)中;当 MCU 读取高字节时,读到的是 TEMP 寄存器中的内容。因此,要同步读取 16 位寄存器中的数据,应先读取该寄存器的低位字节,再立即读取其高位字节。

(2) 16 位寄存器的写操作

当 MCU 写入数据到 16 位寄存器的高位字节时,数据是写入到 TEMP 寄存器中;当 MCU 写入数据到 16 位寄存器的低位字节时,写入的 8 位数据与 TEMP 寄存器中的 8 位数据组合成一个完整的 16 位数据,同步写入到 16 位寄存器中。因此,要同步写入 16 位寄存器时,应先写入该寄存器的高位字节,再立即写入其低位字节。

用户编写汇编程序时,如要对 16 位寄存器进行读/写操作,应遵循以上特定的步骤。若采用 C 等高级语言编写程序,则可以直接对 16 位的寄存器进行操作,因为这些高级语言的编译系统会根据 16 位寄存器的操作步骤生成正确的执行代码。此外,在对 16 位寄存器操作时,最好将中断响应屏蔽,以防止在主程序读/写 16 位寄存器的两条指令之间插入一个含有对该寄存器操作的中断服务。如果这种情况发生,那么中断返回后,寄存器中的内容已经改变,会造成主程序中对 16 位寄存器的读/写失误。

下面为一段读 16 位寄存器的程序示例。

汇编代码如下:

```
TIME16_ReadTCNT1:
;保存全局中断标志
in r18,SREG
;禁用中断
cli
;将 TCNT1 读入 r17: r16
in r16,TCNT1L
in r17,TCNT1H
```

```asm
;恢复全局中断标志
out SREG, r18
ret
```

C 程序代码如下:

```c
unsigned int TIME16_ReadTCNT1(void)
{
unsigned char sreg;
unsigned int i;
/*保存全局中断标志*/
sreg = SREG;
/*禁用中断*/
_CLI();
/*将 TCNT1 读入 i*/
i = TCNT1;
/*恢复全局中断标志*/
SREG = sreg;
return i;
}
```

下面为一段写 16 位寄存器的程序示例。

汇编代码如下:

```asm
TIME16_WriteTCNT1:
;保存全局中断标志
in r18,SREG
;禁用中断
cli
;设置 TCNT1 为 0x01FF
ldi r17,0x01
ldi r16,0xFF
out TCNT1H,r17
out TCNT1L,r16
;恢复全局中断标志
out SREG, r18
ret
```

C 程序代码如下:

```c
unsigned int TIME16_WriteTCNT1(void)
{
```

```
unsigned char sreg;
unsigned int i;
/*保存全局中断标志*/
sreg = SREG;
/*禁用中断*/
_CLI();
/*设置 TCNT1 为 0x01FF*/
TCNT0 = 0x01FF;
/*恢复全局中断标志*/
SREG = sreg;
return i;
}
```

2.8.4 定时器/计数器 2

ATmega8 的 T/C2 是一个通用 8 位多功能定时器/计数器,其主要特点是:
- 单通道计数器;
- 比较匹配时清 0 定时器(自动重装);
- 无干扰脉冲,相位正确的脉宽调制器(PWM);
- 频率发生器;
- 10 位时钟预分频器;
- 溢出和比较匹配中断源;
- 允许使用外部的 32 kHz 钟表晶振作为独立的计数时钟源(实时时钟源)。

1. T/C2 的组成结构

图 2.41 为 8 位 T/C2 的结构框图。在图中给出了 MCU 可以操作的寄存器以及相关的标志位。其中,定时器/计数器寄存器 TCNT2 和输出比较寄存器 OCR2 都是 8 位的寄存器;中断请求信号可以在定时器中断标志寄存器 TIFR 中找到。所有中断都可以通过定时器中断屏蔽寄存器 TIMSK 单独进行屏蔽。

(1) 8 位 T/C2 的计数单元

T/C2 的计数单元是一个可编程的 8 位双向计数器,图 2.42 为其逻辑功能图。

根据计数器的工作模式,在每一个 clk_{T2} 时钟到来时,计数器进行加 1、减 1 或清 0 操作。clk_{T2} 可以由内部时钟源或外部时钟源产生,具体由时钟选择位 CS2[2:0] 决定。当 CS2[2:0] =0 时,计数器停止计数(无计数时钟源)。

图中的符号所代表的意义如下:
- 计数——TCNT2 加 1 或减 1;
- 方向——选择加操作或减操作;

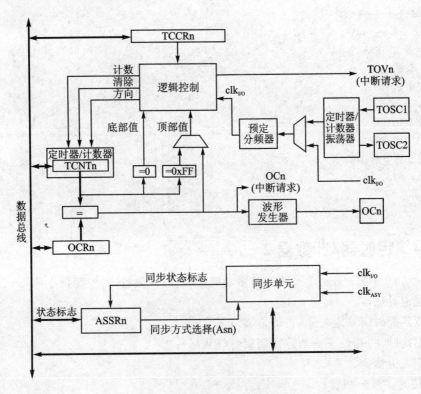

图 2.41　8 位 T/C2 的结构框图

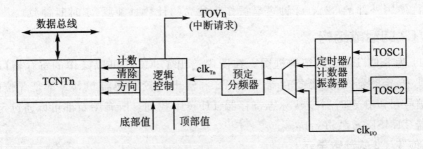

图 2.42　T/C2 的逻辑功能图

- 清除——TCNT2 清 0；
- 顶部值——表示 TCNT2 计数值到达最大值；
- 底部值——表示 TCNT2 计数值到达最小值(0)。

计数值保存在 8 位寄存器 TCNT2 中，MCU 可以在任何时间访问 TCNT2。MCU 写入 TCNT2 的值将立即覆盖其中原有的内容，并会影响计数器的运行。

计数器的计数序列取决于寄存器 TCCR2 中标志位 WGM2[2:0]的设置。WGM2[2:0]

的设置直接影响到计数器的运行方式和 OC2 的输出,同时也影响和涉及 T/C2 的溢出标志位 TOV2 的置位。标志位 TOV2 可以用于产生中断申请。

(2) 输出比较单元

图 2.43 为 T/C2 的输出比较单元逻辑功能图。在 T/C2 运行期间,输出比较单元将寄存器 TCNT2 的计数值与寄存器 OCR2 的内容进行持续比较。一旦两者相等,比较器就给出匹配信号。在匹配发生后的下一个定时器时钟周期里输出比较标志 OCF2 置位。若 OCIE2=1,还将触发输出比较中断。执行中断服务程序时,OCF2 将自动清 0。用户也可以通过软件写 1 的方式清 0。根据 WGM2[1:0] 和 COM2[1:0] 设定的不同工作方式,波形发生器可以利用匹配信号产生不同的波形。

使用 PWM 模式时,寄存器 OCR2 为双缓冲寄存器,而在普通模式和 CTC 模式,双缓冲功能是被禁止的。双缓冲功能可以将更新比较寄存器 OCR2 与 TOP 或 BOTTOM 时刻同步起来,从而有效地防止了产生不对称的 PWM 脉冲,消除毛刺。

(3) 比较匹配输出单元

比较匹配模式控制位 COM2[1:0] 有两个作用:波形发生器利用 COM2[1:0] 来确定下一次比较匹配发生时的输出比较状态(OC2);COM2[1:0] 还控制 OC2 引脚输出信号的来源。图 2.44 为 T/C2 的比较匹配输出单元逻辑图。

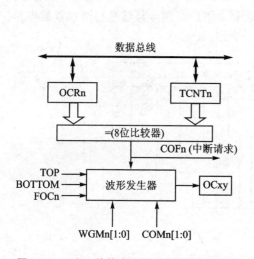

图 2.43 T/C2 的输出比较单元逻辑功能图

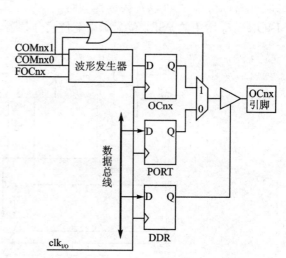

图 2.44 T/C2 的比较匹配输出单元逻辑图

当标志位 COM2[1:0] 中任何一位为 1 时,波形发生器的输出比较功能 OC2 就会取代通用 I/O 口功能,但引脚的方向仍然受数据方向寄存器 DDR 的控制。在使用 OC2 功能之前,首先要通过方向寄存器 DDR_OC2 将此引脚设置为输出。端口功能与波形发生器的工作模式无关。

(4) 比较输出模式和波形发生器

波形发生器利用 COM2[1:0] 的方式在普通、CTC 和 PWM 模式下有所不同。对于所有的模式，COM2[1:0]=0 表明：比较匹配发生时，波形发生器不会操作 OC2 寄存器。对于 PWM 模式，改变 COM2[1:0] 将影响写入数据后的第一次比较匹配；对于非 PWM 模式，则可以通过 FOC2 来强制产生效果。

2. T/C2 的时钟源与预分频器

T/C2 可以由内部时钟驱动，也可以由外部的异步时钟驱动（通过寄存器 ASSR 的 AS2 设定）。图 2.45 所示为 T/C2 的时钟源和预分频器。C/T2 的时钟源称为 clk_{T2S}。clk_{T2S} 默认连接到系统 I/O 时钟 $clk_{I/O}$。通过置位 ASSR 寄存器中的 AS2 位，C/T2 的时钟源可以使用 TOSC1 和 TOSC2 的振荡器。这使 C/T2 可作为实时时钟计数器（RTC）使用。当 AS2 被置位时，TOSC1 和 TOSC2 引脚将不与 PORTB 相连，可以使用一个晶振连接到 TOSC1 与 TOSC2 引脚之间，作为 T/C2 的独立时钟源；也可以在引脚 TOSC1 上单独施加一个外部时钟源，作为 T/C2 的独立时钟源。由于片内振荡器电路对 32.768 kHz 的钟表用晶振进行了优化，所以通常不建议使用外部时钟源。clk_{T2S} 经过 C/T2 的 10 位预定比例分频器产生 $clk_{T2S}/8$、$clk_{T2S}/32$、$clk_{T2S}/64$、$clk_{T2S}/128$、$clk_{T2S}/256$ 和 $clk_{T2S}/1024$ 的时钟信号，以上时钟信号均可作为 T/C2 的时钟源。此外，还可以直接选择 clk_{T2S} 作为时钟源，或者无时钟源（C/T2 停止）。可通过置 SFIOR 寄存器中的 PSR2 位为 1 来复位预分频器，这允许用户对预分频器进行可预置的操作。

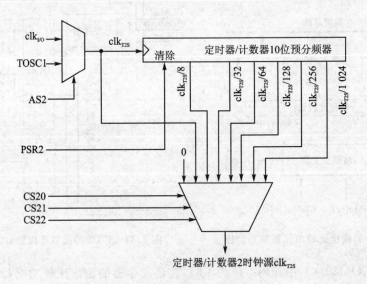

图 2.45 T/C2 的时钟源和预分频器

3. T/C2 的工作模式

由波形发生模式 WGM2[3:0]和比较输出模式 COM2[1:0]控制位的组合构成 T/C2 的不同工作方式以及 OC2 不同模式的输出。比较输出模式的不同对计数序列没有影响,而波形发生模式的不同则对计数序列有影响。在 PWM 模式时,COM2[1:0]控制 PWM 输出是否为反极性;在非 PWM 模式时,COM2[1:0]控制输出是否在比较匹配时置位、清 0 或电平取反。

(1) 普通模式(WGM2[[1:0]=0)

普通模式为最简单的工作模式。在此模式下,计数器不断地累加,直到寄存器 TCNT2 的值到达 8 位的最大值 0xFF。当下一个计数脉冲到来时,数据溢出,计数器简单地返回最小值 0x00,重新开始向上计数。在 TCNT2 为 0x00 的同一个定时器时钟里,T/C2 溢出标志 TOV2 置位。此时,TOV2 像第 9 位,只能置位,不能清 0。TOV2 可用于定时器/计数器溢出中断申请。用户可以通过写入 TCNT2 寄存器初值来调整计数器溢出的时间间隔,也可以通过对溢出次数的计数来提高定时器/计数器的分辨率。

在普通模式中,可以使用输出比较单元产生定时中断信号。但不建议在普通模式下使用输出比较单元来产生 PWM 波形输出,因为这将占用太多的 MCU 时间。

(2) CTC(比较匹配时清 0 定时器)模式(WGM2[1:0]=2)

T/C2 工作在 CTC 模式下时,计数器为单向加 1 计数器。当寄存器 TCNT2 的值与 OCR2 的值相等时,计数器 TCNT2 清 0,然后重新开始向上加 1 计数。通过设置 OCR2 的值,可以方便地控制比较匹配输出的频率,也方便了外部事件计数的应用。图 2.46 为 T/C2 的 CTC 模式的计数时序图。

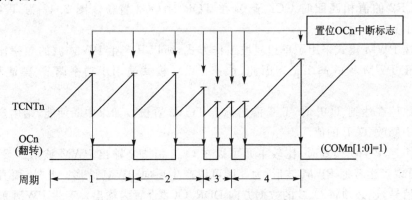

图 2.46 T/C2 的 CTC 模式计数时序图

在 TCNT2 与 OCR2 匹配的同时,置位比较匹配标志位 OCF2。利用比较匹配标志位 OCF2 可以在计数值达到 TOP 时产生中断。用户可以在中断服务程序中修改 TOP 的值。由于 CTC 模式没有双缓冲功能,当计数器以无预分频器或很低的预分频器工作时,将 TOP 值更改为接近 BOTTOM 的数值时要格外小心。如果写入的 OCR2 值小于当前的 TCNT2 的数值,则计数器将丢失一次比较匹配。在下一次比较匹配发生前,计数器不得不先计数到最大值 0xFF,然后再从 0x00 计数到 OCR2。

例如,当 TCNT2 的值与 OCR2 相等时,TCNT2 便被硬件清 0 并申请中断;在中断服务中重新改变设置 OCR2 为 0x08;但中断返回后 TCNT2 的计数值已经为 0x15 了。此时便丢失了一次比较匹配成立条件,计数器将继续加 1 计数到 0xFF,然后返回 0x00,当再次计数到 0x08 时,才能产生比较匹配成功。

为了在 CTC 模式下产生波形输出,可以设置 COM2[1:0]=1,使 OC2 在每次比较匹配时改变逻辑输出。在期望获得 OC2 输出之前,首先要将其端口设置为输出(DDR_OC2=1)。OC2 输出波形的最高频率为 $f_{OC1A}=f_{clk\_I/O}/2$(OCR2=0x00)。其他的输出频率由下式确定,式中 N 的取值为 1、8、64、256 或 1024。

$$f_{OC2}=\frac{f_{clk\_I/O}}{2N(1+OCR2)}$$

除此之外,与普通模式相同,当计数器的计数值由 0xFF 转到 0x00 时,标志位 TOV2 置位。

(3) 快速 PWM 模式(WGM2[1:0]=3)

T/C2 工作在快速 PWM 模式时可以产生高频的 PWM 波形。快速 PWM 模式采用单边斜坡工作方式。计数器从 BOTTOM 一直加到 TOP,然后立即回到 BOTTOM 开始加 1 计数。对于普通比较输出模式(COM2[1:0]=2),当 TCNT2 的计数值与 OCR2 的值相匹配时 OC2 置位,在 TOP 时 OC2 清 0。而在反向比较输出(COM2[1:0]=3)模式时,当 TCNT2 的计数值与 OCR2 的值相匹配时 OC2 清 0,在 TOP 时 OC2 置位。图 2.47 为 T/C2 的快速 PWM 工作时序图。

由于快速 PWM 模式采用了单边斜坡工作方式,所以其产生 PWM 波的频率比使用双斜坡的相位修正 PWM 模式高 1 倍。因此,快速 PWM 模式适用于功率调节、整流和 DAC 等应用。

计数器数值在达到 TOP 时,T/C 溢出标志 TOV2 置位。如果中断使能,则用户可以在中断服务程序中修改 TOP 的值。

工作于快速 PWM 模式时,比较单元可以在 OC2 引脚上输出 PWM 波形。设置 COM2[1:0]为 2 可以产生普通 PWM 波形;为 3 则可以产生反向 PWM 波形。此外,要真正从物理引脚上输出信号,还必须将 OC2 的数据方向 DDR_OC2 设置为输出。产生 PWM 波形的机理是:OC2 寄存器在 OCR2 与 TCNT2 匹配时置位(或清 0)以及在计数器清 0(从 TOP 变为 BOTTOM)的那个定时器时钟周期清 0(或置位)。输出的 PWM 波形频率由下式确定,式中 N 的取值为 1、8、32、64、128、256 或 1024。

$$f_{OC2PWM}=\frac{f_{clk\_I/O}}{256N}$$

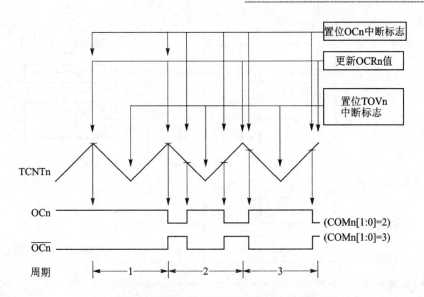

图 2.47 T/C2 的快速 PWM 工作时序图

通过设置寄存器 OCR2 的值,可以获得不同占空比的 PWM 脉冲波形。OCR2 的一些特殊值会产生极端的 PWM 波形。当 OCR2 的设置值等于 BOTTOM 时,会产生窄脉冲序列。而设置 OCR2 的值等于 TOP,OC2 的输出为恒定的高(低)电平。通过设定 OC2 在比较匹配时进行逻辑电平取反(COM2[1:0]=1),可以得到占空比为 50% 的周期信号。OCR2=0 时信号有最高频率 $f_{OC2}=f_{clk\_I/O}/2$。这个特性类似于 CTC 模式下的 OC2 取反操作,不同之处在于快速 PWM 模式具有双缓冲。

(4) 相位修正 PWM 模式(WGM2[1:0]=1)

相位修正 PWM 模式用于产生高精度的相位正确的 PWM 波形。此模式基于双斜坡工作方式,计数器为双向计数器:从 BOTTOM 一直加到 TOP,在下一个计数脉冲到达时,改变计数方向,从 TOP 开始减 1 计数到 BOTTOM。对于普通比较输出(COM2[1:0]=2)模式,在正向加 1 过程中,TCNT2 的计数值与 OCR2 的值相匹配时 OCR2 清 0;在反向减 1 过程中,当计数器 TCNT2 的值与 OCR2 相匹配时 OCR2 置位。对于反向比较输出(COM2[1:0]=3)模式,在正向加 1 过程中,TCNT2 的计数值与 OCR2 的值相匹配时 OCR2 置位;在反向减 1 过程中,当计数器 TCNT2 的值与 OCR2 相匹配时 OCR2 清 0。图 2.48 为 T/C2 的相位可调 PWM 工作时序图。

由于该 PWM 模式采用斜坡工作方式,所以它产生的 PWM 波的频率比快速 PWM 低,但其对称特性非常适合于电机控制。

计数器计数上限 TOP 值的大/小决定了 PWM 输出频率的低/高,而比较寄存器的数值则决定了输出脉冲的起始相位和脉宽。

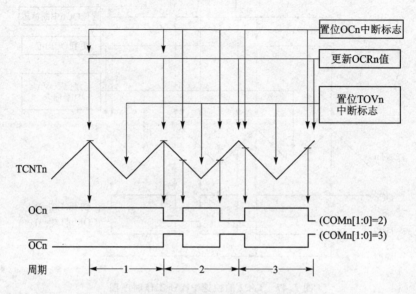

图 2.48 T/C2 的相位可调 PWM 工作时序

工作于相位修正 PWM 模式时,比较单元可以在 OC2 引脚上输出 PWM 波形。设置 COM2[1:0] 为 2 可以产生普通 PWM 波形;为 3 则可以产生反向 PWM 波形。此外,要真正从物理引脚上输出信号,还必须将 OC2 的数据方向 DDR_OC2 设置为输出。产生 PWM 波形的机理是:OC2 寄存器在 OCR2 与 TCNT2 匹配时产生相应的置位或清 0 操作。输出的 PWM 波形频率由下式确定,式中 N 的取值为 1、8、32、64、128、256 或 1024。

$$f_{OC2PCPWM} = \frac{f_{clk\_I/O}}{512N}$$

在 TCNT2 的计数值到达 0x00 时,置溢出标志位 TOV2 为 1。标志位 TOV2 可以用于申请溢出中断。

通过设置比较寄存器 OCR1A/OCR1B 的值,可以获得不同占空比的脉冲波形。OCR2 的一些特殊值,会产生极端的 PWM 波形。在普通 PWM 模式下,当 OCR2 的值为 TOP 时,OC2 的输出为恒定的高电平;而当 OCR2 的值为 BOTTOM 时,OC2 的输出为恒定的低电平。反向 PWM 模式则正好相反。

4. T/C2 计数器的计数时序

图 2.49～图 2.52 分别给出了 T/C2 在同步工作情况下的各种计数时序,同时给出了标志位 TOV2 和 OCF2 的置位条件。

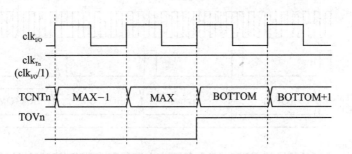

图 2.49　T/C2 计数时序，TOVn 置位，无预分频

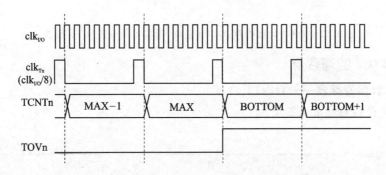

图 2.50　T/C2 计数时序，TOVn 置位，带 1/8 预分频

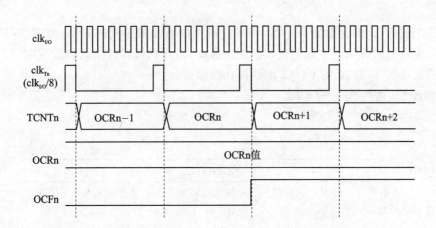

图 2.51　T/C2 计数时序，OCFn 置位，带 1/8 预分频（CTC 模式除外）

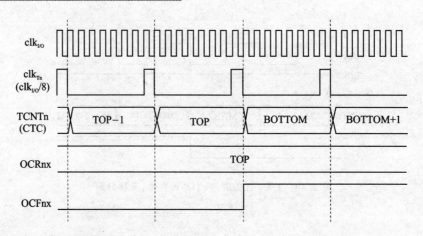

图 2.52 T/C2 计数时序,OCFn 置位,带 1/8 预分频(CTC 模式)

5. 8 位 T/C2 的寄存器

(1) T/C2 计数寄存器——TCNT2

TCNT2 寄存器的位定义如下:

位	7	6	5	4	3	2	1	0	
0x24(0x0044)				TCNT2[7:0]					TCNT2
读/写	R/W	R/W	R/W	R/W	R/W	R/W	R/W	R/W	
复位值	0	0	0	0	0	0	0	0	

TCNT2 是 T/C2 的计数值寄存器,该寄存器可以直接被读/写访问。写 TCNT2 寄存器将在下一个定时器时钟周期中阻塞比较匹配。因此,在计数器运行期间修改 TCNT2 的内容,有可能将丢失一次 TCNT2 与 OCR2 的匹配比较操作。

(2) 输出比较寄存器——OCR2

OCR2 寄存器的位定义如下:

位	7	6	5	4	3	2	1	0	
0x23(0x0043)				OCR2[7:0]					OCR2
读/写	R/W	R/W	R/W	R/W	R/W	R/W	R/W	R/W	
复位值	0	0	0	0	0	0	0	0	

该寄存器中的 8 位数据用于与 TCNT2 寄存器中的计数值进行持续的匹配比较。当 TCNT2 的计数值与 OCR2 的数据匹配时,将产生一个输出比较中断,或改变 OC2 的输出逻辑电平。

(3) T/C2 控制寄存器 A——TCCR2

TCCR2 寄存器的位定义如下：

位	7	6	5	4	3	2	1	0	
0x25(0x0045)	FOC2	WGM20	COM21	COM20	WGM21	CS22	CS21	CS20	TCCR2
读/写	W	R/W	R/W	R/W	R/W	R/W	R/W	R/W	
复位值	0	0	0	0	0	0	0	0	

位 7——FOC2：强制输出比较。FOC2 位只在 WGM1[3:0] 位被设置为非 PWM 模式下才有效。为了保证与以后的器件兼容，在 PWM 模式下写 TCCR2 寄存器时，该位必须被写 0。当写一个逻辑 1 到 FOC2 位时，将强加在波形发生器上一个比较匹配成功信号，使波形发生器依据 COM2[1:0] 位的设置而改变 OC2 输出状态。**注意**：FOC2 的作用仅如同一个选通脉冲，而 OC2 的输出还是取决于 COM2[1:0] 位的设置。对 FOC2 读操作的返回值总为 0。

一个 FOC2 选通脉冲不会产生任何的中断请求，也不影响计数器 TCNT2 和寄存器 OCR2 的值。一旦一个真正的比较匹配发生，OC2 的输出便根据 COM2[1:0] 位的设置而更新。

位 3、6——WGM2[1:0]：波形发生模式。这两个标志位控制 T/C2 的计数序列、计数器最大值的来源以及产生何种波形（见表 2.28）。T/C2 支持的工作模式有：普通模式、比较匹配时清 0 定时器(CTC)模式以及 2 种脉宽调制(PWM)模式。

表 2.28 波形产生模式

模式	WGM21	WGM20	T/C2 工作模式	计数上限值	OCR2 更新	TOV2 置位
0	0	0	普通模式	0xFF	立即	MAX
1	0	1	相位修正 PWM	0xFF	TOP	BOTTOM
2	1	0	CTC 模式	OCR2	立即	MAX
3	1	1	快速 PWM	0xFF	TOP	MAX

位 5、4——COM2[1:0]：比较匹配输出模式。这些位决定了比较匹配时输出引脚 OC2 的电平。如果 COM2[1:0] 中的任何一个位或两位被置 1，则 OC2 的输出功能将取代 PB3 引脚的通用 I/O 端口功能。但是，OC2 的方向必须通过置位数据方向寄存器 DDR 位设置为输出方式。当引脚 PB3 作为 OC2 输出引脚时，其输出方式取决于 COM2[1:0] 和 WGM2[1:0] 的设定。

表 2.29 给出了在 WGM2[1:0] 的设置为普通模式和 CTC 模式（非 PWM）时 COM2[1:0] 位的功能定义。表 2.30 给出了在 WGM2[1:0] 的设置为快速 PWM 模式时 COM2[1:0] 位的功能定义。表 2.31 给出了在 WGM2[1:0] 设置为相位修正 PWM 模式时 COM2[1:0] 位的功能定义。

表 2.29　比较输出模式，非 PWM 模式

COM21	COM20	说明
0	0	正常的端口操作，OC2 未连接
0	1	比较匹配发生时，OC2 取反
1	0	比较匹配发生时，OC2 清 0
1	1	比较匹配发生时，OC2 置位

表 2.30　比较输出模式，快速 PWM 模式

COM21	COM20	说明
0	0	正常的端口操作，OC2 未连接
0	1	保留
1	0	比较匹配时 OC2 清 0，计数值到 TOP 时 OC2 置位
1	1	比较匹配时 OC2 置位，计数值到 TOP 时 OC2 清 0

位 2~0——CS2[2:0]：T/C2 时钟源选择。这 3 个时钟源选择位用于选择 T/C2 的时钟源，见表 2.32。

表 2.31　比较输出模式，相位可调 PWM 模式

COM21	COM20	说明
0	0	正常的端口操作，OC2 未连接
0	1	保留
1	0	升序计数过程中比较匹配时 OC2 清 0 降序计数过程中比较匹配时 OC2 置位
1	1	升序计数过程中比较匹配时 OC2 置位 降序计数过程中比较匹配时 OC2 清 0

表 2.32　T/C2 的时钟源选择

CS22	CS21	CS20	说明
0	0	0	无时钟源（停止 T/C2）
0	0	1	clk_{T2S}（不经过分频器）
0	1	0	$clk_{T2S}/8$（来自预分频器）
0	1	1	$clk_{T2S}/32$（来自预分频器）
1	0	0	$clk_{T2S}/64$（来自预分频器）
1	0	1	$clk_{T2S}/128$（来自预分频器）
1	1	0	$clk_{T2S}/256$（来自预分频器）
1	1	1	$clk_{T2S}/1024$（来自预分频器）

(4) 定时器/计数器中断屏蔽寄存器——TIMSK

TIMSK 寄存器的位定义如下：

位	7	6	5	4	3	2	1	0	
0x39(0x0059)	OCIE2	TOIE2	TICIE1	OCIE1A	OCIE1B	TOIE1	—	TOIE0	TIMSK
读/写	R/W	R/W	R/W	R/W	R/W	R/W	R/W	R/W	
复位值	0	0	0	0	0	0	0	0	

位 7——OCIE2：T/C2 输出比较匹配中断使能。当 OCIE2 被设为 1 且状态寄存器中的 I 位也为 1 时，将使能 T/C2 的输出比较匹配中断。若在 T/C2 上发生输出比较匹配（OCF2＝1），则执行 T/C2 输出比较匹配中断服务程序。

位 6——TOIE2：T/C2 溢出中断使能。当 TOIE2 被设为 1 且状态寄存器中的 I 位也为 1 时，将使能 T/C2 溢出中断。若在 T/C2 上发生溢出（TOV2＝1），则执行 T/C2 溢出中断服务程序。

（5）定时器/计数器中断标志寄存器——TIFR

TIFR 寄存器的位定义如下：

位	7	6	5	4	3	2	1	0	
0x38(0x0058)	OCF2	TOV2	ICF1	OCF1A	OCF1B	TOV1	—	TOV0	TIFR
读/写	R/W	R/W	R/W	R/W	R/W	R/W	R/W	R/W	
复位值	0	0	0	0	0	0	0	0	

位 7——OCF2：T/C2 输出比较匹配中断标志位。当 T/C2 输出比较匹配成功（TCNT2＝OCR2）时，OCF2 位被置位。当转入 T/C2 输出比较匹配中断向量执行中断处理程序时，OCF2 由硬件自动清 0。用户也可以通过软件写入一个逻辑 1 来清除 OCF2 标志。当寄存器 SREG 中的 I、OCIE2 以及 OCF2 位均为 1 时，T/C2 的输出比较匹配中断被执行。

位 6——TOV2：T/C2 溢出中断标志位。当 T/C2 产生溢出时，TOV2 位被置位。当转入 T/C2 溢出中断向量执行中断处理程序时，TOV2 由硬件自动清 0。用户也可以通过软件写入一个逻辑 1 来清除 TOV2 标志。当寄存器 SREG 中的 I、TOIE2 以及 TOV2 位均为 1 时，T/C2 的溢出中断被执行。在 PWM 模式中，当 T/C2 计数器的值为 0x00 并改变计数方向时，TOV2 被置为 1。

（6）特殊功能 I/O 寄存器——SFIOR

SFIOR 寄存器的位定义如下：

位	7	6	5	4	3	2	1	0	
0x30(0x0050)	—	—	—	ADHSM	ACME	PUD	PSR2	PSR10	SFIOR
读/写	R	R	R	R/W	R/W	R/W	R/W	R/W	
复位值	0	0	0	0	0	0	0	0	

位 1——PSR2：T/C2 预分频器复位。若写入 1 到该位，将复位 T/C2 预分频器。一旦预分频器复位，硬件自动将该标志位清 0。而写 0 到该位，则不会产生任何操作。当 T/C2 使用内部时钟源时，读取 PSR2 位的值，总是为 0。当 T/C2 工作在异步方式时，写 1 到该位后，PSR2 将一直保持为 1，直到预分频器复位。

6. T/C2 的异步操作方式

（1）异步状态寄存器——ASSR

ASSR 寄存器的位定义如下：

第 2 章 ATmega8 硬件结构

位	7	6	5	4	3	2	1	0	
0x22(0x0042)	—	—	—	—	AS2	TCN2UB	OCR2UB	TCR2UB	ASSR
读/写	R	R	R	R	R/W	R/W	R/W	R/W	
复位值	0	0	0	0	0	0	0	0	

位 3——AS2：异步 T/C2 设定位。当 AS2 写为 0 时，T/C2 使用系统 I/O 时钟——$clk_{I/O}$ 作为时钟源（同步方式）。当 AS2 写为 1 时，T/C2 由连接在 TOSC1 引脚上的晶体振荡器驱动（异步方式）。当 AS2 的值被改变时，有可能破坏寄存器 TCNT2、OCR2 和 TCCR2 的内容。

位 2——TCN2UB：TCNT2 更新中。当 T/C2 采用异步工作方式时，写 TCNT2 将引起 TCN2UB 置位。当 TCNT2 由暂存寄存器更新完成时，该位由硬件自动清 0。该位为 0 时，表示 TCNT2 可以写入新值。

位 1——OCR2UB：OCR2 更新中。当 T/C2 采用异步工作方式时，写 OCR2 将引起 OCR2UB 置位。当 OCR2 由暂存寄存器更新完成时，该位由硬件自动清 0。该位为 0 时，表示 OCR2 可以写入新值。

位 0——TCR2UB：TCCR2 更新中。当 T/C2 采用异步工作方式时，写 TCCR2 将引起 TCR2UB 置位。当 TCCR2 由暂存寄存器更新完成时，该位将由硬件自动清 0。该位为 0 时，表示 TCCR2 可以写入新值。

如果上述这些更新忙标志位为 1 时对 T/C2 的 3 个寄存器进行写操作，则写入的值可能会失败，并引发不必要的中断发生。

读取 TCNT2、OCR2 和 TCCR2 寄存器的机制是不同的。当读 TCNT2 寄存器时，读取得到的是实际值；而当读取 OCR2 和 TCCR2 寄存器时，读取的是临时寄存器中的值。

(2) T/C2 的异步操作

当 T/C2 采用异步工作方式时(AS2=1)，计数时钟直接来自外部引脚 TOSC1，因此计数时钟与系统时钟是不同步的，所以在使用异步方式时必须注意以下几个方面：

- 当在同步和异步方式之间切换时，有可能破坏寄存器 TCNT2、OCR2 和 TCCR2 的内容。安全的操作步骤如下：
  ① OCIE2 和 TOIE2 标志位清 0，以屏蔽 T/C2 的中断；
  ② 设置 AS2 的值，以选择合适的时钟源；
  ③ 写入新的值到寄存器 TCNT2、OCR2 和 TCCR2；
  ④ 切换到异步方式，即等待 TCN2UB、OCR2UB 和 TCR2UB 清 0；
  ⑤ 清除 T/C2 的中断标志位；
  ⑥ 如果需要，则使能 T/C2 的中断。

- 芯片已经对 32.768 kHz 的钟表用晶振进行了优化，所以最好使用 32.768 kHz 的钟表用晶振。从 TOSC1 引脚加一个外部时钟可能会导致 T/C2 工作不正常。CPU 的主时钟频率必须大于外部时钟频率的 4 倍。
- 当写数据到寄存器 TCNT2、OCR2 或 TCCR2 中时,其值先送入暂存寄存器中,在 TOSC1 上的两个时钟上升沿后,暂存寄存器中的值才被锁存到相应的寄存器中。在数据从暂存寄存器中写入到其目标寄存器前,不能执行新的数据写入操作。以上 3 个寄存器都有独立的暂存寄存器,因此写 TCNT2 寄存器不会干扰 OCR2 的写操作。异步状态寄存器(ASSR)用来检测数据是否已经写到目的寄存器。
- 在设置 TCNT2、OCR2 或 TCCR2 寄存器后,如果要进入省电模式(Power-Save)或扩展等待模式(Extended Stand-by),同时要将 T/C2 用作唤醒源,则用户要等到被写入的寄存器完成更新后才能进入休眠状态;否则,这些寄存器的改变还没有生效,MCU 就进入休眠状态了。特别是使用输出比较匹配 OCF2 中断作为唤醒源时,这一点尤其重要。因为在写 OCR2 或 TCNT2 期间,输出比较匹配是被屏蔽的。如果在更新完成之前(OCR2UB 为 0),MCU 就进入了休眠模式,那么比较匹配中断永远不会发生,MCU 将永远无法被唤醒。
- 如果要用 T/C2 作为省电或扩展等待模式的唤醒条件,则用户必须注意重新进入这些休眠模式的过程。中断逻辑需要一个 TOSC1 周期进行复位。如果从唤醒到重新进入休眠的时间少于一个 TOSC1 周期,则中断将不会发生,器件也不能被唤醒。如果不能确定是否满足这一条件,则可使用以下方法来保证:
  ① 写入合适的值到寄存器 TCCR2、TCNT2 或 OCR2;
  ② 等待 ASSR 寄存器中相应的更新忙标志位清 0;
  ③ 进入省电或扩展等待模式。
- 若选择了异步工作方式,则除非进入掉电模式或等待模式,T/C2 的 32.768 kHz 振荡器将一直工作。由于此振荡器的稳定时间可能长达 1 s 的时间。建议用户在上电复位,或从掉电/等待模式下被唤醒时,至少等待 1 s 后再使用 T/C2。同时,由于启动过程时钟的不稳定性,无论 T/C2 使用内部时钟还是外部时钟,当器件从掉电或等待模式状态下被唤醒时,所有 T/C2 寄存器中的内容都可能不正确。
- 使用异步时钟时,从省电或等待模式下唤醒的过程为:当中断条件满足后,在下一个定时器时钟唤醒过程将开始。器件被唤醒后,MCU 停止 4 个时钟周期,然后执行中断服务程序。中断服务程序结束后,开始执行 SLEEP 语句后的程序。
- 从省电模式唤醒之后的短时间内,读取寄存器 TCNT2 可能返回不正确的值。由于 TCNT2 是由 TOSC1 时钟驱动的,而读取 TCNT2 必须通过一个与内部 I/O 时钟同步的寄存器来完成。同步发生于每个 TOSC1 的上升沿。从省电模式唤醒后,I/O 时钟($clk_{I/O}$)重新激活,这时读到的 TCNT2 数值为进入休眠前的值,因为直到下一个 TOSC1 的上升沿,寄存器中的值才会更新。从省电模式唤醒时,TOSC1 的相位是不可预测的,而且与唤醒时间有关。因此,读取寄存器 TCNT2,推荐按照以下顺序:

① 写一个任意值到寄存器 OCR2 或 TCCR2；
② 等待 ASSR 寄存器中相应的更新忙标志位清 0；
③ 读 TCNT2 寄存器。
- 在异步模式下，中断标志的同步过程需要 3 个处理器周期加 1 个定时器周期。在处理器可以读取引起中断标志置位的计数器数值之前，计数器至少又累加了 1 个时钟。输出比较引脚的变化与定时器时钟同步，而不是处理器时钟。

2.9 片内基准电压

ATmega8 内部集成有片内能隙基准源，用于掉电检测，也可以作为模拟比较器或者 ADC 的输入。ADC 的 2.56 V 基准电压由此片内能隙基准源产生。

电压基准的启动时间可能影响其工作方式。启动时间见表 2.33。为了降低功耗，片内基准电压一般处于关闭状态。可以仅在下面 3 种情况下，开启片内基准电压工作：
- BOD 使能（熔丝位 BODEN 被编程）。
- 能隙基准源连接到模拟比较器（寄存器 ACSR 的 ACBG 置位）。
- ADC 转换使能。

片内基准电压开启后，需要一定的延时才能达到稳定。当 BOD 被禁止时，置位 ACBG 或使能 ADC 后，要启动片内基准源，所以需要等待一段延时时间 t_{BG} 后才能获得有效的模拟比较结果或 A/D 转换结果。为了降低功耗，用户可以禁止上述 3 种条件，并在进入掉电模式之前关闭基准源。

表 2.33 内部参考电压源特性

符 号	参 数	最小值	典型值	最大值	单 位
V_{BG}	参考电压	1.15	1.23	1.40	V
t_{RG}	启动稳定时间	1	40	70	μs
I_{BG}	电流消耗	—	10	—	μA

2.10 模/数转换功能

2.10.1 基本结构和特点

模/数转换功能有下列特点：
- 10 位精度（ADC4 和 ADC5 两个通道为 8 位精度）；
- 0.5 LSB 的非线性度；

- ±2 LSB 的绝对精度；
- 13～260 μs 的转换时间；
- 最高分辨率时,采样率高达 15 kSPS；
- 6 路复用的单端输入通道；
- 2 路附加复用的单端输入通道（仅 TQFP 和 MLF 封装形式有效）；
- 可选的左对齐 ADC 读数；
- 0～V_{CC} ADC 输入电压范围；
- 可选的 2.56 V 的 ADC 参考电压源；
- 连续转换模式和单次转换模式；
- ADC 转换结束中断；
- 基于休眠模式的噪声抑制器（Noise Canceler）。

ATmega8 有一个 10 位的逐次逼近比较型 ADC。ADC 与一个 8 通道的模拟多路复用器连接,能够对来自端口 C 的 8 路单端输入电压进行采样。单端电压输入以 0 V(GND)为参考。注意,ADC4 和 ADC5 两个通道只提供 8 位的转换精度,其他通道提供 10 位转换精度。

ADC 包括一个采样保持电路,以确保输入电压在 ADC 转换过程中保持恒定。ADC 的方框图如图 2.53 所示。

ADC 功能单元由独立的专用模拟电源引脚 AVCC 供电。AVCC 和 V_{CC} 的电压差别不能大于+0.3 V。

ADC 转换的参考电源可采用芯片内部的 2.56 V 参考电源,或采用 AVCC,也可采用外部的参考电源。使用外部参考电源时,外部参考电源由引脚 ARFE 接入;使用内部电压参考源时,可以通过在 AREF 引脚外部并接一个电容进行去耦,以更好地抑制噪声。

ADC 通过逐次逼近的方法,将输入的模拟电压转换成 10 位的数字量。最小值代表 GND,最大值为 AREF 引脚上的电压值减 1 个 LSB。通过 ADMUX 寄存器中 REFSn 位的设置,可以把芯片内部参考电源(2.56 V)或 AVCC 连接到 AREF 引脚。通过外接于 AREF 引脚的电容可以对片内参考电压进行去耦,以提高噪声抑制性能。

模拟输入通道与差分增益可以通过写 ADMUX 寄存器中的 MUX 位来选择。任何 ADC 输入引脚,包括地(GND)以及内部的固定能隙(Fixed Bandgap)参考电压,都可以作为 ADC 的单端输入信号。通过设置 ADCSRA 寄存器中的 ADC 使能位 ADEN 即可启动 ADC。当 ADEN 位被清 0 后,ADC 不消耗能量,因此建议在进入节电休眠模式前关闭 ADC。

ADC 转换结果为 10 位,存放于 ADC 数据寄存器中(ADCH 和 ADCL)。默认情况下,转换结果为右端对齐(Right Adjusted)的。但可以通过设置 ADMUX 寄存器中 ADLAR 位,变为左端对齐(Left Adjusted)的。

如果设置转换结果是左端对齐的,并且只需要 8 位的精度,那么只需读取 ADCH 寄存器的数据作为转换结果就可以了。否则,必须先读取 ADCL 寄存器,然后再读取 ADCH 寄存

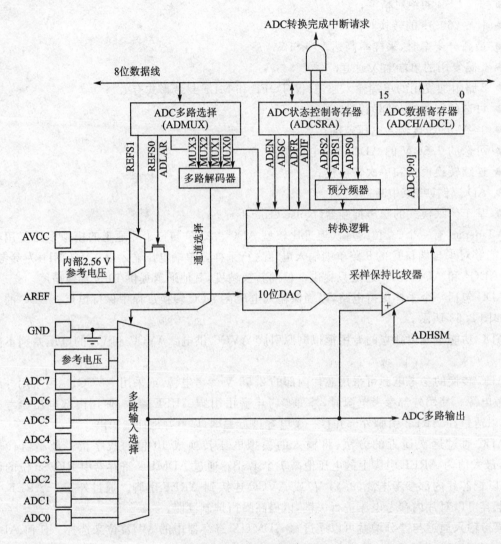

图 2.53 ADC 的方框图

器,以保证数据寄存器中的内容是同一次转换的结果。因为一旦 ADCL 寄存器被读取,就中断了 ADC 对数据寄存器的操作。这就意味着,一旦指令读取了 ADCL,即使在读取 ADCH 之前正好有一次 ADC 转换完成,数据寄存器的内容也不会被更新,从而保证了转换结果不会丢失。ADCH 被读出后,ADC 即可再次访问 ADCL 和 ADCH 寄存器。

ADC 转换结束可以触发中断。即使由于转化过程发生在读取 ADCL 和 ADCH 之间而造成 ADC 无法访问数据寄存器,ADC 中断仍将触发。

2.10.2 ADC 相关寄存器

1. ADC 多路复用器选择寄存器——ADMUX

ADMUX 寄存器的位定义如下：

位	7	6	5	4	3	2	1	0	
0x07(0x0027)	REFS1	REFS0	ADLAR	—	MUX3	MUX2	MUX1	MUX0	ADMUX
读/写	R/W	R/W	R/W	R	R/W	R/W	R/W	R/W	
复位值	0	0	0	0	0	0	0	0	

寄存器 ADMUX 中的 MUXn 和 REFS1、REFS0 位通过临时寄存器实现了单缓冲。MCU 可以对此临时寄存器进行随机读取。这种结构保证了在 ADC 转换过程中,通道和基准源的切换发生于安全的时刻。在转换启动之前,通道和基准源的选择可随时进行。一旦转换开始,就不允许再选择通道和基准源了,从而保证 ADC 有充足的采样时间。在转换完成(ADCSRA 寄存器的 ADIF 置位)之前的最后一个时钟周期,又可以重新进行通道和基准源的选择。转换的开始时刻为 ADSC 置位后的下一个时钟的上升沿。因此,建议用户在置位 ADSC 之后的一个 ADC 时钟周期里,不要操作 ADMUX 以选择新的通道和基准源。

如果 ADFR 和 ADEN 位同时置位,则中断事件可以在任意时刻发生。如果在此期间改变 ADMUX 寄存器的内容,则用户无法知道下一次转换是基于旧的设置还是最新的设置。若要可靠地更新 ADMUX 寄存器中的设置,则应在以下几种情况下进行：

- 当 ADFR 或 ADEN 位为 0 时。
- 在转换过程中,但是在触发事件发生后至少一个 ADC 时钟周期。
- 在转换结束后,但是在作为触发源的中断标志清 0 之前。

在以上的任一种情况下更新 ADMUX 寄存器的设置后,新的设置将在下一次 A/D 转换时生效。

位 7、6——REFS[1:0]：ADC 参考电压选择。通过这些位,可以选择 ADC 的参考电压,见表 2.34。如果在 ADC 转换过程中改变了它们的设置,则只有等到当前 ADC 转换结束(ADCSRA 中的 ADIF 被置位)之后,改变才会起作用。如果选择了内部参考电压(AVCC、2.56 V)为 ADC 的参考电压后,则不得在 AREF 引脚上施加外部的参考电压,而只能与 GND 之间并接抗干扰电容。

表 2.34 参考电源选择

REFS1	RFEFS0	ADC 参考电源
0	0	AREF,内部 V_{REF} 关闭
0	1	AVCC,AREF 引脚外加滤波电容
1	0	保留
1	1	2.56 V 的片内基准电压源,AREF 引脚外加滤波电容

ADC 的参考电压(V_{REF})决定了 A/D 转换的范围。如果单端通道的输入电压超过 V_{REF}，则其转换结果接近于 0x3FF。ADC 的参考电压 V_{REF} 可以选择为 AVCC、内部 2.56 V 基准，或外接于 AREF 引脚上的参考电压。

AVCC 通过一个无源开关与 ADC 相连。片内的 2.56 V 参考由内部间隙参考源(V_{BG})通过内部的放大器产生的。无论选用什么参考源，AREF 引脚都直接与 ADC 相连，因此，可以通过在 AREF 引脚和地之间并接一个电容来提高参考电压抗噪性。V_{REF} 可以通过高输入内阻的电压表在 AREF 引脚测量得到。由于 V_{REF} 的阻抗很高，因此只能连接容性负载。

如果将一个固定的电压源连接到 AREF 引脚，那么就不能使用任何的内部参考电源，否则会导致片内基准源与外部参考源短路。如果 AREF 引脚没有连接任何外部电压源，那么用户可以选择 AVCC 或内部 2.56 V 作为基准源。参考源改变后的第一次 ADC 转换结果可能不准确，建议舍弃该次转换结果。

位 5——ADLAR：ADC 转换结果左对齐。ADLAR 位影响转换结果在 ADC 数据寄存器中的存放形式。ADLAR 置位时，转换结果为左对齐；否则，转换结果为右对齐。无论 ADC 是否正在进行转换，改变 ADLAR 位都将立即影响 ADC 数据寄存器的内容。

位 3～0——MUX[3:0]：模拟通道选择。这些位用于选择连接到 ADC 的输入通道。详见表 2.35。

表 2.35 ADC 参考电源选择

MUX[3:0]	单端输入口	MUX[3:0]	单端输入口
0000	ADC0	0110	ADC6
0001	ADC1	0111	ADC7
0010	ADC2	1000～1101	
0011	ADC3	1110	1.23 V(V_{BG})
0100	ADC4	1111	0 V(GND)
0101	ADC5		

当选择 ADC 输入通道时，应该遵守以下规则，以保证能够选择到正确的通道：
- 工作于单次转换模式时，总是在开始转换前改变通道设置。在 ADSC 位置位后的一个 ADC 时钟周期内，就可以选择新的模拟输入通道。但是，最简单的方法是等到转换结束后，再改变通道选择。
- 工作于连续转换模式时，总是在启动 ADC 开始第一次转换前改变通道设置。在 ADSC 位置位后的 1 个 ADC 时钟周期内，就可以选择新的模拟输入通道。然而，最简单的方法是等到转换结束后，再改变通道选择。然而，此时新一次的转换已经自动开始，所以，当前这次的转换结果反映的是以前设置的模拟输入通道，以后的转换结果才是针对新设置通道的。

2. ADC 控制和状态寄存器 A——ADCSRA

ADCSRA 寄存器的位定义如下：

位	7	6	5	4	3	2	1	0	
0x06(0x0026)	ADEN	ADSC	ADFR	ADIF	ADIE	ADPS2	ADPS1	ADPS0	ADCSRA
读/写	R/W	R/W	R/W	R/W	R/W	R/W	R/W	R/W	
复位值	0	0	0	0	0	0	0	0	

位 7——ADEN：ADC 使能。该位写入 1 使能 ADC，写入 0 关闭 ADC。若在 ADC 转换过程中关闭 ADC，则将立即中止该次转换。

位 6——ADSC：ADC 开始转换。将逻辑 1 写入 ADSC 位（ADC 转换开始）可以启动一次 A/D 转换。在转换过程中，此位保持为 1，直到 A/D 转换结束后由硬件自动清 0。如果在 A/D 转换过程中改变了 ADC 输入通道，则 ADC 将在完成本次转换后再进行通道的转换。

通过置位 ADCSRA 寄存器的 ADFR 位，ADC 能被设置为连续转换模式。在连续转换模式下，ADC 将连续对输入进行采样和更新 ADC 数据寄存器。在连续转换模式下，也必须通过写入逻辑 1 到 ADCSRA 寄存器中的 ADSC 位来启动第一次的 A/D 转换；然后，ADC 将连续地进行转换，无论 ADC 中断标志位 ADIF 是清 0 还是置位。

在单次转换模式下，置位 ADSC 将启动一次转换。在连续转换模式下，置位 ADSC 将启动第一次转换。先置位 ADEN 位使能 ADC，然后置位 ADSC；或在置位 ADSC 的同时使能 ADC，则由于需要完成对 ADC 的初始化，所以 ADC 使能后的第一次转换将需要 25 个 ADC 时钟周期，而不是常规转换的 13 个 ADC 时钟周期。

在转换进行过程中，读取 ADSC 返回值始终为 1；当转换完成时，读取 ADSC 返回值变为 0。ADSC 清 0 不会产生任何动作。

位 5——ADFR：ADC 连续转换选择。当该位被置位时，ADC 工作在连续转换模式下。在该模式下，ADC 不断地采样和更新 ADC 数据寄存器。该位清 0 将中止连续转换模式。

位 4——ADIF：ADC 中断标志位。在 ADC 转换结束且 ADC 数据寄存器被更新后，ADIF 置位。如果 ADIE（ADC 转换结束中断使能）和 SREG 寄存器中的全局中断使能位 I 也被置位，则 ADC 转换计数中断服务程序将被执行，同时 ADIF 被硬件自动清 0。此外，用户也可以通过向此标志写 1 来使 ADIF 位清 0。要注意的是，如果对 ADCSRA 寄存器执行读—修改—写操作，则等待处理的中断会被禁止。使用 SBI 和 CBI 指令时同样如此。

位 3——ADIE：ADC 中断使能。当该位和 SREG 寄存器中的 I 位同时被置位时，使能 ADC 转换结束中断。

位 2~0——ADPS[2:0]：ADC 预分频选择。通过这些位确定了 XTAL 时钟与 ADC 输入时钟之间的分频系数,见表 2.36。

表 2.36　ADC 时钟预分频选择

ADPS[2:0]	分频系数	ADPS[2:0]	分频系数
000	2	100	16
001	2	101	32
010	4	110	64
011	8	111	128

在默认情况下,逐次逼近比较电路需要一个 50～200 kHz 的采样时钟,以获得最高的精度。若要求的转换精度低于 10 位,则 ADC 的采样时钟可以高于 200 kHz,以获得更高的采样率。

ADC 模块包含一个预分频器,它可以由任何超过 100 kHz 的 CPU 时钟来产生合适的 ADC 时钟,如图 2.54 所示。

预分频器的分频系数通过寄存器 ADCSRA 中的 ADPS 位来设置。一旦寄存器 ADCSRA 中的 ADEN 位置 1,预分频器就启动开始计数。只要 ADEN 位为 1,预分频器就持续计数,直到 ADEN 位清 0。

当 ADCSRA 寄存器中的 ADSC 位置位后,在下一个 ADC 时钟的上升沿将启动一次单次转换过程。一次正常的 A/D 转换需要 13 个 ADC 时钟周期,但是由于要初始化模拟电路,所以在 ADC 使能(寄存器 ADCSRA 的 ADEN 位置位)后的第一次 A/D 转换过程需要 25 个 ADC 采样时钟周期。

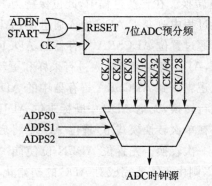

图 2.54　ADC 的预分频电路

在正常的 A/D 转换过程中,采样保持在转换启动后的 1.5 个 ADC 时钟开始。而对于 ADC 由禁止状态启动后的首次 A/D 转换,则采样保持在转换启动后的 13.5 个 ADC 时钟开始。当一次 A/D 转换完成后,转换结果被送入 ADC 数据寄存器,且 ADIF(ADC 中断标志位)置位。在单次转换模式下,ADSC 也同时被清 0。用户程序可以再次置位 ADSC 位,从而在下一个 ADC 时钟的上升沿开始新的一次 A/D 转换。

在连续转换模式下,只要转换一结束,新的转换过程马上开始。此时,ADSC 位一直保持为 1。表 2.37 所列为 ADC 的转换和采样保持时间。

图 2.55、图 2.56、图 2.57 所示分别为单次转换模式第一次转换、单次转换模式正常转换和连续 ADC 转换模式的时序。

表 2.37 ADC 转换和采样保持时间

转换形式	采样 & 保持时间(启动转换后的时钟周期数)	转换时间(时钟周期)
第一次转换	13.5	25
正常转换,单端	1.5	13

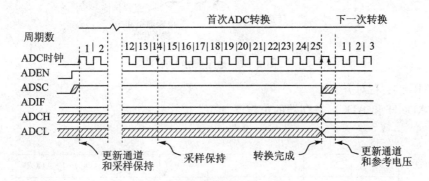

图 2.55 单次转换时序(第一次转换)

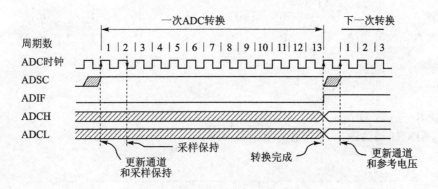

图 2.56 单次转换时序(正常转换)

3. ADC 数据寄存器——ADCL 和 ADCH

ADC 转换完成后,转换结果存于这两个寄存器中。

当 ADCL 寄存器被读以后,ADC 数据寄存器一直要等到 ADCH 寄存器被读取后才会进行数据更新。因此,如果结果是左对齐(ADLAR=1)且要求精度不需要大于 8 位,则仅仅读取 ADCH 寄存器就足够了;否则,必须先读取 ADCL 寄存器,再读取 ADCH 寄存器。

第 2 章　ATmega8 硬件结构

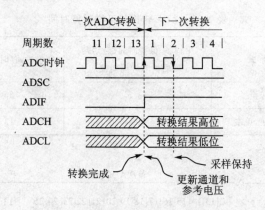

图 2.57　连续转换时序

ADLAR＝0：右对齐。

此时，ADCH 和 ADCL 寄存器的位定义如下：

位	15	14	13	12	11	10	9	8	
0x05(0x0025)	—	—	—	—	—	—	ADC9	ADC8	ADCH
0x04(0x0024)	ADC7	ADC6	ADC5	ADC4	ADC3	ADC2	ADC1	ADC0	ADCL
位	7	6	5	4	3	2	1	0	
读/写	R	R	R	R	R	R	R	R	
读/写	R	R	R	R	R	R	R	R	
复位值	0	0	0	0	0	0	0	0	
复位值	0	0	0	0	0	0	0	0	

ADLAR＝1：左对齐。

此时，ADCH 和 ADCL 寄存器的位定义如下：

位	15	14	13	12	11	10	9	8	
0x05(0x0025)	ADC9	ADC8	ADC7	ADC6	ADC5	ADC4	ADC3	ADC2	ADCH
0x04(0x0024)	ADC1	ADC0	—	—	—	—	—	—	ADCL
位	7	6	5	4	3	2	1	0	
读/写	R	R	R	R	R	R	R	R	
读/写	R	R	R	R	R	R	R	R	
复位值	0	0	0	0	0	0	0	0	
复位值	0	0	0	0	0	0	0	0	

ADMUX 寄存器中的 ADLAR 及 MUXn 会影响转换结果在数据寄存器中的存放形式。如果 ADLAR 位为 1,则结果为左对齐;如果 ADLAR 位为 0(默认情况),则结果为右对齐。

ADC[9:0]:ADC 转换结果。

如果采用单端输入方式,则结果以 2 的原码形式存放;如果采用差分输入方式,则结果以 2 的补码形式存放。

单次转换的结果如下:

$$\mathrm{ADC} = \frac{V_{\mathrm{IN}} \times 1024}{V_{\mathrm{REF}}}$$

式中,V_{IN} 为被选中引脚的输入电压,V_{REF} 为参考电压。0x000 表示输入电压为模拟地电平,0x3FF 表示输入电压为参考电压减去 1 LSB。

2.10.3 ADC 噪声抑制

1. 模拟输入电路

单端通道的模拟输入电路如图 2.58 所示。无论 ADCn 引脚是否用作 ADC 的输入通道,输入到该引脚的模拟信号都受到引脚电容和输入漏电流的影响。当用作 ADC 的输入通道时,模拟信号源必须通过引脚内部的串联电阻(输入通道的组合电阻)驱动采样保持(S/H)电容。

对于那些输出阻抗为 10 kΩ 或更小的模拟输入信号,ADC 在内部进行了优化。对于这样的模拟信号,采样时间可以忽略不计。如果模拟信号具有很高的输出阻抗,则采样时间取决于信号源对采样保持电容的充电时间,其值会在很大的范围内变化。

如果信号中有高于奈奎斯特采样频率($f_{\mathrm{ADC}}/2$)的成分,则为了避免不可预测的信

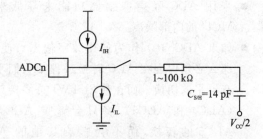

图 2.58 单端 ADC 的模拟输入等效电路

号混叠,建议在把信号输入到 ADC 之前使用一个低通滤波器,以把高频成分在加到 ADCn 引脚之前滤除掉。

2. 噪声抑制器

ADC 的噪声抑制器可以使 ADC 在休眠模式下进行 A/D 转换,从而降低由 MCU 内核和 I/O 外围设备的噪声引入的影响。噪声抑制器能够在 ADC 降噪(ADC Noise Reduction)和空闲(Idle)模式下使用。使用步骤如下:

① 确定 ADC 已经使能,且没有处于转换状态。此时,必须设置 ADC 的工作模式为单次转换模式,且必须使能 ADC 转换结束中断。

② 进入 ADC 降噪模式(或空闲模式)。一旦 MCU 运行挂起,ADC 便开始转换。

③ 如果在 ADC 转换结束之前没有其他的中断发生,则 ADC 转换结束中断将唤醒 MCU,并执行 ADC 转换结束中断服务程序。如果在 ADC 转换结束之前有其他的中断唤醒了 MCU,则对应的中断服务程序将被执行。ADC 转换将继续进行,直到 ADC 转换完成后产生 ADC 结束中断请求。一旦 MCU 被唤醒后,将保持活动状态,直到下一条休眠指令被执行。

需要注意的是,MCU 进入除 ADC 降噪模式和空闲模式外的其他休眠模式时,ADC 不会自动关闭。因此,建议在进入这些休眠模式前,将 ADEN 位清 0,以避免降低功耗。

3. 模拟噪声的抑制

器件外部和内部的数字电路都会产生电磁干扰 (EMI),从而影响模拟测量的精度。如果 A/D 转换精度要求较高,可以通过以下方法来降低噪声的影响:

- 使模拟信号的通路尽可能短。模拟信号连线应从模拟地的布线盘上通过,并使它们尽可能远离高速开关数字信号线。
- AVCC 应通过 LC 网络(见图 2.59)与数字端电源 V_{CC} 相连。
- 采用 ADC 噪声抑制器功能来降低来自 MCU 的内部噪声。
- 如果 ADC[3:0]作为通用数字输出口使用,那么必须保证在 ADC 转换过程中它们不会有电平的切换。而在使用 TWI 总线接口时 (ADC4 和 ADC5),将只会影响 ADC4 和 ADC5 的转换,而不会影响其他的 ADC 通道。

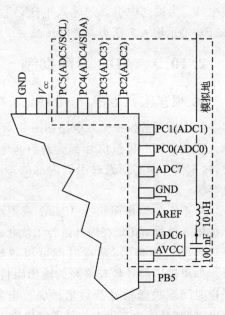

图 2.59 AVCC 引脚的连接

2.11 模拟比较器

模拟比较器对两个模拟输入端(正极 AIN0、负极 AIN1)的输入电压进行比较。当 AIN0 上的电压高于 AIN1 的电压时,模拟比较器输出 ACO 被置位;反之则清 0。比较器的输出可以用来触发定时器/计数器 1 的输入捕捉功能。此外,比较器的输出还可以触发自己专有的、独立的中断。用户可以选择使用比较器输出的上升沿、下降沿或任意边沿来触发中断。模拟比较器及其外围逻辑电路方框图如图 2.60 所示。

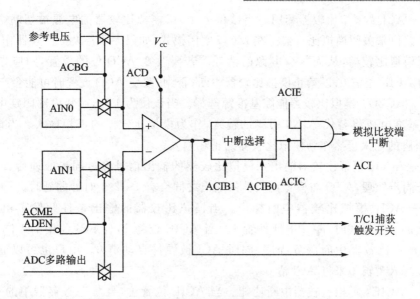

图 2.60 模拟比较器及其外围逻辑电路方框图

1. 特殊功能 I/O 寄存器——SFIOR

SFIOR 寄存器的位定义如下：

位	7	6	5	4	3	2	1	0	
0x30(0x0050)	—	—	—	ADHSW	ACME	PUD	PSR2	PSR10	SFIOR
读/写	R	R	R	R	R/W	R/W	R/W	R/W	
复位值	0	0	0	0	0	0	0	0	

位 3——ACME：模拟比较器多路复用器使能。当该位为逻辑 1，且模/数转换器处于关闭状态（寄存器 ADCSRA 中的 ADEN 使能位为 0）时，ADC 多路复用器用于选择模拟比较器反相端的信号源。当该位为 0 时，AIN1 引脚的信号将加到模拟比较器反相端。

2. 模拟比较器控制和状态寄存器——ACSR

ACSR 寄存器的位定义如下：

位	7	6	5	4	3	2	1	0	
0x08(0x0028)	ACD	ACBG	ACO	ACI	ACIE	ACIC	ACIS1	ACIS0	ACSR
读/写	R/W	R/W	R	R/W	R/W	R/W	R/W	R/W	
复位值	0	0	N/A	0	0	0	0	0	

第 2 章　ATmega8 硬件结构

位 7——ACD：模拟比较器禁用。当该位为 1 时，模拟比较器的电源被切断。可以在任何时候置位该位来关闭模拟比较器。在 MCU 空闲模式，如果无须将模拟比较器作为唤醒源，则可以关闭模拟比较器，从而减少电源的消耗。若要改变 ACD 位的设置，则应先将寄存器 ACSR 中的 ACIE 位清 0，以禁止模拟比较器中断；否则，改变 ACD 设置时可能会产生中断。

位 6——ACBG：模拟比较器能隙基准源选择。当该位为 1 时，芯片内部固定电压的能隙（Bandgap）基准电压将替代 AIN0 引脚的输入，作为模拟比较器的正相输入。当该位被清 0 时，AIN0 引脚的输入仍然作为模拟比较器的正相输入。

位 5——ACO：模拟比较器输出。模拟比较器的输出信号经过同步处理后直接与 ACO 相连。由于同步处理，ACO 与模拟比较器的输出之间会有 1~2 个时钟的延时。

位 4——ACI：模拟比较器中断标志。当模拟比较器的输出事件触发了由 ACIS1 和 ACIS0 定义的中断模式时，ACI 由硬件置 1。当 ACIE 位为 1，且 SREG 中的 I 位也为 1 时，MCU 执行模拟比较器中断服务程序，同时 ACI 被硬件自动清 0。用户也可以通过软件对 ACI 标志位写入逻辑 1 来将 ACI 清 0。

位 3——ACIE：模拟比较器中断使能。当 ACIE 位置位，且状态寄存器中的 I 位也为 1 时，使能模拟比较器中断。当 ACIE 被清 0 时，模拟比较器中断被禁止。

位 2——ACIC：模拟比较器输入捕捉使能。当该位被置位时，允许通过模拟比较器来触发定时器/计数器 1 的输入捕获功能。此时，模拟比较器的输出直接连到输入捕捉的前端逻辑电路，从而使比较器可以利用定时器/计数器 1 输入捕获中断逻辑的噪声抑制器和边沿选择功能。当 ACIC 为 0 时，模拟比较器和输入捕捉功能之间没有任何联系。为了使模拟比较器可以触发定时器/计数器 1 的输入捕捉中断，定时器中断屏蔽寄存器 TIMSK 的 TICIE1 位必须被置位。

位 1、0——ACIS1、ACIS0：模拟比较器中断模式选择。这 2 位用于确定触发模拟比较器中断的事件，如表 2.38 所列。

注意：当要改变 ACIS1、ACIS0 时，必须先将寄存器 ACSR 中的中断使能位清 0 来禁止模拟比较器中断；否则，当改变这 2 位时，有可能产生中断。

表 2.38　ACIS1/ACIS0 设置

ACIS1	ACIS0	中断模式
0	0	比较器输出有变化即可触发中断
0	1	保留
1	0	比较器输出的下降沿触发中断
1	1	比较器输出的上升沿触发中断

3. 模拟比较器的多路输入

模拟比较器的反相输入端可以用 ADC[7:0] 之中的任一个来代替。可通过使用模/数转换器的 ADC 多路复用器来实现这样的功能。但是，为了使用这个功能，必须关闭 ADC 功能。当模拟比较器多路复用器使能位（SFIOR 中的 ACME 位）置位，且 ADC 也被关闭（ADCSRA 中的 ADEN 位为 0）时，可以通过寄存器 ADMUX 中的 MUX[2:0] 位来选择模拟比较器中反相输入的引脚,如表 2.39 所列。如果 ACME 清 0 或 ADEN 置 1,则 AIN1 仍将为模拟比较器的反相输入端。

表 2.39　模拟比较器多路输入选择

ACME	ADEN	MUX[2:0]	模拟比较器反向输入端	ACME	ADEN	MUX[2:0]	模拟比较器反向输入端
0	x	xxx	AIN1	1	0	011	ADC3
1	1	xxx	AIN1	1	0	100	ADC4
1	0	000	ADC0	1	0	101	ADC5
1	0	001	ADC1	1	0	110	ADC6(TQFP 和 MLF 有效)
1	0	010	ADC2	1	0	111	ADC7(TQFP 和 MLF 有效)

2.12　通用同步/异步串行接口 USART

2.12.1　基本结构和特点

ATmega8 单片机带有一个全双工通用同步/异步串行收发模块 USART,该接口是一个高度灵活的串行通信设备。其主要特点如下:
- 全双工操作(独立的串行接收寄存器和发送寄存器);
- 支持同步或异步操作;
- 同步操作时,可主机时钟同步,也可从机时钟同步;
- 独立的高精度波特率发生器,不占用定时器/计数器;
- 支持 5、6、7、8 或 9 位数据位,1 位或 2 位停止位的串行数据帧结构;
- 硬件支持的奇偶校验操作;
- 数据溢出检测;
- 帧错误检测;
- 噪声滤波,包括错误起始位的检测和数字低通滤波器;
- 3 个完全独立的中断分别为发送结束中断、发送数据寄存器空中断以及接收结束中断;
- 支持多机通信模式;
- 支持倍速异步通信模式。

图 2.61 为 ATmega8 的全双工通用同步/异步串行收发模块 USART 收发器的接口硬件结构方框图。

图中的虚线框将 USART 收发模块分为 3 大部分:时钟发生器、发送器和接收器。控制

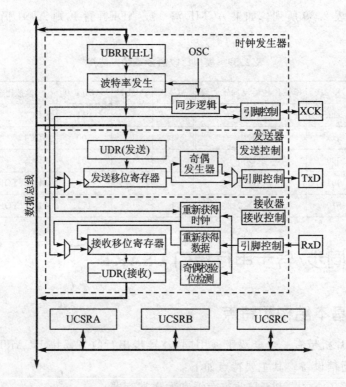

图 2.61 USART 收发器接口硬件结构方框图

寄存器为所有的模块所共享。时钟发生器包含同步逻辑，通过它将波特率发生器和为从机同步操作所使用的外部输入时钟同步起来。XCK（发送器时钟）引脚只用于同步传输模式。发送器包含一个写缓冲器、串行移位寄存器、奇偶发生器和用于处理不同帧结构的控制逻辑电路。使用写缓冲器，可以保证连续发送数据而不会在数据帧之间引入延迟。接收器具有时钟和数据恢复单元，是 USART 模块中最复杂的部分。除了恢复单元，接收器还包括奇偶位校验器、控制逻辑、移位寄存器和一个两级接收缓冲器（UDR）。接收器支持与发送器相同的帧格式，同时支持帧错误、数据溢出和奇偶校验错误的检测。

　　AVR 系列的单片机在片内集成的通用串行通信接口有两种形式：普通的支持异步通信的 UART 接口和增强型的支持同步/异步通信的 USART 接口。ATmega8 配备的是增强型的支持同步/异步通信的 USART 接口。

　　AVR 单片机的 USART 在以下几个方面与 UART 完全兼容：
- 所有 USART 寄存器的位定义；
- 波特率发生；
- 发送器操作；
- 发送缓冲器的功能；

● 接收器操作。

但是，USART 的接收缓冲器有两个方面的改进，在某些特殊的情况下会影响兼容性：

- USART 增加了一个接收缓冲寄存器，两个缓冲寄存器如同一个循环的 FIFO 缓冲器一样工作。因此，对于每一个接收的数据，只能读一次 UDR 寄存器。更重要的是，错误标志位 FE 和 DOR 以及第 9 位数据（RXB8）也保留在接收缓冲器中，因此必须在读取 UDR 寄存器之前先读取这些标志位；否则，就丢失错误状态。
- USART 的接收移位寄存器可看作第三级缓冲。如果接收缓冲寄存器已满，则新接收的数据可以保留在串行移位寄存器中，直到检测到新的起始位，从而增强了 USART 防止数据接收溢出的能力。

以下 2 个控制位在 USART 中改变了名称，但是它们的功能和位置没有变化：

- CHR9 位改为 UCSZ2 位。
- OR 位改为 DOR 位。

2.12.2 串行时钟工作模式

时钟发生逻辑为发送器和接收器提供基本的时钟。USART 支持 4 种时钟工作模式：普通异步模式、倍速异步模式、主机同步模式和从机同步模式。USART 控制和状态寄存器 C（UCSRC）中的 UMSEL 位用于选择同步或异步模式。倍速模式（只在异步模式有效）由寄存器 UCSRA 中的 U2X 位控制。当使用同步模式时，XCK 引脚的数据方向寄存器（DDR_XCK）决定了时钟源是由内部产生（主机模式）还是由外部产生（从机模式）。XCK 引脚仅在使用同步模式下有效。图 2.62 为 USART 时钟发生逻辑的方框图。

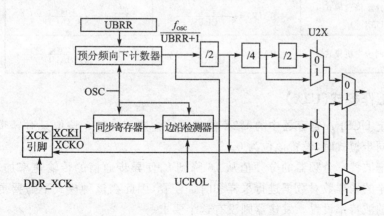

图 2.62　USART 时钟发生逻辑方框图

图 2.62 中信号的意义如下：

TXCLK——发送器时钟（内部信号）。

RXCLK——接收器基本时钟(内部信号)。
XCKI——从 XCK 引脚输入的时钟(内部信号,用于同步通信从机模式)。
XCKO——输出到 XCK 引脚的时钟(内部信号,用于同步通信主机模式)。
f_{osc}——XTAL 引脚的时钟频率(系统时钟)。

1. 内部时钟发生——波特率发生器

内部时钟可用于异步模式和同步主机模式,参见图 2.62。USART 的波特率寄存器 UBRR 与降序计数器(Down-Counter)相连接,一起构成可编程的预分频器或波特率发生器。降序计数器对系统时钟计数,当其计数到 0 或 UBRRL 寄存器被写时,会自动装入 UBRR 寄存器的值。当计数到 0 时产生一个时钟,该时钟作为波特率发生器的输出时钟,输出时钟的频率为 $f_{osc}/(UBRR+1)$。发送器对波特率发生器的输出时钟进行 2、8 或 16 的分频,具体情况取决于工作模式。波特率发生器的输出被直接用作接收器和数据恢复单元的时钟。数据恢复单元使用了一个有 2、8 或 16 个状态的状态机,具体状态数由 UMSEL、U2X 和 DDR_XCK 位设定的工作模式决定。表 2.40 给出了计算波特率和计算每一种使用内部时钟源工作的模式的 UBRR 值的公式。其中,BAUD 为波特率(bps),f_{osc} 为系统时钟频率,UBRR 为 UBBH 和 UBBL 的数值(0~4 095)。

表 2.40 波特率计算公式

使用模式	波特率的计算公式	UBRR 值的计算公式
异步正常模式 U2X=0	$BAUD=\dfrac{f_{osc}}{16(UBRR+1)}$	$UBRR=\dfrac{f_{osc}}{16\times BAUD}-1$
异步倍速模式 U2X=1	$BAUD=\dfrac{f_{osc}}{8(UBRR+1)}$	$UBRR=\dfrac{f_{osc}}{8\times BAUD}-1$
同步主机模式	$BAUD=\dfrac{f_{osc}}{2(UBRR+1)}$	$UBRR=\dfrac{f_{osc}}{2\times BAUD}-1$

2. 倍速工作模式(U2X)

可通过设定 UCSRA 寄存器中的 U2X 位来使传输速率加倍。该位只对异步工作模式有效。当工作于同步模式时,设置该位为 0。

设置该位把波特率分频器的分频值从 16 降到 8,使异步通信的传输速率加倍。此时,接收器只使用一半的采样数对数据进行采样和时钟恢复,因此在该种模式下需要更精确的系统时钟和更精确的波特率设置。发送器则没有这个要求。

3. 外部时钟

同步从机操作模式是由外部时钟驱动的,如图 2.63 所示。输入到 XCK 引脚的外部时钟由同步寄存器进行采样,用以提高稳定性。同步寄存器的输出通过一个边沿检测器,然后应用

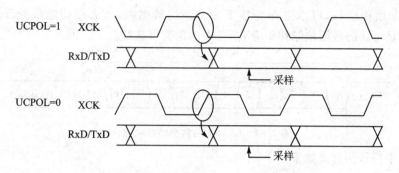

图 2.63 同步模式时的 XCK 时序

于发送器和接收器。这一过程引入了 2 个 CPU 时钟周期的延时,因此外部 XCK 的最大时钟频率由以下公式限制:

$$f_{\text{XCK}} < \frac{f_{\text{OSC}}}{4}$$

f_{OSC} 由系统时钟的稳定性决定,为防止因频率漂移而丢失数据,建议保留足够的裕量。

4. 同步时钟操作

当使用同步模式时(UMSEL=1),XCK 引脚被用作时钟的输出(主机模式)或时钟的输入(从机模式)。时钟的边沿、数据的采样和数据的变化之间的关系的基本规律是:在改变数据输出端 TxD 的 XCK 时钟的相反边沿对数据输入端 RxD 进行采样。例如,在 XCK 的下降沿时改变 TxD 的数据,而在上升沿对 RxD 数据采样(UCPOL=1)。

UCRSC 寄存器中的 UCPOL 位确定使用 XCK 时钟的哪个边沿对数据采样和改变输出数据。如图 2.63 所示,当 UCPOL=0 时,在 XCK 的上升沿改变输出数据,在 XCK 的下降沿进行数据采样;当 UCPOL=1 时,在 XCK 的下降沿改变输出数据,在 XCK 的上升沿进行数据采样。

2.12.3 数据帧格式

一个串行数据帧是由一个数据字加上同步位(起始位和结束位)以及用于纠错的奇偶检验位 3 部分构成的。ATmega8 的 USART 可以使用以下 30 种有效组合的数据帧格式:
- 1 个起始位;
- 5、6、7、8 或 9 位数据位;
- 无校验位、奇校验或偶校验位;
- 1 或 2 个停止位。

一个数据帧是以起始位开始,紧接着是数据字的最低位。数据字最多可以有 9 个数据位,数据位以数据的最高位结束。如果使能了校验位,校验位将接着数据位,最后是结束位。当一个完整的数据帧传输后,可以立即传输下一个新的数据帧,或者使传输线处于空闲状态。图 2.64 所示是可能的数据帧结构组合,括号中的位为可选的。

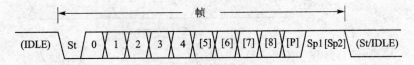

图 2.64 USART 的数据帧结构组合

图 2.64 中符号的意义如下:

St——起始位,总是低电平。

n——数据位(0~8),低位在前。

P——校验位,可以为奇校验或偶校验。

Sp——停止位,总是为高电平。

IDLE——线路空闲,线路空闲时线路必须为高电平。

数据帧的结构由 UCSRB 和 UCSRC 寄存器中的 UCSZ[2:0]、UPM[1:0]和 USBS 位设定。接收和发送使用相同的设置。任何这些设置的改变,都可能破坏正在进行的数据传送和接收通信。

USART 的字长位(UCSZ[2:0])确定了数据帧的数据位数。USART 的校验模式位(UPM[1:0])用于使能和决定校验的类型。USART 的 USBS 位设置选择一位或两位结束位。但接收器是忽略第二个停止位的,因此帧错误(FE)只会在第一个结束位为 0 时被检测到。

校验位的计算是对数据位的各个位进行"异或"运算,其结果再同 0 或 1 进行"异或"运算:

$$Peven = d_{n-1} \oplus \cdots \oplus d_3 \oplus d_2 \oplus d_1 \oplus d_0 \oplus 0$$
$$Podd = d_{n-1} \oplus \cdots \oplus d_3 \oplus d_2 \oplus d_1 \oplus d_0 \oplus 1$$

式中:Peven——偶校验位值。

Podd——奇校验位值。

d_n——数据的第 n 位。

若在数据传输格式中定义使用校验位,则校验位值将出现在最后一个数据位和第一个停止位之间。

2.12.4 USART 寄存器

1. USART 数据寄存器——UDR

UDR 寄存器的位定义如下:

位	7	6	5	4	3	2	1	0	
0x0C(0x002C)				RXB[7:0]					UDR(读)
0x0C(0x002C)				TXB[7:0]					UDR(写)
读/写	R/W	R/W	R/W	R/W	R/W	R/W	R/W	R/W	
复位值	0	0	0	0	0	0	0	0	

USART 发送数据缓冲寄存器和接收数据缓冲寄存器共享相同的 I/O 地址,称为 USART 数据或 UDR。将数据写入 UDR 时,实际操作的是 USART 的发送数据缓冲寄存器(TXB);读 UDR 时,实际操作的是 USART 的接收数据缓冲寄存器(RXB)。在 5、6 或 7 位字长模式下,未使用的高位被发送器忽略,而接收器则将它们设置为 0。

只有当 USCRA 寄存器中的 UDRE 位置位后,才可以对发送缓冲器进行写操作。如果 UDRE 没有置位,那么写入 UDR 的数据会被 USART 发送器忽略。当数据写入发送缓冲器后,若移位寄存器为空,则发送器将把数据加载到发送移位寄存器,然后数据串行地从 TxD 引脚输出。

接收数据寄存器是一个两级的 FIFO 结构,一旦接收缓冲 RXB 被访问,FIFO 就会改变它的状态。因此,在访问接收缓冲器 RXB 时,不要对其使用 SBI 和 CBI 之类的读-修改-写指令。在使用位查询指令(SBIC 和 SBIS)时也要小心,因为这也有可能改变 FIFO 的状态。

2. USART 控制和状态寄存器 A——UCSRA

UCSRA 寄存器的位定义如下:

位	7	6	5	4	3	2	1	0	
0x0B(0x002B)	RXC	TXC	UDRE	FE	DOR	PE	U2X	MPCM	UCSRA
读/写	R	R/W	R	R	R	R	R/W	R/W	
复位值	0	0	1	0	0	0	0	0	

位 7——RXC:USART 接收结束。当接收缓冲器中有未读出的数据时,该位被置位;否则清 0。当设置禁止接收时,接收缓冲器被刷新,导致 RXC 标志清 0。RXC 标志可以用来产生接收结束中断。

位 6——TXC:USART 发送结束。当发送移位寄存器的数据被送出,且当发送缓冲器为空时,该位置位。TXC 标志可用来产生发送结束中断。在执行发送结束中断时,TXC 标志由硬件自动清 0。用户也可以通过软件向该位写一个逻辑 1 来将 TXC 位清 0。

位 5——UDRE:USART 数据寄存器空。UDRE 标志指出发送缓冲器(UDR)是否准备好接收新的数据。UDRE=1 说明缓冲器已空,可以接收新的数据。UDRE 标志可以用来产生发送数据寄存器空中断。系统复位时,UDRE 被设置为 1,表示发送器已准备就绪。

位 4——FE：接收帧出错。如果接收缓冲器中接收到的下一个字符有帧错误，即接收缓冲器的下一个字符的第一个停止位为 0，则 FE 置位。置位后，该位一直有效直到接收缓冲器(UDR)被读取。当接收到的停止位为 1 时，FE 标志为 0。对 UCSRA 进行写入时，该位要清 0。

位 3——DOR：接收数据溢出。数据溢出时，该位被设置。当接收缓冲器满(包含了两个数据)，接收移位寄存器又有数据时，若此时接收器又检测到一个新的起始位，则接收数据溢出标志置位。当该位置位后，该位将一直保持有效，直到接收缓冲器(UDR)被读取。对 UCSRA 进行写入时，该位要清 0。

位 2——PE：奇偶校验错误。当奇偶校验使能(UPM1＝1)，且接收缓冲器中所接收到的下一个字符有奇偶校验错误时，UPE 置位。当该位置位后，该位将一直保持有效，直到接收缓冲器(UDR)被读取。对 UCSRA 进行写入时，该位要清 0。

位 1——U2X：倍速发送。该位仅在异步模式下有效，当使用同步模式时，应设置该位为 0。此位置 1，将使波特率的分频系数由 16 降为 8，从而有效地将异步通信模式的传输速率加倍。

位 0——MPCM：多机通信模式。设置该位将启动多机通信模式。MPCM 置位后，USART 接收器接收到的那些不包含地址信息的输入帧都将被忽略。USART 的发送器则不受 MPCM 设置的影响。

3. USART 控制和状态寄存器 B——UCSRB

UCSRB 寄存器的位定义如下：

位	7	6	5	4	3	2	1	0	
0x0A(0x002A)	RXCIE	TXCIE	UDRIE	RXEN	TXEN	UCSZ2	RXB8	TXB8	UCSRB
读/写	R/W	R/W	R/W	R/W	R/W	R/W	R	R/W	
复位值	0	0	0	0	0	0	0	0	

位 7——RXCIE：RX 接收结束中断使能。当该位被置位时，表示允许响应接收结束中断请求。若全局中断标志 I 为 1，且 RXCIE 也为 1，则当标志位 RXC 被置位时，将产生一个接收结束中断。

位 6——TXCIE：TX 发送结束中断使能。当该位被置位时，表示允许响应发送结束中断请求。若全局中断标志 I 为 1，且 TXC1E 为 1，则当标志位 TXC 被置位时，将产生一个发送结束中断。

位 5——UDRIE：USART 数据寄存器空中断使能。当该位被置 1 时，表示允许响应 USART 数据寄存器空中断请求。若全局中断标志 I 为 1，且 UDRIE 为 1，则当标志位 UDRE 被置位，将产生一个 USART 数据寄存器空中断。

位 4——RXEN：数据接收使能。当该位被置为 1 时，将启动 USART 接收器，允许 USART 接收数据。此时，引脚 PD0 的特性由原来的通用 I/O 口功能被 USART 功能所替代。禁止数据接收时，将清除接收缓冲器中的数据，并使 FE、DOR、PE 标志位无效。当接收数据被禁止后，USART 发送器将不再占用 RxD 引脚。

位 3——TXEN：数据发送使能。当该位被置 1 时，将启动 USART 发送器，允许 USART 发送数据。此时，引脚 PD1 的特性由通用 I/O 口功能被 USART 功能所替代。TXEN 清 0 后，只有等到所有的数据发送完成以后，发送器才能够真正被禁止。发送器禁止后，TxD 引脚恢复其通用 I/O 功能。

位 2——UCSZ2：字符长度。该位与寄存器 UCSRC 中的 UCSZ[1:0] 位一起，用于设置数据帧所包含的数据位数（字符长度：5、6、7、8 或 9 位）。

位 1——RXB8：接收数据位 8。当采用的数据格式为 9 位数据帧时，RXB8 中是接收到数据的第 9 个数据位。RXB8 标志位的读取必须在读取 URD 包含的低位数据之前。

位 0——TXB8：发送数据位 8。当采用的数据格式为 9 位数据帧时，TXB8 中是发送数据的第 9 数据位。写 TXB8 标志位必须在写 URD 之前。

4. USART 控制和状态寄存器 C——UCSRC

UCSRC 寄存器与 UBRRH 寄存器共享一个 I/O 空间的地址。其位定义如下：

位	7	6	5	4	3	2	1	0	
0x20(0x0040)	URSEL	UMSEL	UPM1	UPM0	USBS	UCSZ1	UCSZ0	UCPOL	UCSRC
读/写	R/W	R/W	R/W	R/W	R/W	R/W	R/W	R/W	
复位值	1	0	0	0	0	1	1	0	

位 7——URSEL：寄存器选择。通过该位，选择操作 UCSRC 寄存器或 UBRRH 寄存器。当读取 UCSRC 寄存器时，该位读出为 1。当写 UCSRC 寄存器时，该位必须写入 1。

位 6——UMSEL：USART 工作模式选择。该位用于选择 USART 的工作模式为同步或异步工作模式，如表 2.41 所列。

表 2.41 USART 工作模式

UMSEL	USART 工作模式
0	异步模式
1	同步模式

位 5～4——UPM[1:0]：奇偶校验模式。这两位用于设置奇偶校验的模式，并使能奇偶校验。如果使能了奇偶校验，则在发送数据时，发送器将根据发送的数据，自动产生并发送奇偶校验位；对每一个接收到的数据，接收器都会产生一奇偶值，并与 UPM0 所设置的值进行比较。如果不匹配，则 UCSRA 寄存器中的 PE 标志位将被置位，如表 2.42 所列。

位 3——USBS：停止位选择。通过这一位可以设置停止位的位数，如表 2.43 所列。接收

第 2 章 ATmega8 硬件结构

表 2.42 校验方式

UPM1	UPM2	校验方式
0	0	无校验
0	1	保留
1	0	偶校验
1	1	奇校验

表 2.43 停止位个数

USBS	停止位个数
0	1 位停止位
1	2 位停止位

器忽略这一位的设置。

位 2～1——UCSZ[1:0]：字符长度。该两位同 UCSRB 寄存器中的 UCSZ2 位一起，用于设置数据帧所包含的数据位数(字符长度为 5、6、7、8 或 9 位)，如表 2.44 所列。

表 2.44 UCSZ 设置

UCSZ2	UCSZ1	UCSZ0	字符长度	UCSZ2	UCSZ1	UCSZ0	字符长度
0	0	0	5 位	1	0	0	保留
0	0	1	6 位	1	0	1	保留
0	1	0	7 位	1	1	0	保留
0	1	1	8 位	1	1	1	9 位

位 0——UCPOL：时钟极性。该位仅用于同步工作模式。使用异步模式时，应将该位清 0。UCPOL 位设置了输出数据的改变和输入数据采样以及同步时钟 XCK 之间的关系，如表 2.45 所列。

表 2.45 时钟极性

UCPOL	发送数据的变化 （TxD 引脚的输出）	接收数据的采样 （RxD 引脚的输入）
0	XCK 上升沿	XCK 下降沿
1	XCK 下降沿	XCK 上升沿

5. 波特率寄存器——UBRRL 和 UBRRH

UBRRH 寄存器与 UCSRC 寄存器共享一个 I/O 空间的地址，如何读/写这两个共享同一地址的寄存器见下面的说明。UBRRH 和 UBRRL 寄存器的位定义如下：

位	15	14	13	12	11	10	9	8	
0x20(0x0040)	URSEL	—	—	—	UBRR[11:8]				UBRRH
0x09(0x0029)	UBRR[7:0]								UBRRL
位	7	6	5	4	3	2	1	0	
读/写	R/W	R	R	R	R/W	R/W	R/W	R/W	
读写	R/W	R/W	R/W	R/W	R/W	R/W	R/W	R/W	
复位值	0	0	0	0	0	0	0	0	
复位值	0	0	0	0	0	0	0	0	

位 15——URSEL：寄存器选择。通过该位选择访问 UCSRC 寄存器或 UBRRH 寄存器。当读 UBRRH 寄存器时，该位为 0。当写 UBRRH 寄存器时，该位必须写入 0。

位 14～12——保留。这些位是为以后的使用而保留的。为了与以后的器件兼容，写 UBRRH 时将这些位清 0。

位 11～0——UBRR[11:0]：USART 波特率寄存器。由寄存器 UBRRH 的低 4 位和寄存器 UBRRL 的 8 位构成一个 12 位的寄存器，用于 USART 波特率的设置。如果波特率的设置被改变，会造成正在进行的数据传输受到破坏。写 UBRRL 将立即更新波特率分频器。

6. UBRRH/UCSRC 寄存器的读/写操作

UBRRH 寄存器与 UCSRC 寄存器在 I/O 空间共享同一个地址(0x20)，因此对这两个寄存器的访问要按照以下的步骤来进行。

(1) 写操作

在对 I/O 空间地址 0x20 执行写操作时，写入数据的最高位到 USART 寄存器选择位(URSEL)，用于控制被写入的寄存器。最高位为 1 时，表示写入数据到寄存器 UCSRC；最高位为 0 时，表示写入数据到寄存器 UBRRH。下面给出了写操作的例子。

汇编代码如下：

```
; 设置 UBRRH 为 2
ldi r16,0x02
out UBRRH,r16
...
; 设置 USBS 和 UCSZ1 位为 1,其他位为 0
ldi r16,(1 << URSEL)|(1 << USBS)|(1 << UCSZ1)
out UCSRC,r16
...
```

C 程序代码如下：

```
/* 设置 UBRRH 为 2 */
UBRRH = 0x02;
```

```
...
/* 设置 USBS 和 UCSZ1 位为 1,其他位为 0    */
UCSRC = (1 << URSEL)|(1 << USBS)|(1 << UCSZ1);
...
```

(2) 读操作

对 UBRRH 或 UCSRC 寄存器的读操作要复杂一些,但是在大多数的应用中基本上不需要读这两个寄存器。

读取寄存器的选择是通过读取时间的先后序列确定的。读一次 I/O 空间地址 0x20,返回的是寄存器 UBRRH 的内容;在接下来的一个时钟周期内再次读地址 0x20,则返回的是寄存器 UCSRC 的内容。因此,读地址 0x20,一般读到的是寄存器 UBRRH 的内容。若要读取寄存器 UCSRC 的内容,则必须连续执行两次读操作,中间不能插入任何其他操作(包括中断的发生)。下面给出了读操作的例子。

汇编代码如下:

```
USSRT_ReadUCSRC:
; 读 UCSRC
in r16,UBRRH
in r16,UCSRC
ret
```

C 程序代码如下:

```
unsigned char USART_ReadUCSRC(void)
{ unsigned char ucsrc;
 /*   读UCSRC   */
 ucsrc = UBRRH;
 ucsrc = UCSRC;
 return(ucsrc);
}
```

2.12.5 USART 使用

1. 初始化

USART 接口在通信前,必须首先对其进行初始化。初始化过程通常包括波特率的设定、帧结构的设定以及根据需要使能接收器或发送器。对于中断驱动的 USART 操作,在初始化时,首先要将全局中断标志位清 0(全局中断被屏蔽),然后再进行 USART 的初始化。重新改变 USART 的设置应该在没有数据传输的情况下进行。TXC 标志位可以用来检验一个数据帧的发送是否已经完成,RXC 标志位可以用来检验在接收缓冲器中是否还有数据未读出。在每次发送前(在写发送数据寄存器 UDR 前),TXC 标志位必须清 0。

以下是 USART 初始化程序示例。例程采用了查询(中断被禁用)的异步操作,而且帧结构是固定的。波特率作为函数参数给出。在汇编程序里,波特率参数保存于寄存器 r17:r16。当写入 UCSRC 寄存器时,由于 UBRRH 和 UCSRC 寄存器共用 I/O 地址,因此 USRSEL 位必须置位。

汇编代码如下:

```
USART_Init:
;设置波特率
out UBRRH,r17
out UBRRL,r16
;接收器和发送器使能
ldi r16,(I << RXEN)l(I << TXEN)
out UCSRB,r16
;设置帧格式:8 个数据位,2 个停止位
ldi r16,(1 << URSEL)|(1 << USBS)|(3 << UCSZ0)
out UCSRC,r16
ret
```

C 程序代码如下:

```
void USART_Ini_t(unsigned int baud)
{
/* 设置波特率 */
UBRRH = (unsigned char)(baud >> 8);
UBRRL = (unsigned char)baud;
/* 接收器和发送器使能 */
UCSRB = (1 << RXEN)l(1 << TXEN);
/* 设置帧格式:8 个数据位,2 个停止位 */
UCSRC = (I << URSEL)l(I << USBS)| (3 << UCSZ0);
}
```

2. 数据发送

USART 数据发送是由 UCSRB 寄存器中的发送允许位 TXEN 设置。当被 TXEN 使能时,TxD 引脚的通用 I/O 性能将被 USART 代替,作为发送器的串行输出引脚。传送的波特率、工作模式和帧结构必须先于发送设置完成。如果使用同步发送模式,则内部产生的发送时钟信号施加在 XCK 引脚上,作为串行数据发送的时钟。

(1) 发送 5~8 位数据位的帧

数据传送是通过把将要传送的数据放到发送缓冲中来初始化的。CPU 通过写入到 UDR

发送数据寄存器来加载发送缓冲器。当移位寄存器为发送下一帧准备就绪时,缓冲的数据将被移到移位寄存器中。如果移位寄存器处于空闲状态或刚结束前一帧的最后一个停止位的传送,它将装载新的数据。一旦移位寄存器中装载了新的数据,就会按照设定的数据帧模式和速率完成一帧数据的发送。

以下程序段给出一个采用轮询(Polling)方式发送数据的例子。寄存器 R16 中为要发送的数据,程序循环检测数据寄存器空标志位 UDRE。一旦该标志位置位,便将数据写入发送数据寄存器 UDR 后由硬件自动将其发送。如果发送的数据少于 8 位,则高位的数据将不会被移出发送而放弃。

汇编程序代码如下:

```
USART_Transmit:
;等待发送缓冲器为空
sbis UCSRA,UDRE
rjmp USART_Transmit
;将数据放入缓冲器 r,发送数据
out UDR,r16
ret
```

C 程序代码如下:

```
void USART_Transmit(unsigned char data)
{
/*等待发送缓冲器为空*/
While (!(UCSRA&(1 << UDRE)))
;
/*将数据放入缓冲器 r,发送数据*/
UDR = data;
}
```

(2) 发送 9 位数据位的帧

如果设置为发送 9 位数据的数据帧(ucsz=7),则应先将数据的第 9 位写入寄存器 UCSRB 的 TXB8 标志位中,然后再将低 8 位数据写入发送数据寄存器 UDR 中。第 9 位数据在多机通信中用于表示地址(1)或数据(0)帧,或在同步通信中作为握手协议使用。

以下程序段给出一个采用轮询方式发送 9 位数据的数据帧例子。寄存器 r17:r16 中为要发送的数据(r17 的第 0 位为发送数据的第 9 位),程序循环检测数据寄存器空标志位 UDRE。一旦该标志位置位,便将数据写入数据寄存器 UDR 后由硬件自动将其发送。

汇编程序代码如下:

```
USART_Transmit:
; 等待发送缓冲器为空
sbis UCSRA,UDRE
rjmp USART_Transmit
; 将第 9 位从 r17 中复制到 TXB8
cbi UCSRB,TXB8
sbrc r17,0
sbi UCSRB,TXB8
; 将低 8 位数据放入缓冲器,发送数据
out UDR,r16
ret
```

C 程序代码如下:

```
void USART_Transmit(unsigned int data)
{
/* 等待发送缓冲器为空 */
while(!(UCSRA&(I << UDRE))));
/* 将第 9 位复制到 TXB8 */
UCSRB &= ~(1 << TXB8);
if (data&0x0100)
UCSRB |= (1 << TXB8);
/* 将数据放入缓冲器,发送数据 */
UDR = data;
}
```

(3) 传送标志位和中断

USART 的发送器有两个标志位:USART 数据寄存器空 UDRE 标志和传送完成 TXC 标志。这两个标志位都能发生中断。

数据寄存器空 UDRE 标志位表示发送缓冲器是否就绪,可以接收一个新的数据。该位在发送缓冲器空时被置 1;当发送缓冲区内含有正在发送的数据时,该位为 0。为了与其他的器件兼容,建议在写 UCSRA 寄存器时,该位写为 0。

当 UCSRB 寄存器中的数据寄存器空中断允许位 UDRIE 为 1 时,只要 UDRE 被置位,就将产生 USART 数据寄存器空中断申请。UDRE 位在发送寄存器 UDR 的写入后被自动清 0。当采用中断方式的数据传送时,在数据寄存器空中断服务程序中必须写一个新的数据到 UDR 中,以将 UDRE 清 0;或者屏蔽掉数据寄存器空中断标志。否则,一旦该中断程序结束后,一个新的中断将再次产生。

在整个数据帧移出发送移位寄存器,同时发送缓冲器中又没有新的数据时,发送完成标志位 TXC 将置位。TXC 标志位对于采用如 RS-485 标准的半双工通信接口十分有用。在这种

情况下,传送完毕后,应用程序必须释放通信总线,进入接收状态。

当发送完成中断允许位 TXCIE 和全局中断允许位均被置为 1 时,随着 TXC 标志位的置位,USART 发送完成中断将被执行。一旦进入执行发送完成中断服务程序,TXC 标志位便会被硬件自动清 0,因此在中断处理程序中不必将 TXC 标志位清 0。向 TXC 标志位写入一个 1,也能将该标志位清 0。

(4) 校验位

在数据发送中,校验位发生电路会根据发送的数据和设定的校验方式自动计算和产生相应的校验位。当需要发送校验位时(UPMI=1),发送逻辑控制电路会在发送数据的最后一位和第一个停止位之间插入校验位。

(5) 禁止发送

设置标志位 TXEN 为 0,将禁止数据发送。将 TXEN 置为 0 后,要等正在进行的发送完成后设置才生效。当发送被禁止后,USART 发送器将不再占用 TxD 引脚。

3. 数据接收

USART 数据接收使能通过寄存器 UCSRB 的接收使能位 RXEN 设置。当 RXEN 置位时,RxD 引脚的通用 I/O 功能被 USART 功能所替代。在设置接收使能前,必须先设置好波特率、工作模式以及帧结构。若使用同步接收模式,则施加在 XCK 引脚上的外部时钟作为串行数据接收时钟。

(1) 接收 5~8 位的数据帧

当接收器检测到有效的起始位时,就开始接收数据。在起始位后的每一位数据都以所设定的波特率或 XCK 时钟进行接收,直到收到一帧数据的第一个停止位。接收到的数据被送到接收移位寄存器,第二个停止位将被接收器所忽略。当接收到第一个停止位后,移位寄存器中就包含了一个完整的数据帧,这时移位寄存器中的内容将被转移到接收缓冲器中。通过读取接收寄存器 UDR,就可以得到接收缓冲器中的内容。

以下程序给出一个采用查询方式接收数据的例子。程序循环检测接收结束标志位 RXC,一旦该标志位置位,即从数据寄存器 UDR 中读出接收的数据。如果接收数据帧的格式少于 8 位,则从 UDR 读出的数据相应的高位为 0。**注意**:在执行本代码之前首先要初始化 USART。

汇编程序代码如下:

```
USART_Receive:
;等待接收数据
sbis UCSRA,RXC
rjmp USART_Receive
;从缓冲器获取并返回数据
in r16,UDR
ret
```

C 程序代码如下:

```c
unsigned char USART_Receive(void)
{
/* 等待接收数据 */
while (!(UCSRA&(1 << RXC)))
;
/* 从缓冲器获取并返回数据 */
return UDR;
}
```

(2) 接收 9 个数据位的帧

如果设定了 9 位数据的数据帧(UCSZ=7),那么必须先读取寄存器 UCSRB 的 RXB8 位以获得第 9 位数据,然后从 UDR 中读取数据的低 8 位。这一规则同样适用于状态标志位 FE、DOR 和 PE 的读取。也就是说,应先读取状态寄存器 UCSRA,再读取 UDR。因为读取 UDR 寄存器会改变接收缓冲器的状态,进而改变状态寄存器中各个标志位的值。

以下程序段给出一个采用查询方式接收 9 位数据帧的例子。程序循环检测接收结束标志位 RXC,一旦该标志位置位,便先读出所有的状态标志位,然后从数据寄存器 UDR 中读出数据。

汇编程序代码如下:

```
USART_Receive:
; 等待接收数据
sbis UCSRA,RXC
rjmp USART_Receive
; 读状态寄存器,获得状态及第 9 位数据
in r18,UCSRA
in r17,UCSRB
in r16,UDR
; 如果出错,则返回 -1
andi r18,(1 << FE)|(1 << DOR)|(1 << PE)
breq USART_ReceiveNoError
ldi r17,HIGH(-1)
ldi r16,LOW(-1)
USART_ReceiveNoError:
; 过滤第 9 位数据,然后返回
lsr r17
andi r17,0x01
ret
```

C 程序代码如下:

```c
unsigned int USART_Receive(void)
{
unsigned char status, resh, resl;
/*等待接收数据*/
while (! (UCSRA &(1 << RXC)));
/*读状态寄存器,获得状态及第9位数据*/
status = UCSRA;
resh = UCSRB;
resl = UDR;
/*如果出错,则返回 -1 */
if (status &(1 << FE)|(1 << DOR)|(1 << PE))
return -1;
/*过滤第9位数据,然后返回*/
resh = (resh >> 1) & 0x01;
return ((resh << 8) | resl);
}
```

(3) 接收结束标志和中断

USART 的接收器使用状态标志位 RXC 来指明接收器的状态。该标志用于说明在接收缓冲器内是否含有未读出的数据。当接收器接收一个完整的数据帧后,接收到的数据保存在接收缓冲器中,此时 RCX 标志位置 1,表示接收缓冲器有数据等待读取。当数据接收器为空时,RCX 清 0。当设置接收器为禁止接收时(RXEN=0),接收缓冲器中的数据将被清除,RCX 标志位自动清 0。

当寄存器 UCSRB 中的接收结束中断使能位 RXCIE 为 1 时,若 RXC 被置位,则产生数据接收结束中断。RXC 位在寄存器 UDR 的数据被读取后被自动清 0。当使用中断方式接收数据时,在接收结束中断服务程序中必须读取数据寄存器 UDR,以使 RXC 清 0;或者屏蔽数据接收结束中断。否则,一旦该中断服务程序执行完毕,一个新的中断将再次产生。

(4) 接收器错误标志

USART 接收器有 3 个错误标志位:接收帧错 FE、数据溢出 DOR 和奇偶校验错 PE。它们指出了当前接收数据的错误状态,但不会产生中断申请。通过读取寄存器 UCSRA 可以获得这些标志位的内容。由于读取 UDR 寄存器会改变这些标志位的值,所以应在读取 UDR 之前读取寄存器 UCSRA 获取错误标志。这些错误标志位是不能通过写操作来修改的,但是为了保证与将来产品的兼容性,所以在重新改变 USART 的设置时,这些标志位应写入 0。

标志位 FE 表示存储在接收缓冲器的下一个可读帧的第一个停止位是否正确。停止位正确(停止位为 1),则 FE=0;停止位有误(停止位为 0),则 FE=1。该标志可用于检测数据与时钟是否同步,数据传送是否被打断,也可以用于协议处理。无论数据帧采用 1 位还是 2 位停止位,FE 标志都仅对第一停止位进行检测,因此该标志不受 USBS 位设置的影响。

标志位 DOR 表示是否由于接收缓冲器满造成了数据丢失的情况。当接收缓冲器满(包含了两个数据),接收移位寄存器中也有数据,这时若接收器又检测到一个新的起始位,数据溢出就产生了,此时标志位 DOR 就置位。DOR=1 表示在最近一次读取 UDR 中接收的数据后,发生了一个或多个接收数据的溢出丢失。当数据帧成功地从移位寄存器转移到接收缓冲器后,DOR 被自动清 0。

标志位 PE 表示接收缓冲器中的下一个可读数据帧是否包含奇偶校验错误。如果不使能奇偶校验功能(UPM[1:2]=00),则 PE 总是为 0。为了与以后的器件兼容,写寄存器 UCSRA 时,DOR 标志位必须置 0。

(5) 奇偶校验器

奇偶校验模式位 UPMI 置位,将启动奇偶校验器。校验的模式由标志位 UPM2 确定。当使能校验功能后,硬件在接收一帧数据的同时,将计算输入数据的奇偶,并把结果与接收到的数据帧中的校验位进行比较。如果不同,将置位 PE,表示接收的数据发生校验错误。用户程序可以读取 PE 标志位,判别接收数据是否有校验错误。

(6) 禁止接收器

与禁止发送功能不同,一旦设置禁止接收(RXEN=0),接收器将立即停止接收数据,正在接收的数据将会丢失。接收功能禁止后,接收器将不再占用 RxD 引脚,接收缓冲器也将被清空,其中的数据也将会丢失。所以,一般情况下,应先检测 RXC 标志,待 RXC 置位后,将 UDR 中最后的数据读出,然后再禁止接收功能,从而避免丢失接收到的数据。

4. 串行通信波特率的设置与偏差

对于一些常用标准频率的晶体和振荡器来说,异步模式下最常用的波特率设置可以通过表 2.46~表 2.49 来获得。使用表中的设置值产生的时钟波特率与实际的波特率的偏差小于 0.5%。虽然更高的波特率偏差也可以使用,但会降低接收器的抗干扰性。误差可以通过以下公式计算:

$$\text{Error} = \left(\frac{\text{BaudRate}_{\text{ClosestMatch}}}{\text{BaudRate}} - 1\right) \times 100\%$$

表 2.46 通用振荡器频率下的 UBRR 设置(1)

波特率 /bps	$f_{OSC}=1.0000$ MHz				$f_{OSC}=1.8432$ MHz				$f_{OSC}=2.0000$ MHz			
	U2X=0		U2X=1		U2X=0		U2X=1		U2X=0		U2X=1	
	UBRR	Error	UBRR	Error	UBRR	Error	UBRR	Error	UBRR	Error	UBRR	Error
2400	25	0.2%	51	0.2%	47	0.0%	95	0.0%	51	0.2%	103	0.2%
4800	12	0.2%	25	0.2%	23	0.0%	47	0.0%	25	0.2%	51	0.2%
9600	6	−7.0%	12	0.2%	11	0.0%	23	0.0%	12	0.2%	25	0.2%
14.4k	3	8.5%	8	−3.5%	7	0.0%	15	0.0%	8	−3.5%	16	2.1%

续表 2.46

波特率/bps	$f_{osc}=1.0000$ MHz				$f_{osc}=1.8432$ MHz				$f_{osc}=2.0000$ MHz			
	U2X=0		U2X=1		U2X=0		U2X=1		U2X=0		U2X=1	
	UBRR	Error	UBRR	Error	UBRR	Error	UBRR	Error	UBRR	Error	UBRR	Error
19.2k	2	8.5%	6	−7.0%	5	0.0%	11	0.0%	6	−7.0%	12	0.2%
28.8k	1	8.5%	3	8.5%	3	0.0%	7	0.0%	3	8.5%	8	−3.5%
38.4k	1	−18.6%	2	8.5%	2	0.0%	5	0.0%	2	8.5%	6	−7.0%
57.6k	0	8.5%	1	8.5%	1	0.0%	3	0.0%	1	8.5%	3	8.5%
76.8k	—	—	1	−18.6%	1	−25.0%	2	0.0%	1	−18.6%	2	8.5%
115.2k	—	—	0	8.5%	0	0.0%	1	0.0%	0	8.5%	1	8.5%
230.4k	—	—	—	—	—	—	0	0.0%	—	—	—	—
250k	—	—	—	—	—	—	—	—	—	—	0	0.0%
最大*	62.5 kbps		125 kbps		115.2 kbps		230.4 kbps		125 kbps		250 kbps	

* UBRR=0；Error=0.0%。

表 2.47 通用振荡器频率下的 UBRR 设置(2)

波特率/bps	$f_{osc}=3.6846$ MHz				$f_{osc}=4.0000$ MHz				$f_{osc}=7.3728$ MHz			
	U2X=0		U2X=1		U2X=0		U2X=1		U2X=0		U2X=1	
	UBRR	Error	UBRR	Error	UBRR	Error	UBRR	Error	UBRR	Error	UBRR	Error
2400	95	0.0%	191	0.0%	103	0.2%	207	0.2%	191	0.0%	383	0.0%
4800	47	0.0%	95	0.0%	51	0.2%	103	0.2%	95	0.0%	191	0.0%
9600	23	0.0%	47	0.0%	25	0.2%	51	0.2%	47	0.0%	95	0.0%
14.4k	15	0.0%	31	0.0%	16	2.1%	34	−0.8%	31	0.0%	63	0.0%
19.2k	11	0.0%	23	0.0%	12	0.2%	25	0.2%	23	0.0%	47	0.0%
28.8k	7	0.0%	15	0.0%	8	−3.5%	16	2.1%	15	0.0%	31	0.0%
38.4k	5	0.0%	11	0.0%	6	−7.0%	12	0.2%	11	0.0%	23	0.0%
57.6k	3	0.0%	7	0.0%	3	8.5%	8	−3.5%	7	0.0%	15	0.0%
76.8k	2	0.0%	5	0.0%	2	8.5%	6	−7.0%	5	0.0%	11	0.0%
115.2k	1	0.0%	3	0.0%	1	8.5%	3	8.5%	3	0.0%	7	0.0%
230.4k	0	0.0%	1	0.0%	0	8.5%	1	8.5%	1	0.0%	3	0.0%
250k	0	−7.8%	1	−7.8%	0	0.0%	1	0.0%	1	−7.8%	3	−7.8%
0.5M	—	—	0	−7.8%	—	—	0	0.0%	0	−7.8%	1	−7.8%
1M	—	—	—	—	—	—	—	—	—	—	0	−7.8%
最大*	230.4 kbps		460.8 kbps		250 kbps		0.5 Mbps		460.8 kbps		921.6 kbps	

* UBRR=0；Error=0.0%。

表 2.48 通用振荡器频率下的 UBRR 设置(3)

波特率 /bps	$f_{osc}=8.0000$ MHz				$f_{osc}=11.0592$ MHz				$f_{osc}=14.7456$ MHz			
	U2X=0		U2X=1		U2X=0		U2X=1		U2X=0		U2X=1	
	UBRR	Error	UBRR	Error	UBRR	Error	UBRR	Error	UBRR	Error	UBRR	Error
2400	207	0.2%	416	−0.1%	287	0.0%	575	0.0%	383	0.0%	767	0.0%
4800	103	0.2%	207	0.2%	143	0.0%	287	0.0%	191	0.0%	383	0.0%
9600	51	0.2%	103	0.2%	71	0.0%	143	0.0%	95	0.0%	191	0.0%
14.4k	34	−0.8%	68	0.6%	47	0.0%	95	0.0%	63	0.0%	127	0.0%
19.2k	25	0.2%	51	0.2%	35	0.0%	71	0.0%	47	0.0%	95	0.0%
28.8k	16	2.1%	34	−0.8%	23	0.0%	47	0.0%	31	0.0%	63	0.0%
38.4k	12	0.2%	25	0.2%	17	0.0%	35	0.0%	23	0.0%	47	0.0%
57.6k	8	−3.5%	16	2.1%	11	0.0%	23	0.0%	15	0.0%	31	0.0%
76.8k	6	−7.0%	12	0.2%	8	0.0%	17	0.0%	11	0.0%	23	0.0%
115.2k	3	8.5%	8	−3.5%	5	0.0%	11	0.0%	7	0.0%	15	0.0%
230.4k	1	8.5%	3	8.5%	2	0.0%	5	0.0%	3	0.0%	7	0.0%
250k	1	0.0%	3	0.0%	2	−7.8%	5	−7.8%	3	−7.8%	6	5.3%
0.5M	0	0.0%	1	0.0%	—	—	2	−7.8%	1	−7.8%	3	−7.8%
1M	—	—	0	0.0%	—	—	—	—	—	—	1	−7.8%
最大*	0.5 Mbps		1 Mbps		691.2 kbps		1.3824 Mbps		921.6 kbps		1.8432 Mbps	

* UBRR=0；Error=0.0%。

表 2.49 通用振荡器频率下的 UBRR 设置(4)

波特率 /bps	$f_{osc}=16.0000$ MHz				$f_{osc}=18.4320$ MHz				$f_{osc}=20.0000$ MHz			
	U2X=0		U2X=1		U2X=0		U2X=1		U2X=0		U2X=1	
	UBRR	Error	UBRR	Error	UBRR	Error	UBRR	Error	UBRR	Error	UBRR	Error
2400	416	−0.1%	832	0.0%	479	0.0%	959	0.0%	520	0.0%	1041	0.0%
4800	207	0.2%	416	−0.1%	239	0.0%	479	0.0%	259	0.2%	520	0.0%
9600	103	0.2%	207	0.2%	119	0.0%	239	0.0%	129	0.2%	259	0.2%
14.4k	68	0.6%	138	−0.1%	79	0.0%	159	0.0%	86	−0.2%	173	−0.2%
19.2k	51	0.2%	103	0.2%	59	0.0%	119	0.0%	64	0.2%	129	0.2%
28.8k	34	−0.8%	68	0.6%	39	0.0%	79	0.0%	42	0.9%	86	−0.2%

续表 2.49

波特率 /bps	$f_{osc}=16.0000$ MHz				$f_{osc}=18.4320$ MHz				$f_{osc}=20.0000$ MHz			
	U2X=0		U2X=1		U2X=0		U2X=1		U2X=0		U2X=1	
	UBRR	Error	UBRR	Error	UBRR	Error	UBRR	Error	UBRR	Error	UBRR	Error
38.4k	25	0.2%	51	0.2%	29	0.0%	59	0.0%	32	−1.4%	64	0.2%
57.6k	16	2.1%	34	−0.8%	19	0.0%	39	0.0%	21	−1.4%	42	0.9%
76.8k	12	0.2%	25	0.2%	4	0.0%	29	0.0%	15	1.7%	32	−1.4%
115.2k	8	−3.5%	16	2.1%	9	0.0%	19	0.0%	10	−1.4%	21	−1.4%
230.4k	3	8.5%	8	−3.5%	4	0.0%	9	0.0%	4	8.5%	10	−1.4%
250k	3	0.0%	7	0.0%	4	−7.8%	8	2.4%	4	0.0%	9	0.0%
0.5M	1	0.0%	3	0.0%	—		4	−7.8%	—		4	0.0%
1M	0	0.0%	1	0.0%	—		—		—		—	
最大*	1 Mbps		2 Mbps		1.152 Mbps		2.304 Mbps		1.25 Mbps		2.5 Mbps	

* UBRR=0;Error=0.0%。

2.13 同步串行接口 SPI

同步串行接口 SPI 允许在 ATmega8 和外设之间,或和其他 AVR 器件之间,进行高速的同步数据传输。ATmega8 单片机的 SPI 接口的主要特征如下:

- 全双工、3 线同步数据传输;
- 可选择的主/从操作模式;
- 数据传送时,可选择 LSB 方式或 MSB 方式;
- 7 种可编程的位传送速率;
- 数据传送结束中断标志;
- 写冲突标志检测;
- 在从机模式下,可从闲置模式下唤醒;
- 在主机模式下具有倍速模式(CK/2)。

图 2.65 为 ATmega8 的 SPI 方框图,而图 2.66 给出了采用 SPI 方式进行数据通信时,主-从机的连接与数据传送方式。

第 2 章 ATmega8 硬件结构

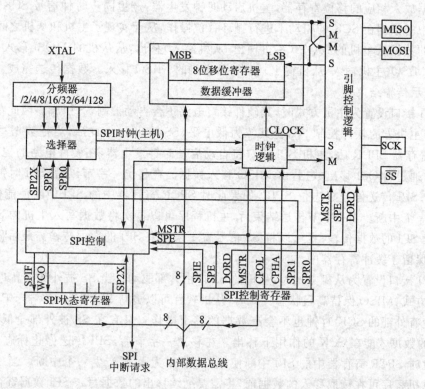

图 2.65 ATmega8 的 SPI 方框图

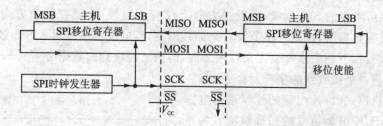

图 2.66 SPI 数据通信时的主-从机连接与数据传送方式

2.13.1 SPI 接口与时序

1. 控制与传输过程

主机和从机之间的连接如图 2.66 所示,系统由主机和从机两部分构成,包含有两个移位寄存器和一个主机时钟发生器。主机为 SPI 数据传输的控制方,通过将需要的从机的 SS 引脚的电平拉低,作为同步数据传输的初始化信号,从而启动一次通信过程。主机和从机将需要传送的数据放入相应的移位寄存器,主机启动时钟发生器,产生同步时钟信号 SCK;在两个移位寄存器中的数据在 SCK 的驱动下进行循环移位操作,从而实现了主机和从机之间的数据交换。主机的数据从主机的 MOSI(主机输出-从机输入)移出,从从机的 MOSI 移入;同时从机的数据由 MISO(主机输入-从机输出)移出,从主机的 MISO 移入。数据传送完成,主机将 SS 线拉高,表示传输结束。

当 SPI 接口设置为主机方式时,其硬件接口电路不会自动控制 SS 引脚。因此在 SPI 通信前,应先由主机方的软件控制 SS,将其拉为低电平(SS 输出 0)。此后,当把数据写入主机的 SPI 数据寄存器 SPDR 后,主机 SPI 接口将自动启动时钟发生器,在硬件电路的控制下,移位传送 8 次,通过 MOSI 移出数据,由 MISO 移入数据。在移出一字节以后,SPI 时钟发生器停止,并置位 SPI 传送停止标志位 SPIF,如果此时 SPCR 寄存器中的 SPI 中断使能位 SPIE 为 1,则产生一个中断。当一字节传送结束后,主机程序可以再次将数据写入主机的 SPI 数据寄存器,继续 SPI 的数据传输;也可以将 SS 信号置 1 来结束 SPI 的数据传输。最后移入主机的数据将被保留于缓冲寄存器中。

当 SPI 接口设置为从机方式时,从机的 SS 口由外部驱动。当 SS 被外部拉高时,SPI 接口处于休眠方式,MISO 保持高阻状态。此时,从机软件可以更新 SPI 数据寄存器 SPDR 中的数据,但即使有外部的 SCK 时钟也不会有数据的移出操作。只有在 SS 被外部拉低的条件下,SPDR 中的数据才能在 SCK 的作用下移出。在移出一字节后,SPI 传送停止标志位 SPIF 置位;如果此时 SPCR 寄存器中的 SPI 中断使能位 SPIE 为 1,则产生一个中断。当一字节传送结束后,从机程序可在读取移入的数据前,将需要继续移出的数据写入 SPI 数据寄存器。最后移入的数据将被保留于缓冲寄存器中。

ATmega8 所组成的 SPI 系统,在发送方向上仅有一级缓冲,而在接收方向有两级缓冲。这意味着,在移出数据时,在前一字节没有全部移出前,新的字符不能写入 SPI 数据寄存器中;而在接收数据时,在下一个字符被完全移入之前,前面已经收到的数据必须从 SPI 数据寄存器中读出,否则,前一个接收到的字符就会丢失。

工作于从机模式时,其内部的控制逻辑电路完成对外部 SCK 引脚信号的扫描检测。为了保证对外部 SCK 引脚信号的正确采样,SPI 的时钟信号不能超过 $f_{osc}/4$。

当 SPI 接口被使能时,MOSI、MISO、SCK 和 SS 引脚的数据方向将自动配置,如表 2.50 所列。

表 2.50 SPI 引脚配置

引 脚	方向(主 SPI)	方向(从 SPI)
MOSI	用户定义	输入
MISO	输入	用户定义
SCK	用户定义	输入
SS	用户定义	输入

2. SS 引脚的功能

(1) 主机方式

当 SPI 被配置为主机时(寄存器 SPCR 的 MSTR 位置 1)，用户可以决定 SS 引脚的方向。如果 SS 引脚被设为输出，则该引脚将作为通用输出口，不影响 SPI 系统，通常用于驱动从机的 SS 引脚。如果 SS 被设为输入口，则必须保持高电平，以保证主机 SPI 的正常工作。如果在主机模式下，SS 引脚配置为输入，但被外部电路拉低，则 SPI 系统会将此电平解释为有一个外部主机将其选择为从机。为了防止数据总线冲突，SPI 系统将采取以下动作：

- 清 0 寄存器 SPCR 的 MSTR 位，SPI 系统由主机变成从机，同时将 MOSI 和 SCK 引脚变成输入。
- 寄存器 SPSR 中的 SPIF 位置位，若 SPI 中断和全局中断开放，则执行中断服务程序。

因此，在主机模式下使用中断方式处理 SPI 数据传输，并且存在 SS 被拉低的可能性时，中断服务程序中应检查 MSTR 位是否为 1。若被清 0，用户必须将其置位，以重新使能 SPI 主机模式。

(2) 从机方式

当 SPI 被配置为从机时，从机选择引脚 SS 总是作为输入口。SS 被外部置低时，SPI 接口被激活，MISO 成为输出(用户必须进行相应的端口配置)引脚，其他引脚成为输入引脚。SS 引脚为高电平时，所有的引脚成为输入，SPI 逻辑复位，不再接收数据。

SS 引脚对于数据包/字节的同步非常有用，可以使从机的位计数器与主机的时钟发生器同步。当 SS 引脚被拉高时，SPI 从机立即复位接收和发送逻辑，并丢弃移位寄存器里不完整的数据。

3. 数据传送模式

在 SPI 串行同步数据时，SCK 的相位和极性有 4 种组合。SPI 控制寄存器中的 CPHA 和 CPOL 位决定了采用哪一种数据传送模式，见表 2.51。

表 2.51 SPI 数据传送模式

SPI 模式	CPOL	CPHA	起始沿	结束沿
0	0	0	采样(上升沿)	设置(下降沿)
1	0	1	设置(上升沿)	采样(下降沿)
2	1	0	采样(下降沿)	设置(上升沿)
3	1	1	设置(下降沿)	采样(上升沿)

SPI 数据传送模式如图 2.67 和图 2.68 所示。

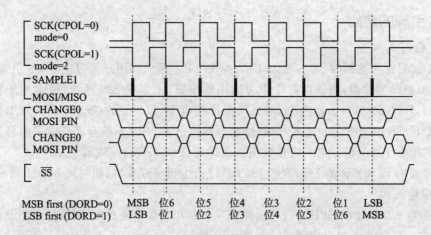

图 2.67　SPI 传送模式(CPHA＝0)

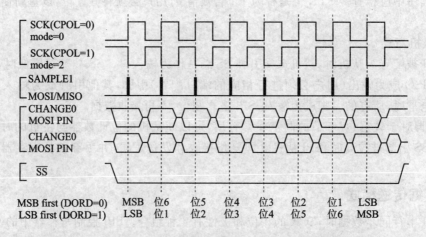

图 2.68　SPI 传送模式(CPHA＝1)

2.13.2　SPI 接口相关寄存器

1. SPI 控制寄存器——SPCR

SPCR 寄存器的位定义如下：

位	7	6	5	4	3	2	1	0	
0x0D(0x002D)	SPIE	SPE	DORD	MSTR	CPOL	CPHA	SPR1	SPR0	SPCR
读/写	R/W	R/W	R/W	R/W	R/W	R/W	R/W	R/W	
复位值	0	0	0	0	0	0	0	0	

位 7——SPIE：SPI 中断使能。置位后，若 SREG 寄存器的全局中断使能位也置位，则只要 SPSR 寄存器的 SPIF 置位，就会引发 SPI 中断。

位 6——SPE：SPI 使能。当该位写置位时，使能 SPI 接口。在进行 SPI 的任何操作之前，必须先置位该位。

位 5——DORD：数据次序。当 DORD＝1 时，数据的 LSB 最先传输，即低位在先；当 DORD＝0 时，数据的 MSB 最先传输，即高位在先。

位 4——MSTR：主/从机选择。当该位设置为 1 时，选择主机 SPI 模式；设置为 0 时，选择从机 SPI 模式。如果 MSTR 为 1，SS 引脚配置为输入，但被外部拉低，则 MSTR 将被清 0，寄存器 SPSR 的 SPIF 位被置 1。用户必须重新设置 MSTR，进入主机模式。

位 3——CPOL：时钟极性选择。当该位被设置为 1 时，表示在空闲时 SCK 是高电平；当 CPOL 为 0 时，表示在空闲时 SCK 是低电平，如表 2.49 所列。

位 2——CPHA：时钟相位选择。CPHA 位的设置决定数据在 SCK 时钟起始沿采样还是在 SCK 时钟结束沿采样，如表 2.49 所列。

位 1、0——SPR1、SPR0：SPI 时钟速率选择。这两个标志位用于控制主机模式下串行时钟 SCK 的速率，SPR1 和 SPR0 对于从机模式无影响，SCK 和振荡器频率 f_{OSC} 之间的关系如表 2.52 所列。

表 2.52　SPI 时钟 SCK 选择

SPI2X(SPSR.0)	SPR1	SPR0	SCK 频率/MHz	SPI2X(SPSR.0)	SPR1	SPR0	SCK 频率/MHz
0	0	0	$f_{OSC}/4$	1	0	0	$f_{OSC}/2$
0	0	1	$f_{OSC}/16$	1	0	1	$f_{OSC}/8$
0	1	0	$f_{OSC}/64$	1	1	0	$f_{OSC}/32$
0	1	1	$f_{OSC}/128$	1	1	1	$f_{OSC}/64$

2. SPI 的状态寄存器——SPSR

SPSR 寄存器的位定义如下：

位	7	6	5	4	3	2	1	0	
0x0E(0x002E)	SPIF	WCOL	—	—	—	—	—	SPI2X	SPSR
读/写	R	R	R	R	R	R	R	R	
复位值	0	0	0	0	0	0	0	0	

位 7——SPIF：SPI 中断标志。当串行传送完成后，SPIF 位被置 1，若此时 SPCR 中的 SPIE 为 1 且全局中断使能位 I 为 1，则 SPI 中断产生。如果 SPI 为主机，SS 引脚被设置为输入，但被外部拉低，则 SPIF 标志也会被置位。进入中断服务程序后，SPIF 标志位被硬件自动清 0。用户也可以通过软件的方式：先读取 SPI 状态寄存器 SPSR（读 SPSR 的操作将会自动清除 SPW 位），然后再访问 SPI 数据寄存器 SPDR 来将 SPIF 标志清 0。

第 2 章　ATmega8 硬件结构

位 6——WCOL：写冲突标志。如果在 SPI 接口的数据传送过程中向 SPI 的数据寄存器 SPDR 写入数据，则会置位 WCOL。用户可以通过软件方式来将 WCOL 标志清 0：先读取 SPI 状态寄存器 SPSR（读 SPSR 的操作将会自动清除 SPIF 位和 WCOL 位），然后再访问 SPI 数据寄存器 SPDR。

位 5~1：保留位，读操作返回值为 0。

位 0——SPI2X：倍速 SPI。置位后 SPI 的速度加倍：在主机模式下，SCK 的频率可达 CPU 频率的一半；在从机模式下，SCK 只能保证达到 1/4 的系统时钟频率时，才能确保有效的数据传送。

ATmega 8 单片机的 SPI 接口同时被用来实现程序存储器和 E^2PROM 的编程下载和上传。

3. SPI 数据寄存器——SPDR

SPDR 寄存器的位定义如下：

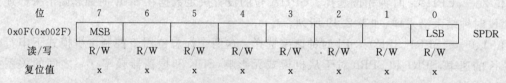

SPI 数据寄存器为读/写寄存器，用于在寄存器文件和 SPI 移位寄存器之间传送数据。写数据到该寄存器时，将启动数据传输；读该寄存器时，将读取移位寄存器的接收缓冲器。

2.13.3　使用实例

下面给出了简单的 SPI 初始化设置和数据传送的例程。在实际应用时，例程中的 DDR_SPI 等采用器件的实际引脚定义。例如：DD_MOSI 为 ATmega8 的 PB3，DDR_SPI 为 DDRB。

1. 设置 SPI 为主机方式

汇编程序如下：

```
SPI_MasterInit:
; 设置 MOSI 和 SCK 为输出，其余为输入
ldi r17,(1 << DD_MOSI)|(1 << DD_SCK)
out DDR_SPI,r17
; 使能 SPI，设置为主机模式，设置时钟为 f_CLK/16
ldi r17,(1 << SPE)|(1 << MSTR)|(1 << SPR0)
out SPCR,r17
ret
SPI_MasterTransmit:
; 启动数据传输(r16)
out SPDR, r16
```

```
Wait_Transmit:
; 等待传输结束
sbis SPSR, SPIF
rjmp Wait_Transmit
ret
```

C 程序代码如下:

```c
void SPI_MasterInit(void)
{
/* 设置 MOSI 和 SCK 为输出,其余为输入 */
  DDR_SPI = (1 << DD_MOSI)| (1 << DD_SCK);
  /* 使能,设置为主机模式,设置时钟为 f_CLK/16 */
  SPCR =  (1 << SPE)| (1 << MSTR)| (1 << SPR0);
}

char SPI_MasterTransmit(char cData)
{
  /* 启动数据传输 */
  SPSR = cData;
  /* 等待传输结束 */
  while(!(SPSR&(1 << SPIF)));
}
```

2. 设置 SPI 为从机方式

汇编程序如下:

```
SPI_SlaveInit:
; 设置 MISO 为输出,其余为输入
ldi r17,(1 << DD_MISO)
out  DDR_SPI,r17
; 使能 SPI
ldi  r17,(1 << SPE)
out  SPCR,r17
ret

SPI_SlaveReceive:
; 等待接收结束
sbis SPSR, SPIF
rjmp SPI_SlaveReceive
```

```
;读取接收到的数据,然后返回
in r16,SPDR
ret
```

C 程序代码如下:

```
void SPI_SlaveInit(void)
{
/*设置 MOSI 和 SCK 为输出,其余为输入*/
  DDR_SPI: (1 << DD_Miso);
  /*使能 SPI */
  SPCR = (1 << SPE);
}

char SPI_SlaveReceive(void)
{
  /*等待接收结束*/
  while(!(SPSR&(1 << SPIF)))
  {};
  /*读取接收到的数据,然后返回*/
  return SPDR;
}
```

2.14 两线串行总线接口 TWI

ATmega8 单片机提供了实现标准两线串行总线通信的硬件接口 TWI。其主要的性能和特点有:

- 只需两根线的强大而灵活的串行通信接口;
- 支持主机/从机模式,支持多主机模式;
- 器件可以工作于发送器模式或接收器模式;
- 7 位地址空间,允许最多有 128 个从机地址;
- 高达 400 kHz 的数据传输速率;
- 斜率受控的输出驱动器;
- 噪声抑制器抑制总线上的毛刺;
- 完全可编程的从机地址以及公共地址;
- 睡眠模式时,地址匹配可以唤醒 AVR。

2.14.1 TWI 定义

两线串行接口(TWI)是适合于典型的处理器应用。TWI 协议允许系统设计者只用两根传输线就可以将 128 个不同的设备互联在一起。这两根线一根是时钟线 SCL,另一根是数据线 SDA。外部硬件只需要两个上拉电阻,每根线上一个,如图 2.69 所示。所有连接到总线上的设备都有各自的设备地址,TWI 协议解决了总线仲裁的问题。TWI 接口兼容 I^2C 接口。

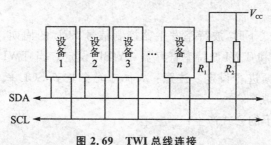

图 2.69 TWI 总线连接

2.14.2 TWI 模块结构

ATmega8 的 TWI 模块由几个子模块构成,如图 2.70 所示。所有位于粗线中的寄存器可以通过 AVR 数据总线进行读/写。

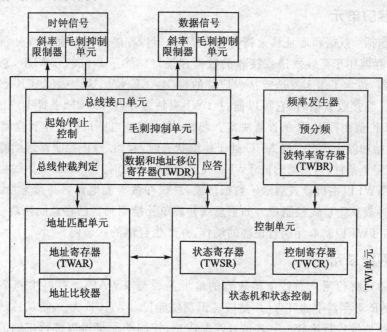

图 2.70 ATmega8 的 TWI 模块结构图

1. SCL 和 SDA 引脚

SCL 和 SDA 为 ATmega8 的 TWI 接口引脚。引脚的输出驱动器包含了一个波形斜率限制器,以满足 TWI 规范。引脚的输入部分包括了尖峰抑制单元,以去除小于 50 ns 的毛刺。当对应的端口设置为 SCL 和 SDA 引脚时,可以使能 I/O 口内部的上拉电阻,这样可省掉外部的上拉电阻。

2. 波特率发生器

TWI 工作在主机模式下时,波特率发生器控制信号 SCL 的周期,具体由 TWI 状态寄存器 TWSR 的预分频系数和 TWI 波特率寄存器 TWBR 设定。当 TWI 工作在从机模式下时,不需要对波特率或预分频进行设定。**注意**:从机可能会延长 SCL 低电平的时间,从而降低 TWI 总线的平均时钟周期。

SCL 的频率依据以下的公式产生:

$$f_{SCL} = \frac{f_{CPU}}{16 + 2(TWBR) \times 4^{TWPS}}$$

其中,TWBR 为 TWI 波特率寄存器的值;TWPS 为 TWI 状态寄存器预分频的数值。在主机模式下,TWBR 的值应大于 10,否则可能会产生不正确的输出。

3. 总线接口单元

这个单元包括:数据和地址移位寄存器 TWDR、起始/停止控制和总线仲裁判定硬件电路。TWDR 寄存器用于存放发送或接收的数据和地址。除了 8 位的 TWDR,总线接口单元还有一个寄存器,包含了用于发送或接收应答的(N)ACK 位。这个(N)ACK 寄存器不能由程序直接访问。当接收数据时,它可以通过 TWI 控制寄存器 TWCR 来置 1 或清 0。在发送数据时,(N)ACK 值由 TWSR 的设置决定。起始/停止控制电路负责产生和检测 TWI 总线上的起始、重新起始和停止状态。当 MCU 处于休眠状态时,起始/停止控制器依然能够检测 TWI 总线上的起始/停止条件,当检测到被 TWI 总线上的主机寻址时,将 MCU 从休眠状态唤醒。

如果设置 TWI 以主机模式启动了数据传输,总线仲裁检测电路将持续监听总线,以确定是否可以通过仲裁获得总线控制权。如果总线仲裁单元检测到自己在总线仲裁中丢失了总线控制权,则通知 TWI 控制单元执行正确的动作,并产生合适的状态码。

4. 地址匹配单元

地址匹配单元将检测从总线上接收到的地址是否与 TWAR 寄存器中的 7 位地址相匹配。如果 TWAR 寄存器中的 TWI 广播应答识别使能位 TWGCE 为 1,则从总线上接收到的地址也会与广播地址进行比较。一旦地址匹配成功,控制单元将得以进行正确的响应。TWI 可以响应,也可以不响应主机的寻址,这取决于 TWCR 寄存器的设置。即使 MCU 处于休眠状态,地址匹配单元仍可继续工作,在使能主机寻址唤醒,且地址匹配单元检验到接收的地址与自己地址匹配时,将 MCU 从休眠状态唤醒。在 TWI 由于地址匹配将 MCU 从掉电状态唤醒期间,若有其他中断发生,TWI 将放弃操作,返回其空闲状态。如果这会引起其他的问题,请在进入掉电休眠时,保证只有 TWI 地址匹配中断被使能。

5. 控制单元

控制单元监听 TWI 总线,并根据 TWI 控制寄存器 TWCR 的设置做出相应的响应。当在 TWI 总线上产生需要应用程序干预处理的事件时,TWI 的中断标志位 TWINT 置位。在下一个时钟周期,表示这个事件的状态字将写入 TWI 状态寄存器 TWSR 中。在其他时间里,TWSR 的内容为一个表示无事件发生的特殊状态字。一旦 TWINT 标志位置1,时钟线 SCL 即被拉低,暂停 TWI 总线上的数据传输,让用户程序处理事件。

在下列状况出现时,TWINT 标志位置位:
- 在 TWI 传送完一个起始或重新起始信号后;
- 在 TWI 传送完一个主机寻址读/写(SLA+R/W)数据后;
- 在 TWI 传送完一个地址字节后;
- 在 TWI 丢失总线控制权后;
- 在 TWI 被主机寻址(地址匹配成功)后;
- 在 TWI 接收到一个数据字节后;
- 在作为从机时,TWI 接收到终止或再次起始信号(STOP/REPEATED START)后;
- 由于非法的起始或终止信号造成总线上冲突出错时。

2.14.3 TWI 模块寄存器

1. TWI 波特率寄存器——TWBR

TWBR 寄存器的位定义如下:

位	7	6	5	4	3	2	1	0	
0x00(0x0020)	TWBR7	TWBR6	TWBR5	TWBR4	TWBR3	TWBR2	TWBR1	TWBR0	TWBR
读/写	R/W	R/W	R/W	R/W	R/W	R/W	R/W	R/W	
复位值	0	0	0	0	0	0	0	0	

位 7~0——TWBRn:TWI 波特率寄存器。TWBR 用于设置波特率发生器的分频因子。波特率发生器是一个分频器,当工作在主机模式下时,它产生和提供 SCL 引脚上的时钟信号。

2. TWI 控制寄存器——TWCR

TWCR 寄存器用于控制 TWI 操作:使能 TWI;施加起始信号到总线上来启动主机访问;

产生接收器应答;产生终止信号;在写入数据到 TWDR 寄存器时控制总线的暂停等。该寄存器还可以给出在禁止访问 TWDR 期间,试图将数据写入到 TWDR 时而引起的写入冲突信息。

TWCR 寄存器的位定义如下:

位	7	6	5	4	3	2	1	0	
0x36(0x0056)	TWINT	TWEA	TWSTA	TWSTO	TWWC	TWEN	—	TWIE	TWCR
读/写	R/W	R/W	R/W	R/W	R/W	R/W	R	R/W	
复位值	0	0	0	0	0	0	0	0	

位 7——TWINT:TWI 中断标志。当 TWI 接口完成当前工作,希望应用程序响应时,该位被置位。如果 SREG 寄存器中的 I 位和 TWCR 寄存器中的 TWIE 位均为 1,MCU 将执行 TWI 中断例程。当 TWINT 置位时,SCL 信号的低电平被延长。在执行中断服务程序时,TWINT 标志位不会由硬件自动清 0,必须通过由软件写入逻辑 1 来清 0。TWINT 标志位清 0 将开始 TWI 接口的操作,因此在 TWINT 标志位清 0 前,必须首先完成对 TWI 地址寄存器 TWAR、TWI 状态寄存器 TWSR 和 TWI 数据寄存器 TWDR 的访问。

位 6——TWEA:TWI 应答(ACK)使能。TWEA 标志控制应答脉冲的发生。若 TWEA 位置位,则出现如下条件时接口发出 ACK 脉冲:
- 芯片的从机地址和主机发出的地址器件作为被控器时,接收到呼叫自己的地址;
- 当 TWAR 寄存器中的 TWGCE 位被置位时,接收到一个通用呼叫地址;
- 器件作为主控器接收器或被控器接收器时,接收到一个数据字节。

TWEA 清 0,可使器件暂时脱离 TWI 总线;置位 TWEA 后,重新恢复地址识别匹配功能。

位 5——TWSTA:TWI 起始(Start)状态标志。当要将器件设置为串行总线上的主机时,需要置位 TWSTA 位。TWI 硬件检测总线是否可用。如果总线空闲,将在总线上发出一个起始信号。如果总线忙,TWI 将等到总线上一个终止(Stop)信号被检测到后,再发出一个新的起始信号,以获得总线的控制权而成为主机。当起始信号发出后,TWSTA 位必须由软件清 0。

位 4——TWSTO:TWI 终止状态位。在主机模式时,如果置位 TWSTO 位,接口将在总线上发出一个终止信号,然后自动将 TWSTO 位清 0。在从机模式时,置位 TWSTO 位可以使接口从错误状态恢复到未被寻址的状态。此时,TWI 接口并不发出终止信号,但 TWI 返回一个定义好的未被寻址的从机模式,且释放 SCL 和 SDA 线为高阻状态。

位 3——TWWC:TWI 写冲突标志。当 TWINT 位为 0 时,写数据到 TWI 数据寄存器 TWDR 将置位 TWWC 位。当 TWINT 位为 1 时,每一次对 TWDR 寄存器的写访问都将 TWWC 标志位自动清 0。

位 2——TWEN：TWI 使能位。TWEN 位用于使能 TWI 接口操作和激活 TWI 接口。当 TWEN 位被写为 1 时，TWI 接口将 I/O 引脚 PC5 和 PC4 转换成 SCL 和 SDA 引脚，使能波形斜率限制器和尖峰滤波器。如果该位被清 0，TWI 接口模块将被关闭，所有 TWI 传输将被终止。

位 1——保留。

位 0——TWIE：TWI 中断使能。当该位被置位，同时全局中断开放时，只要 TWINT 标志位为 1，TWI 中断就激活。

3. TWI 状态寄存器——TWSR

TWSR 寄存器的位定义如下：

位	7	6	5	4	3	2	1	0	
0x01(0x0021)	TWS7	TWS6	TWS5	TWS4	TWS3	—	TWPS1	TWPS0	TWSR
读/写	R	R	R	R	R	R	R/W	R/W	
复位值	1	1	1	1	1	1	0	0	

位 7~3——TWS：TWI 状态。这 5 位用来反映 TWI 逻辑和 TWI 总线的状态。不同状态码将在后面的部分描述。**注意**：从 TWSR 寄存器中读取的值包括了 5 位状态值和 2 位预分频值。因此，当检查状态位时，应该将预分频器位屏蔽，使状态检测独立于预分频器设置。

位 2——保留。该位被保留，读取返回值始终为 0。

位 1~0——TWPS：TWI 预分频位。这 2 位可读/写，用于控制波特率预分频因子（见表 2.53）。

表 2.53 TWI 波特率预分频率设置

TWPS1	TWPS0	预分频器值
0	0	1
0	1	4
1	0	16
1	1	64

4. TWI 数据寄存器——TWDR

在发送模式下，TWDR 寄存器包含了要传送的字节。在接收模式下，TWDR 寄存器包含了接收到的数据。当 TWI 没有进行字节移位操作过程（TWI 中断标志位 TWINT 由硬件置位）时，可以对该寄存器进行写操作。**注意**：在第一次 TWI 中断发生前，用户不能初始化数据寄存器。当 TWINT 位被置位时，TWDR 中的数据保持稳定。当数据被移出时，总线上的数据同时也被移入，因此，TWDR 中的内容总是总线上出现的最后一个字节，除非 MCU 是从掉电或省电模式中被 TWI 中断唤醒的。此时，TWDR 中的内容不是确定的。在总线仲裁失败，丢失总线的控制权，器件由主机转变为从机的过程中，总线上出现的数据也不会丢失。ACK 的处理由 TWI 硬件逻辑电路自动管理，CPU 不能直接访问 ACK 位。

第 2 章 ATmega8 硬件结构

位	7	6	5	4	3	2	1	0	
0x03(0x0023)	TWD7	TWD6	TWD5	TWD4	TWD3	TWD2	TWD1	TWD0	TWDR
读/写	R/W	R/W	R/W	R/W	R/W	R/W	R/W	R/W	
复位值	1	1	1	1	1	1	1	1	

位 7~0——TWD：TWI 数据寄存器。根据状态的不同，这 8 位数据包括将要发送的下一个数据字节，或 TWI 总线上的最后一个接收到的数据字节。

5. TWI(从机)地址寄存器——TWAR

TWAR 寄存器的高 7 位的内容为从机地址。工作于从机模式时，在 TWAR 中应设置从机寻址地址，TWI 将根据这个地址进行响应。而在主机模式下，不需要设置 TWAR。在多主机系统中，必须设置 TWAR 寄存器，以便其他主机访问自己。

TWAR 寄存器的最低位用于识别广播地址 0x00。芯片内的地址比较器将会在接收的地址中寻找从机地址或广播地址，一旦地址匹配，将产生 TWI 中断请求。

TWAR 寄存器的位定义如下：

位	7	6	5	4	3	2	1	0	
0x02(0x0022)	TWA6	TWA5	TWA4	TWA3	TWA2	TWA1	TWA0	TWGCE	TWAR
读/写	R/W	R/W	R/W	R/W	R/W	R/W	R/W	R/W	
复位值	1	1	1	1	1	1	1	0	

位 7~1——TWA：TW 从机地址寄存器。其值为 TWI 单元的从机地址。

位 0——TWGCE：TWI 广播识别使能。如果该位被置位，则 MCU 可以识别 TWI 总线广播。

2.14.4 TWI 接口使用

AVR 的 TWI 接口是面向字节和基于中断的。所有的总线事件，如接收到一字节或发送了一个起始信号等，都将产生一个 TWI 中断。由于 TWI 接口是基于中断的，因此 TWI 接口在字节传送和接收过程中，不需要应用程序的干预。TWCR 寄存器中的 TWI 中断使能位 TWIE 和 SREG 寄存器中的全局中断使能位 I 一起决定了应用程序是否响应 TWINT 标志位产生的中断请求。如果 TWIE 被清 0，则应用程序只能采用查询 TWINT 标志位的方法来检测 TWI 总线的状态。

当 TWINT 标志位置 1 时，表示 TWI 接口完成了当前的操作，等待应用程序的响应。在这种情况下，TWI 状态寄存器 TWSR 包含了表明当前 TWI 总线状态的值。应用程序可以读取 TWSR 的状态码，判别此时的状态是否正确，并通过设置 TWCR 和 TWDR 寄存器，决定在下一个 TWI 总线周期，TWI 接口应该如何工作。

图 2.71 给出应用程序与 TWI 接口连接的例子。该例中，主机发送一个数据字节给从机。

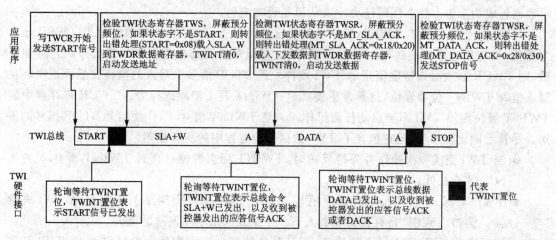

图 2.71　典型数据传输中应用程序与 TWI 的接口

(1) TWI 传输的第一步是发送 START 信号。通过对 TWCR 写入特定值，指示 TWI 硬件发送 START 信号。写入的值将在后面说明。在写入值时 TWINT 位要置位，这非常重要。给 TWINT 写 1 清除此标志。TWCR 寄存器的 TWINT 置位期间 TWI 不会启动任何操作。一旦 TWINT 清 0，TWI 由 START 信号启动数据传输。

(2) START 信号被发送后，TWCR 寄存器的 TWINT 标志位置位，TWCR 更新为新的状态码，表示 START 信号成功发送。

(3) 应用程序应检验 TWSR，确定 START 信号已成功发送。如果 TWSR 显示为其他，则应用程序可执行一些指定操作，比如调用错误处理程序。如果状态码与预期一致，则应用程序必须将 SLA＋W 载入 TWDR。TWDR 可同时在地址与数据中使用。TWDR 载入 SLA＋W 后，TWCR 必须写入特定值指示 TWI 硬件发送 SLA＋W 信号。写入的值将在后面说明。在写入值时 TWINT 位要置位，这非常重要。给 TWINT 写 1 清除此标志。TWCR 寄存器的 TWINT 置位期间 TWI 不会启动任何操作。一旦 TWINT 清 0，TWI 便启动地址包的传送。

(4) 地址包发送后，TWCR 寄存器的 TWINT 标志位置位，TWDR 更新为新的状态码，表示地址包成功发送。状态代码还会反映从机是否响应包。

(5) 应用程序应检验 TWSR，确定地址包已成功发送，ACK 为期望值。如果 TWSR 显示为其他，则应用程序可能执行一些指定操作，比如调用错误处理程序。如果状态码与预期一致，则应用程序必须将数据包载入 TWDR。随后，TWCR 必须写入特定值指示 TWI 硬件发送 TWDR 中的数据包。写入的值将在后面说明。在写入值时 TWINT 位要置位，这非常重要。TWCR 寄存器中的 TWINT 置位期间 TWI 不会启动任何操作。一旦 TWINT 清 0，TWI

启动数据包的传输。

(6) 数据包发送后,TWCR 寄存器的 TWINT 标志位置位,TWSR 更新为新的状态码,表示数据包成功发送。状态代码还会反映从机是否响应包。

(7) 应用程序应检验 TWSR,确定地址包已成功发送,ACK 为期望值。如果 TWSR 显示为其他,则应用程序可能执行一些指定操作,比如调用错误处理程序。如果状态码与预期一致,则 TWCR 必须写入特定值指示 TWI 硬件发送 STOP 信号。写入的值将在后面说明。在写入值时 TWINT 位要置位,这非常重要。给 TWINT 写 1 清除此标志。TWCR 寄存器中的 TWINT 置位期间 TWI 不会启动任何操作。一旦 TWINT 清 0,TWI 便启动 STOP 信号的传送。尽管示例比较简单,但它包含了 TWI 数据传输过程中的所有规则。总结如下:

- 当 TWI 完成一次操作并等待反馈时,TWINT 标志置位。直到 TWINT 清 0,时钟线 SCL 才会拉低。
- TWINT 标志置位时,用户必须用与下一个 TWI 总线周期相关的值更新 TWI 寄存器。例如,TWDR 寄存器必须载入下一个总线周期中要发送的值。
- 当所有的 TWI 寄存器得到更新,而且其他挂起的应用程序也已经结束时,TWCR 被写入数据。写 TWCR 时,TWINT 位应置位。对 TWINT 写 1 清除此标志。TWI 将开始执行由 TWCR 设定的操作。

表 2.54 给出了汇编语言与 C 语言例程。

表 2.54 汇编语言与 C 语言例程

	汇编代码例程	C 代码例程	说 明
1	ldi r16, (1 << TWINT)|(1 << TWSTA)|(1 << TWEN) out TWCR, r16	TWCR = (1 << TWINT)|(1 << TWSTA)|(1 << TWEN);	发出 START 信号
2	wait1: in r16,TWCR sbrs r16,TWINT rjmp wait1	while (!(TWCR & (1 << TWINT)));	等待 TWINT 置位,TWINT 置位表示 START 信号已发出
3	in r16,TWSR andi r16, 0xF8 cpi r16, START brne ERROR ldi r16, SLA_W out TWDR, r16 ldi r16, (1 << TWINT) | (1 << TWEN) out TWCR, r16	if ((TWSR & 0xF8) != START)ERROR(); TWDR = SLA_W; TWCR = (1 << TWINT) | (1 << TWEN);	检验 TWI 状态寄存器,屏蔽预分频位,如果状态字不是 START,则转出错处理 将 SLA_W 载入 TWDR 寄存器,TWINT 位清 0,启动发送地址

续表 2.54

	汇编代码例程	C 代码例程	说 明
4	wait2: in r16,TWCR sbrs r16,TWINT rjmp wait2	while (!(TWCR & (1 « TWINT)));	等待 TWINT 置位,TWINT 置位表示总线命令 SLA+W 已发出,及收到应答信号 ACK/NACK
5	in r16,TWSR andi r16, 0xF8 cpi r16, MT_SLA_ACK brne ERROR	if ((TWSR & 0xF8) != MT_SLA_ACK)ERROR();	检验 TWI 状态寄存器,屏蔽预分频位,如果状态字不是 MT_SLA_ACK,则转出错处理
	ldi r16, DATA out TWDR, r16 ldi r16,(1 « TWINT) | (1 « TWEN) out TWCR, r16	TWDR = DATA; TWCR = (1 « TWINT) | (1 « TWEN);	将数据载入 TWDR 寄存器,TWINT 清 0,启动发送数据
6	wait3: in r16,TWCR sbrs r16,TWINT rjmp wait3	while (!(TWCR & (1 « TWINT)));	等待 TWINT 置位,TWINT 置位表示总线数据 DATA 已发送,及收到应答信号 ACK/NACK
7	in r16,TWSR andi r16, 0xF8 cpi r16, MT_DATA_ACK brne ERROR	if ((TWSR & 0xF8) != MT_DATA_ACK)ERROR();	检验 TWI 状态寄存器,屏蔽预分频器,若状态字不是 MT_DATA_ACK,则转出错处理
	ldi r16, (1 « TWINT)|(1 « TWEN)|(1 « TWSTO) out TWCR, r16	TWCR = (1 « TWINT) | (1 « TWEN) | (1 « TWSTO);	发送 STOP 信号

2.15 看门狗定时器

看门狗定时器由片内一个独立的振荡器驱动。在 $V_{cc}=5$ V 时,典型的振荡频率为 1 MHz。通过设置看门狗定时器的预分频器可以调节看门狗复位的时间间隔。WDR 是看门狗计数器清 0 指令,用来复位看门狗定时器。当看门狗被禁止或 MCU 复位时,看门狗也被复位。复位时间有 8 个选项。如果没有及时复位定时器,一旦时间超过复位周期,ATmega8 就复位,并执行复位向量指向的程序。为了防止无意之间禁止看门狗定时器,当看门狗禁用时,其后必须加入一个特定的关闭序列。

图 2.72 为看门狗定时器框图。

第 2 章 ATmega8 硬件结构

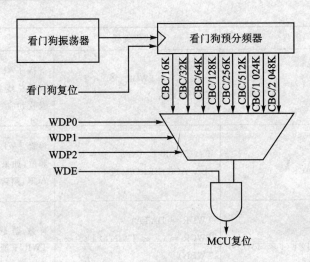

图 2.72 看门狗定时器框图

1. 看门狗定时器控制寄存器——WDTCR

WDTCR 寄存器的位定义如下：

位	7	6	5	4	3	2	1	0	
0x21(0x0041)	—	—	—	WDCE	WDE	WDP2	WDP1	WDP0	WDTCR
读/写	R	R	R	R/W	R/W	R/W	R/W	R/W	
复位值	0	0	0	0	0	0	0	0	

位 7～5——Res：保留位，读取返回值始终为 0。

位 4——WDCE：看门狗定时器修改使能。WDE 清 0 时必须先置位 WDCE，否则不能禁止看门狗定时器。一旦置位，硬件将在紧接的 4 个时钟周期之后将其清 0。工作于安全级别 1 和 2 时也必须置位 WDCE，以修改预分频器的数据。

位 3——WDE：看门狗使能。若 WDE 位置 1，则使能看门狗定时器。若 WDE 为 0，则看门狗定时器功能被禁止。WDE 清 0 的操作，必须在 WDCE 置 1 后的 4 个时钟周期内完成。因此，若要禁止看门狗，则必须按照以下特定的关断操作顺序，以防止意外地关闭看门狗定时器：

① 在同一个指令，把 WDCE 和 WDE 置 1，即使 WDE 原先已经为 1，也必须对 WDE 写 1。

② 在紧接的 4 个时钟周期内，对 WDE 写 0。

位 2～0——WDP[2:0]：看门狗定时器预分频器 2、1、0。WDP[2:0] 决定看门狗定时器的预分频器设置，其预分频值及相应的溢出周期如表 2.55 所列。

表 2.55　看门狗定时器预分频选项

WDP2	WDP1	WDP0	WDT 脉冲数	典型溢出时间/ms $V_{CC}=3.0\ V$	典型溢出时间/ms $V_{CC}=5.0\ V$
0	0	0	16K (16 384)	17.1	16.3
0	0	1	32K (32 768)	34.3	32.5
0	1	0	64K (65 536)	68.5	65
0	1	1	128K (131 072)	140	130
1	0	0	256K (262 144)	270	260
1	0	1	512K (524 288)	550	520
1	1	0	1024K (1 048 576)	1 100	1 000
1	1	1	2048K (2 097 152)	2 200	2 100

下面的例子分别用汇编语言和 C 语言实现了关闭 WDT 的操作。在此假定中断处于用户控制之下（比如禁止全局中断），因而在执行下面的程序时中断不会发生。

汇编语言代码如下：

```
WDT_off:
;复位 WDT
wdr
;写逻辑 1 到 WDCE 和 WDE
ldi   r16, (1 << WDCE)|(1 << WDE)
out WDTCR,r16
;关闭看门狗
ldi   r16,(0 << WDE)
out WDTCR,r16
ret
```

C 语言代码如下：

```
void WDT_off(void)
{
/*复位 WDT*/
_WDR()
/*写逻辑 1 到 WDCE 和 WDE*/
WDTCR = (1 << WDCE)|(1 << WDE);
/*关闭看门狗*/
 WDTCR = (0 << WDE);
}
```

2. 看门狗定时器安全级别

用户可通过对 ATmega8 熔丝位 WDTON 的编程选择 MCU 运行的安全级别。WDTON 未编程,为安全级别 1(Safety Level 1);编程 WDTON,设置为安全级别 2(Safety Level 2)。

(1) 安全级别 1

在此模式下,看门狗定时器的初始状态是禁止的,可以没有限制地通过置位 WDE 来使能它。改变定时器溢出周期及禁止(已经使能的)看门狗定时器时,需要执行一个特定的时间序列:

① 在同一个指令内对 WDCE 和 WDE 写 1,即使 WDE 已经为 1。

② 在紧接的 4 个时钟周期之内同时对 WDE 及 WDP 写入合适的数据,而 WDCE 则写 0。

(2) 安全级别 2

在此模式下,看门狗定时器总是使能的,WDE 的读返回值为 1。改变定时器溢出周期需要执行一个特定的时间序列:

① 在同一个指令内对 WDCE 和 WDE 写 1。虽然 WDE 总是为置位状态,也必须写 1 以启动时序。

② 在紧接的 4 个时钟周期之内同时对 WDCE 写 0,以及为 WDP 写入合适的数据。WDE 的数值可以任意。

2.16 ATmega48/88/168 程序移植

ATmega48/88/168 与 ATmega8 一样,在内部集成了较大容量的存储器和丰富强大的硬件接口电路,具备 AVR 高档单片机 mega 系列的全部性能和特点,同时采用小引脚封装(为 DIP28 和 TQFP/MLF32),价格低廉,性价比极高,深受广大用户喜爱。但是,这几种单片机与 ATmega 相比还是有一些差别的,在此作一个简单的介绍。

2.16.1 存储器配置

表 2.56 存储器配置对照表

型 号	ATmega8	ATmega48	ATmega88	ATmega168
Flash/字节	8192	4096	8192	16384
E²PROM/字节	512	256	512	512
SRAM/字节	1024	512	1024	1024
地址范围	0x60~0x45F	0x100~0x2FF	0x100~0x4FF	0x100~0x4FF

由于在 ATmega48/88/168 中使用了扩充寄存器空间,所以片内 SRAM 的地址是从 0x100 开始的。这与 ATmega8 是不同的,在编程时必须注意。

2.16.2 中断向量

中断向量地址变化对照表如表 2.57 所列。

表 2.57 中断向量地址变化对照表

中断名称	ATmega8		ATmega48		ATmega88		ATmega168	
	向量	地址	向量	地址	向量	地址	向量	地址
RESET	1	0x000	1	0x000	1	0x000	1	0x000
INT0	2	0x001	2	0x001	2	0x001	2	0x002
INT1	3	0x002	3	0x002	3	0x002	3	0x004
PCINT0	—	—	4	0x003	4	0x003	4	0x006
PCINT1	—	—	5	0x004	5	0x004	5	0x008
PCINT2	—	—	6	0x005	6	0x005	6	0x00A
WDT	—	—	7	0x006	7	0x006	7	0x00C
T2-COMP(A)	4	0x003	8	0x007	8	0x007	8	0x00E
T2-COMPB	—	—	9	0x008	9	0x008	9	0x010
T2-OVF	5	0x004	10	0x009	10	0x009	10	0x012
T1-CAPT	6	0x005	11	0x00A	11	0x00A	11	0x014
T1-COMPA	7	0x006	12	0x00B	12	0x00B	12	0x016
T1-COMPB	8	0x007	13	0x00C	13	0x00C	13	0x018
T1-OVF	9	0x008	14	0x00D	14	0x00D	14	0x01A
T0-COMPA	—	—	15	0x00E	15	0x00E	15	0x01C
T0-COMPB	—	—	16	0x00F	16	0x00F	16	0x01E
T0-OVF	10	0x009	17	0x010	17	0x010	17	0x020
SPI,STC	11	0x00A	18	0x011	18	0x011	18	0x022
USRAT-RXC	12	0x00B	19	0x012	19	0x012	19	0x024
USRAT-UDRE	13	0x00C	20	0x013	20	0x013	20	0x026
USRAT-TXC	14	0x00D	21	0x014	21	0x014	21	0x028
ADC	15	0x00E	22	0x015	22	0x015	22	0x02A

续表 2.57

中断名称	ATmega8 向量	ATmega8 地址	ATmega48 向量	ATmega48 地址	ATmega88 向量	ATmega88 地址	ATmega168 向量	ATmega168 地址
EE-RDY	16	0x00F	23	0x016	23	0x016	23	0x02C
ANA_COMP	17	0x010	24	0x017	24	0x017	24	0x02E
TWI	18	0x011	25	0x018	25	0x018	25	0x030
SPM-RDY	19	0x012	26	0x019	26	0x019	26	0x032

（1）ATmega48/88/168 的中断向量地址增加很多。如果在程序中中断向量号采取符号定义，则只需重新编译就可以了；反之，则需要重新修改有关定义。

（2）ATmega168 的每个中断向量需要 2 个字，而 ATmega8 及 ATmega48/88 只需一个字。因此，在 ATmega168 的中断向量处应当用 JMP 来替代 RJMP 指令。

2.16.3　一些寄存器和寄存器位名称及地址的修改

ATmega48/88/168 与 ATmega8 相比增加了很多寄存器，有一部分是放在扩充寄存器空间（0x60～0xFF）中的。对在标准寄存器空间内（0x20～0x5F）的寄存器，既可以使用输入/输出指令访问，也可以使用存储器指令访问；而对存放在扩充寄存器空间内的寄存器，只能使用存储器指令访问，不能使用输入/输出指令访问。

- 存储器访问指令为 ST/STS/STD 和 LD/LDS/LDD，输入/输出指令为 IN/OUT。
- C 语言程序只需修改相关寄存器名称及寄存器位，而不用考虑选择什么指令访问，编译器会自动选择。
- 如果是汇编语言程序，则除了需要修改相关寄存器名称及寄存器位以外，还需要根据寄存器所处的地址空间，选择相应的访问指令。

表 2.58～表 2.62 所列为一些寄存器和寄存器位名称及地址的修改对照表。

表 2.58　改变了寄存器名称但功能相同的寄存器对照表

ATmega8	ATmega48/88/168	ATmega8	ATmega48/88/168
MCUCSR	MCUSR	UCSRA	UCSR0A
OCR2	OCR2A	UCSRB	UCSR0B
SPMCR	SPMCSR	UDR	UDR0
TCCR0	TCCR0B	WDTCR	WDTCSR
UBRRL	UBRR0L		

表 2.59 扩充寄存器空间内寄存器地址修改对照表

ATmega8		ATmega48/88/168		ATmega8		ATmega48/88/168	
寄存器名称	寄存器地址	寄存器名称	寄存器地址	寄存器名称	寄存器地址	寄存器名称	寄存器地址
UDR	0x0C(0x2C)	UDR0	(0xC6)	OCR1AL	0x2A(0x4A)	OCR1AL	(0x88)
UBRRH	0x20(0x40)	*UBRR0H*	*(0xC5)*	ICR1H	0x27(0x47)	ICR1H	(0x87)
UBRRL	0x09(0x29)	UBRR0L	(0xC4)	ICR1L	0x26(0x46)	ICR1L	(0x86)
UCSRC	0x20(0x40)	*UCSR0C*	*(0xC2)*	TCNT1H	0x2D(0x4D)	TCNT1H	(0x85)
UCSRB	0x0A(0x2A)	UCSR0B	(0xC1)	TCNT1L	0x2C(0x4C)	TCNT1L	(0x84)
UCSRA	0x0B(0x2B)	UCSR0A	(0xC0)	TCCR1A	0x2F(0x4F)	*TCCR1C*	*(0x82)*
TWCR	0x36(0x56)	TWCR	(0xBC)	TCCR1B	0x2E(0x4E)	TCCR1B	(0x81)
TWDR	0x03(0x23)	TWDR	(0xBB)	TCCR1A	0x2F(0x4F)	*TCCR1A*	*(0x80)*
TWAR	0x02(0x22)	TWAR	(0xBA)	ADMUX	0x07(0x27)	ADMUX	(0x7C)
TWSR	0x01(0x21)	TWSR	(0xB9)	SFIOR	0x30(0x50)	*ADCSRB*	*(0x7B)*
TWBR	0x00(0x20)	TWBR	(0xB8)	ADCSRA	0x06(0x26)	ADCSRA	(0x7A)
ASSR	0x22(0x42)	*ASSR*	*(0xB6)*	ADCH	0x05(0x25)	ADCH	(0x79)
OCR2	0x23(0x43)	OCR2A	(0xB3)	ADCL	0x04(0x24)	ADCL	(0x78)
TCNT2	0x24(0x44)	TCNT2	(0xB2)	TIMSK	0x39(0x59)	*TIMSK2*	*(0x70)*
TCCR2	0x25(0x45)	*TCCR2B*	*(0xB1)*	TIMSK	0x39(0x59)	*TIMSK1*	*(0x6F)*
TCCR2	0x25(0x45)	*TCCR2A*	*(0xB0)*	TIMSK	0x39(0x59)	*TIMSK0*	*(0x6E)*
OCR1BH	0x29(0x49)	OCR1BH	(0x8B)	MCUCR	0x35(0x55)	*EICRA*	*(0x69)*
OCR1BL	0x28(0x48)	OCR1BL	(0x8A)	OSCCAL	0x31(0x51)	OSCCAL	(0x66)
OCR1AH	0x2B(0x4B)	OCR1AH	(0x89)	WDTCR	0x21(0x41)	WDTCSR	(0x60)

注：(1) 黑斜体部分描述的寄存器功能不完全相同。
(2) 括号中的地址为 RAM 映射地址。
(3) UBRR0H、UCSR0C 寄存器的访问方法与 ATmega8 不同。

第 2 章　ATmega8 硬件结构

表 2.60　标准寄存器空间内寄存器地址修改对照表

ATmega8		ATmega48/88/168	
寄存器名称	寄存器地址	寄存器名称	寄存器地址
SPMCR	0x37(0x57)	SPMCSR	0x37(0x57)
GICR	0x3B(0x5B)	*EIMSK*	*0x1D(0x3D)*
GICR	0x3B(0x5B)	*MCUCR*	*0x35(0x55)*
SFIOR	0x30(0x50)	*MCUCR*	*0x35(0x55)*
MCUCSR	0x34(0x54)	MCUSR	0x34(0x54)
MCUCR	0x35(0x55)	*SMCR*	*0x33(0x53)*
ACSR	0x08(0x28)	ACSR	0x30(0x50)
SPDR	0x0F(0x2F)	SPDR	0x2E(0x4E)
SPSR	0x0E(0x2E)	SPSR	0x2D(0x4D)
SPCR	0x0D(0x2D)	SPCR	0x2C(0x4C)
TCNT0	0x32(0x52)	TCNT0	0x26(0x46)
TCCR0	0x33(0x53)	TCCR0B	0x25(0x45)
SFIOR	0x30(0x50)	*GTCCR*	*0x23(0x43)*
EEARH	0x1F(0x3F)	EEARH	0x22(0x42)
EEARL	0x1E(0x3E)	EEARL	0x21(0x41)
EEDR	0x1D(0x3D)	EEDR	0x20(0x40)
EECR	0x1C(0x3C)	EECR	0x1F(0x3F)
GICR	0x3B(0x5B)	*EIMSK*	*0x1D(0x3D)*
GIFR	0x3A(0x5A)	*EIFR*	*0x1C(0x3C)*
TIFR	0x38(0x58)	*TIFR2*	*0x17(0x37)*
TIFR	0x38(0x58)	*TIFR1*	*0x16(0x36)*
TIFR	0x38(0x58)	*TIFR0*	*0x15(0x35)*
PORTD	0x12(0x32)	PORTD	0x0B(0x2B)
DDRD	0x11(0x31)	DDRD	0x0A(0x2A)
PIND	0x10(0x30)	PIND	0x09(0x29)
PORTC	0x15(0x35)	PORTC	0x08(0x28)
DDRC	0x14(0x34)	DDRC	0x07(0x27)
PINC	0x13(0x33)	PINC	0x06(0x26)
PORTB	0x18(0x38)	PORTB	0x05(0x25)
DDRB	0x17(0x37)	DDRB	0x04(0x24)
PINB	0x16(0x36)	PINB	0x03(0x23)

注：黑斜体部分描述的寄存器功能不完全相同。

表 2.61　改变了寄存器位名称但功能相同的寄存器对照表

ATmega8		ATmega48/88/168	
位名称	相关寄存器	位名称	相关寄存器
ADFR	ADCSRA	ADATE	ADCSRA
OCR2UB	ASSR	OCR2AUB	ASSR
TCR2UB	ASSR	TCR2AUB	ASSR
EEMWE	EECR	EEMPE	EECR
EEWE	EECR	EEPE	EECR
PSR10	SFIOR	PSRSYNC	GTCCR
PSR2	SFIOR	PSRASY	GTCCR
COM20	TCCR2	COM2A0	TCCR2B
COM21	TCCR2	COM2A1	TCCR2B
FOC2	TCCR2	FOC2A	TCCR2B
DOR	UCSRA	DOR0	UCSR0A
FE	UCSRA	FE0	UCSR0A
MPCM	UCSRA	MPCM0	UCSR0A
PE	UCSRA	UPE0	UCSR0A
RXC	UCSRA	RXC0	UCSR0A
TXC	UCSRA	TXC0	UCSR0A
U2X	UCSRA	U2X0	UCSR0A
UDRE	UCSRA	UDRE0	UCSR0A
RXB8	UCSRB	RXB80	UCSR0B
RXCIE	UCSRB	RXCIE0	UCSR0B
RXEN	UCSRB	RXEN0	UCSR0B
TXB8	UCSRB	TXB80	UCSR0B
TXCIE	UCSRB	TXCIE0	UCSR0B
TXEN	UCSRB	TXEN0	UCSR0B
UCSZ2	UCSRB	UCSZ02	UCSR0B
UDRIE	UCSRB	UDRIE0	UCSR0B
UCPOL	UCSRC	UCPOL0	UCSR0C
UCSZ0	UCSRC	UCSZ00	UCSR0C
UCSZ1	UCSRC	UCSZ01	UCSR0C
UMSEL	UCSRC	UMSEL00	UCSR0C
UPM0	UCSRC	UPM00	UCSR0C
UPM1	UCSRC	UPM01	UCSR0C
USBS	UCSRC	USBS0	UCSR0C

表 2.62 寄存器位不完全相同或转移到其他位置的寄存器对照表

ATmega8									ATmega48/88/168								
名称	7	6	5	4	3	2	1	0	名称	7	6	5	4	3	2	1	0
ASSR	—	—	—	—	AS2	TCN2UB	OCR2UB	TCR2UB	ASSR	—	EXCLK	AS2	TCNTUB	OCR2AUB	OCR2BUB	TCR2AUB	TCR2BUB
GICR	INT1	INT0	—	—	—	—	IVSEL	IVCE	MCUCR	—	—	—	PUD	—	—	IVSEL	IVCE
GIFR	INTF1	INTF0	—	—	—	—	—	—	EIMSK	—	—	—	—	—	—	INT1	INT0
									EIFR	—	—	—	—	—	—	INTF1	INTF0
MCUCR	SE	SM2	SM1	SM0	ISC11	ISC10	ISC01	ISC00	EICRA	—	—	—	—	ISC11	ISC10	ISC01	ISC00
SFIOR	—	—	—	ADHSM	ACME	PUD	PSR2	PSR10	SMCR	—	—	—	—	SM2	SM1	SM0	SE
									GTCCR	TSM	—	—	—	—	—	PSRASY	PSRSYNC
									ADCSRB	—	ACME	—	—	—	ADTS2	ADTS1	ADTS0
									MCUCR	—	—	—	PUD	—	—	IVSEL	IVCE
TCCR1A	COM1A1	COM1A0	COM1B1	COM1B0	FOC1A	FOC1B	WGM11	WGM10	TCCR1A	COM1A1	COM1A0	COM1B1	COM1B0	—	—	WGM11	WGM10
									TCCR1C	FOC1A	FOC1B	—	—	—	—	—	—
TCCR2	FOC2	WGM20	COM21	COM20	WGM21	CS22	CS21	CS20	TCCR2B	FOC2A	FOC2B	—	—	WGM22	CS22	CS21	CS20
									TCCR2A	COM2A1	COM2A0	COM2B1	COM2B0	—	—	WGM21	WGM20
TIFR	OCF2	TOV2	ICF1	—	OCF1A	OCF1B	TOV1	TOV0	TIFR0	—	—	—	—	—	OCF0B	OCF0A	TOV0
									TIFR1	—	—	ICF1	—	—	OCF1B	OCF1A	TOV1
									TIFT2	—	—	—	—	—	OCF2B	OCF2A	TOV2
TIMSK	OCIE2	TOIE2	TICIE1	OCIE1A	OCIE1B	—	TOIE1	—	TIMSK0	—	—	—	—	—	OCIE0B	OCIE0A	TOIE0
									TIMSK1	—	—	ICIE1	—	—	OCIE1B	OCIE1A	TOIE1
									TIMSK2	—	—	—	—	—	OCIE2B	OCIE2A	TOIE2

2.16.4 振荡器及启动延时

ATmega48/88/168 的时钟设置基本上与 ATmega8 相同,主要有以下区别:
- ATmega8 支持外部 RC 振荡器,而 ATmega48/88/168 不支持。
- ATmega8 的片内时钟有 1/2/4/8 MHz 四种设置,而 ATmega48/88/168 的片内时钟只有 128 kHz/8 MHz 两种设置。
- ATmega8 不支持系统时钟分频,而 ATmega48/88/168 有系统时钟分频功能,可以通过分频产生合适的系统时钟。
- ATmega8 可以通过 CKOPT 熔丝调整外部晶体的振荡幅度,而在 ATmega48/88/168 中通过选择不同的 CKSEL 组合来得到较大的振荡幅度。如果需要与其他 IC 共享时钟,则可以通过编程 CKOUT 熔丝,从 CLKO 引脚输出时钟供其他 IC 使用。
- 另外,在启动延时方面 ATmega48/88/168 会比标准值多 14 个时钟周期。

表 2.63 时钟选择对照表

ATmega8		ATmega48/88/168	
CKSEL[3:0]	时钟	CKSEL[3:0]	时钟
1111～1010	外部石英/陶瓷振荡器	1111～1000	低石英/陶瓷振荡器(低功耗)
		0111～0110	石英/陶瓷振荡器(大振幅)
1001	低频石英振荡器	0101～0100	低频石英振荡器
0001	内部可校准 1 MHz RC 振荡器		
0010	内部可校准 2 MHz RC 振荡器		
0011	内部可校准 4 MHz RC 振荡器		
0100	内部可校准 8 MHz RC 振荡器	0010	内部可校准 8 MHz RC 振荡器
1000～0101	外部 RC 振荡器		
		0011	内部 128 kHz 时钟
0000		0000	外部时钟
		0001	保留

2.16.5 工作电压、频率范围及低电压检测

ATmega8 和 ATmega48/88/168 的工作电压和工作频率都有所不同,具体如表 2.64 和表 2.65 所列。

ATmega8 和 ATmega48/88/168 的 BOD 熔丝配置及对应门槛电压也有所不同,具体如表 2.66 和表 2.67 所列。

表 2.64　ATmega8 工作范围

型　号	工作电压/V	工作频率/MHz
ATmega8L	2.7～5.5	0～8
ATmega8	4.5～5.5	0～16

表 2.65　ATmega48/88/168 工作范围

型　号	工作电压/V	工作频率/MHz
ATmega48V/88V/168V	1.8～5.5	0～4
ATmega48V/88V/168V	2.7～5.5	0～10
ATmega48/88/168	2.7～5.5	0～10
ATmega48/88/168	4.5～5.5	0～20

表 2.66　ATmega8 的 BOD 熔丝配置及对应门槛电压

BODEN	BODLEVEL	典型 V_{BOT}
0	1	2.7 V
0	0	4.0 V
1	1	BOD 禁止
1	0	BOD 禁止

表 2.67　ATmega48/88/168 的 BOD 熔丝配置及对应门槛电压

BODLEVEL[2:0]	典型 V_{BOT}
111	BOD 禁止
110	1.8 V
101	2.7 V
100	4.3 V
其余	保留

2.16.6　USART 控制寄存器的访问

在 ATmega8 中 UCSRC、UBRRH 寄存器共用一个地址，通过 URSEL 来选择访问不同的寄存器。而在 ATmega48/88/168 中，UCSRnC 和 UBRRnH 有两个单独的地址，可以分别单独访问。

USART 的寄存器位有一些功能改变，如表 2.68 所列。

表 2.68　USART 功能改变的寄存器位对照表

型　号	寄存器	位							
		7	6	5	4	3	2	1	0
ATmega8	UCSRC	URSEL	UMSEL	UPM1	UPM0	USBS	UCSZ1	UCSZ0	UCPOL
ATmega48/88/168	UCSRnC	UMSELn1	UMSELn0	UPMn1	UPMn0	USBSn	UCSZn1	UCSZn0	UCPOLn

2.16.7　内部参考电压

ATmega48/88/168 的内部参考电压与 ATmega8 是不同的，如表 2.69 所列。

表 2.69 内部参考电压对照表

功能＼型号	ATmega8	ATmega48/88/168
比较器	1.23 V	1.1 V
ADC	2.56 V	1.1 V

2.16.8 自编程

ATmega8 及 ATmega88/168 支持 Flash 的同时读/写(Read-While-Write,简称 RWW),而 ATmega48 不支持 RWW 功能,也没有分开的 BOOT 区。但无论如何,只要使能了 SPM,便可以从 Flash 存储器的任一位置完成 SPM 操作。由于 ATmega48 不支持 RWW 功能,所以在进行 SPM 操作时 CPU 会暂停。如果使能了 SPM 中断,则 CPU 在从 SPM 暂停返回后会执行相应的中断矢量。

ATmega48 没有单独的 BOOT 区,因此也没有相应的自编程保护熔丝(BLB01、BLB02、BLB11、BLB12)和 BOOT 区大小选择熔丝(BOOTSZ0、BOOTSZ1)。但 ATmega48 增加一个 SELFPRGEN 熔丝来使能 SPM 操作,这是 ATmega8/88/168 没有的。BOOT 区配置的对照见表 2.70。

表 2.70 BOOT 区大小配置表

BOOTSZ1	BOOTSZ1	ATmega8	ATmega48	ATmega88/168
0	0	2048 字节	—	2048 字节
0	1	1024 字节	—	1024 字节
1	0	512 字节	—	512 字节
1	1	256 字节	—	256 字节

2.16.9 E²PROM 访问

ATmega8 的典型字节写时间为 8.5 ms,而 ATmega48/88/168 为 3.4 ms。

2.16.10 ADC 特性

ATmega8 的模/数转换电路性能与 ATmega48/88/168 有所不同。ATmega8 的通道 4 和通道 5 是 8 位精度的,内部基准电压为 2.56 V,而 ATmega48/88/168 的每个通道都是 10 位精度的,内部基准电压也调整为 1.1 V。

第 3 章

ATmega8 指令系统

命令 CPU 执行一定操作的一组二进制代码称为指令。CPU 所能执行的指令的集合称为指令系统。实际的指令代码是由一组二进制数 0 和 1 组成的,称为机器语言。计算机只能识别和执行机器语言的指令代码。为了便于人们理解、记忆和使用,通常用汇编语言的形式(用助记符和专门的语言规则表示指令的功能和特征)来描述单片机的指令系统。用汇编语言编写的程序,必须通过汇编语言编译器(汇编语言开发平台)把它翻译成计算机能识别的机器语言。

本章主要介绍 ATmega8 的指令系统,介绍 AVR 汇编语言系统的格式和使用,并提供了 AVR 单片机进行定点数运算、数制转换及浮点数运算的子程序。

3.1 AVR 汇编语言系统

汇编语言是一种符号化语言,它使用助记符(特定的英文字符)来代替实际的二进制机器指令代码。例如,用 ADD 表示"加",用 MOV 表示"传送",等等。本章就是以汇编形式描述 ATmega8 的指令系统。

用汇编语言编写的程序称为汇编语言程序,或称源程序。显然,汇编语言源程序比二进制的机器语言更容易学习和掌握。但是,单片机不能直接识别和执行汇编语言程序,因此需要使用一个专用的软件系统,将汇编语言的源程序"翻译"成二进制的机器语言程序——目标程序(执行代码)。这个专用软件系统就是汇编语言编译软件。

Atmel 公司提供免费的 AVR 开发平台——AVR Studio 集成开发环境(IDE),其中就包括 AVR Assembler 汇编编译器。其他的一些开发平台,如第 1 章介绍的 C 语言开发工具,本身也提供一定的对汇编程序的支持,但是在语法、格式、伪指令等各方面稍有区别。本章的介绍均基于 AVR Studio 所提供的 AVR Assembler 汇编编译器介绍。

3.1.1 汇编语言语句格式

汇编语言源程序是由一系列汇编语句组成的。汇编语言语句的标准格式有以下 4 种:
- [标号:]伪指令 [操作数][;注释]。

- [标号:] 指令 [操作数][;注释]。
- [;注释]。
- 空行。

1. 标号

标号是语句地址的标记符号,用于引导对该语句的访问和定位。使用标号的目的是为了跳转和转移指令及在程序存储器、数据存储器 SRAM 和 E^2PROM 中定义变量名。有关标号的一些规定如下:

- 标号一般由 ASCII 字符组成,第一个字符为字母;
- 同一标号在一个独立的程序中只能定义一次;
- 不能使用汇编语言中已定义的符号(保留字),如指令字、寄存器名、伪指令字等。

2. 伪指令

在汇编语言程序中可以使用一些伪指令。伪指令并不产生实际的目标机器操作代码,只是用于在汇编程序中对地址、寄存器、数据、常量等进行定义说明,以及对编译过程进行某种控制等。AVR 指令系统不包括伪指令,伪指令通常由汇编编译系统给出。

3. 指令

指令是汇编程序中主要的部分,汇编程序中使用指令集中给出的全部指令。

4. 操作数

操作数是指令操作时所需要的数据或地址。汇编程序完全支持指令系统所定义的操作数格式。但指令系统采用的操作数格式通常为数字形式,在编写程序时使用起来不太方便,因此,在编译器的支持下,可以使用多种形式的操作数,如数字、标识符、表达式等。

5. 注释

注释部分仅用于对程序和语句进行说明,帮助程序设计人员阅读、理解和修改程序。只要有";"符号,后面即为注释内容,注释内容长度不限,注释内容换行时,开头部分还要使用符号";"。编译系统对注释内容不予理会,不产生任何代码。

6. 分隔符

汇编语句中,":"用于标号之后;空格用于指令字和操作数的分隔;指令有两个操作数时用",";分隔两个操作数;";"用于注释之前;"[ ]"中的内容表示可选项。

注意:不限制有关标号、伪指令、注释或指令的列位置。

3.1.2 汇编编译器伪指令

汇编编译器提供一些伪指令。伪指令并不直接转换生成操作执行代码,而是用于调整存储器中程序的位置、定义宏、初始化存储器、对编译过程进行某种控制等。全部伪指令在表 3.1 中给出。

表 3.1 伪指令表

序号	伪指令	说明	序号	伪指令	说明
1	BYTE	定义预留存储单元	10	ESEG	E²PROM 段
2	CSEG	代码段	11	EXIT	退出文件
3	DB	定义字节常数	12	INCLUDE	包含指定的文件
4	DEF	定义寄存器符号名	13	LIST	列表文件生成允许器
5	DEVICE	指定为何器件生成汇编代码	14	LISTMAC	列表宏表达式
6	DSEG	数据段	15	MACRO	宏定义开始
7	DW	定义字常数	16	NOLIST	关闭列表文件生成
8	ENDMACRO	宏结束	17	ORG	设置程序起始位置
9	EQU	定义标识符常量	18	SET	赋值给标识符

1. BYTE——定义预留存储单元

BYTE 伪指令从指定的地址开始，在 SRAM 中保留若干字节的存储空间备用。备用存储空间以字节计算，个数由 BYTE 伪指令的参数即表达式的值确定。BYTE 伪指令前应使用一个标号，以标记备用存储空间在 SRAM 中的起始位置。该伪指令有一个参数，表示保留存储空间的字节数。BYTE 伪指令仅能用在数据段内(见伪指令 CSEG、DSEG 和 ESEG)。

注意：BYTE 伪指令必须带一个参数，字节数的位置不需要初始化。

语法：LABEL：.BYTE 表达式

示例如下：

```
         .DSEG                  ;数据段(SRAM)
var1:    .BYTE 1                ;保留 1 字节的存储单元,用 var1 标识
table:   .BYTE tab_size         ;保留 tab_size 个字节的存储空间

         .CSEG                  ;代码段开始(Flash)
         ldi   r30,low(var1)    ;将保留存储单元 var1 起始地址的低 8 位装入 Z
         ldi   r31,high(var1)   ;将保留存储单元 var1 起始地址的高 8 位装入 Z
         ld    r1,z             ;将保留存储单元的内容读到寄存器 R1
```

2. CSEG——代码段

CSEG 伪指令定义代码段的起始位置(在 Flash 中)。一个汇编程序可包含几个代码段，

这些代码段在编译过程中被连接成一个代码段。在代码段中不能使用 BYTE 伪指令。程序中典型的缺省段为代码段。每个代码段内部都有自己的字定位计数器。可使用 ORG 伪指令定义该字定位计数器的初始值,作为代码段在程序存储器中的起始位置。CSEG 伪指令不带参数。

语法：.CSEG

3. DB——定义字节常数

DB 伪指令保存数据到程序存储器或 E^2PROM 存储器中。为了提供备保存的位置,在 DB 伪指令前必须有标号。DB 伪指令只能出现在代码段或 E^2PROM 段。DB 伪指令为一个表达式列表。表达式列表由多个表达式组成,但至少要含有一个表达式,表达式之间用逗号分隔。每个表达式的值如果是有符号数,则必须是在 $-128 \sim +127$ 之间的有效数；如果是无符号数,则必须是在 $0 \sim 255$ 之间的有效数。如果表达式的有效值是负数,则用 8 位 2 的补码表示,存入程序存储器或 E^2PROM 存储器中。如果 DB 伪指令用在代码段,并且表达式表中多于一个表达式,则以 2 字节组合成一个字放在程序存储器中。如果表达式的个数是奇数,则最后一个表达式的值将单独以字的格式放在程序存储器中。

语法：LABEL：.DB 表达式表

4. DEF——定义寄存器符号名

DEF 伪指令允许寄存器用符号名来代替。在后续的程序中可以使用定义的符号名来表示被定义的寄存器。可以给一个寄存器定义多个符号名。符号名可以在后面的程序中被重新定义。

语法：.DEF 符号名＝寄存器

5. DEVICE——定义被汇编的器件

DEVICE 伪指令允许用户告知汇编编译器为哪种器件编译产生执行代码。如果在程序中使用该伪指令指定了器件型号,那么在编译过程中,若存在指定器件所不支持的指令,则编译器给出一个警告。如果代码段或 E^2PROM 段所使用的存储器空间大于指定器件本身所能提供的存储器容量,则编译器也会给出警告。如果不使用 DEVICE 伪指令,则假定器件支持所有的指令,也不限制存储器容量的大小。

语法：.DEVICE ATmega8

6. DSEG——数据段

DSEG 伪指令定义数据段的起始。一个汇编程序文件可以包含几个数据段,这些数据段在汇编过程中被连接成一个数据段。一个数据段通常仅由 BYTE 伪指令(和标号)组成。每个数据段内部都有自己的字节定位计数器。可使用 ORG 伪指令定义该字节定位计数器的初始值,作为数据段在 SRAM 中的起始位置。DSEG 伪指令不带参数。

语法:.DSEG

7. DW——定义字常数

DW 伪指令从程序存储器或 E^2PROM 存储器的某个地址单元开始,存入一组规定的 16 位二进制常数(字常数)。DW 伪指令只能出现在代码段或 E^2PROM 段。为了标记所定义的字常数区域的起始位置,DW 伪指令前必须使用一个标号。DW 伪指令为一个表达式列表,表达式列表由多个表达式组成,但至少要含有一个表达式,表达式之间用逗号分隔。每个表达式的值如果是有符号数,则必须在 −32 768～+32 767 之间;如果是无符号数,则必须在 0～65 535 之间。如果表达式的值是负数,则用 16 位 2 的补码表示。

语法:LABEL:.DW 表达式表

8. ENDMACRO——宏结束

ENDMACRO 伪指令定义宏定义的结束。该伪指令并不带参数,参见 MACRO 宏定义伪指令。

语法:.ENDMACRO

9. EQU——定义标识符常量

EQU 伪指令将表达式的值赋给一个标识符,该标识符为一个常量标识符,可用于后面的表达式中,但该标识符的值不能改变或重新定义。

语法:.EQU 标号 = 表达式

10. ESEG——E^2PROM 段

ESEG 伪指令定义 E^2PROM 段的开始位置。一个汇编文件可以包含几个 E^2PROM 段,这些 E^2PROM 段在汇编编译过程中被连接成一个 E^2PROM 段。在 E^2PROM 段中不能使用 BYTE 伪指令。每个 E^2PROM 段内部都有自己的字节定位计数器。可使用 ORG 伪指令定义该字节定位计数器的初始值,作为数据段在 E^2PROM 中的起始位置。ESEG 伪指令不带参数。

语法:.ESEG

11. EXIT——退出文件

EXIT 伪指令告诉汇编编译器停止汇编该文件。在正常情况下,汇编编译器的编译过程一直到文件的结束。如果 EXIT 出现在包含文件中,则汇编编译器将结束对包含文件的编译,然后从本文件当前 INCLUDE 伪指令的下一行语句处开始继续编译。

语法：.EXIT

12. INCLUDE——包含指定的文件

INCLUDE 伪指令告诉汇编编译器开始从一个指定的文件中读入程序语句,并对读入的语句进行编译,直到该包含文件结束或遇到该文件中的 EXIT 伪指令,然后再从本文件当前 INCLUDE 伪指令的下一行语句处继续开始编译。在一个包含文件中,也可使用 INCLUDE 伪指令来包含另外一个指定的文件。

语法：.INCLUDE "文件名"

13. LIST——打开列表文件生成器

LIST 伪指令告诉汇编编译器打开列表文件生成器。正常情况下,汇编编译器在编译过程中将生成一个由汇编源代码、地址和操作码组成的列表文件。缺省时,列表文件生成器打开,允许生成列表文件。该伪指令总是与 NOLIST 伪指令配合使用,用以选择某一部分的汇编源文件产生列表文件。

语法：.LIST

14. LISTMAC——打开列表宏表达式

LISTMAC 伪指令告诉汇编编译器：当调用宏时,在生成的列表文件中显示所调用宏的表达式。缺省情况下,仅在列表文件中显示所调用的宏名和参数。

语法：.LISTMAC

15. MACRO——宏开始

MACRO 伪指令告诉汇编器一个宏的开始。MACRO 伪指令带宏名作为参数。若后面的程序中使用宏名,则表示在该处调用了宏。一个宏程序中可以带 10 个参数。这些参数在宏定义中用 @0~@9 代表。当调用一个宏时,参数用逗号分隔。宏定义用 ENDMACRO 伪指令结束。

缺省情况下,在汇编编译器生成的列表文件中仅给出宏的调用。如果需要在列表文件中给出宏的表达式,则必须使用 LISTMAC 伪指令。在列表文件的操作码域中,宏带有 a+ 的记号。

语法：MACRO 宏名

示例如下:

```
.MACRO SUBl16           ;宏定义开始
subi @1,low(@0)         ;减低字节
sbci @2,high(@0)        ;减高字节
.ENDMACRO               ;宏定义结束
.CSEG                   ;代码段开始
SUBI16 0x1234,rl6,r17   ;r17:r16 = r17:r16 - 0x1234
```

16. NOLIST——关闭列表文件生成器

NOLIST 伪指令告诉汇编编译器关闭列表文件生成器。正常情况下,汇编编译器在编译过程中将生成一个由汇编源代码、地址和操作码组成的列表文件,缺省情况下为允许生成列表文件。可以使用该伪指令禁止文件列表的产生。该伪指令可以与 LIST 伪指令配合使用,用以选择某一部分的汇编源文件产生列表文件。

语法:.NOLIST

17. ORG——定义程序起始位置

ORG 伪指令设置定位计数器一个绝对值,该数值为表达式的值,作为代码的起始位置。如果 ORG 伪指令出现数据段中,则设定 SRAM 定位计数器;如果该伪指令出现在代码段中,则设定程序存储器计数器;如果该伪指令出现在 E^2PROM 段中,则设定 E^2PROM 定位计数器。如果该伪指令前带标号(在相同的源代码行),则标号的定位由 ORG 的参数值定义。代码段和 E^2PROM 段定位计数器的缺省值是 0;而当汇编器启动时,SRAM 定位计数器的缺省值是 32(因为寄存器占有地址为 0~31)。注意:E^2PROM 和 SRAM 定位计数器按字节计数,而程序存储器定位计数器按字计数。

语法:.ORG 表达式

18. SET——设置一个与表达式值相等的标识符

SET 伪指令将表达式的值赋值给一个标号。这个标号能用在后面的表达式中。用 SET 伪指令赋值的标号能在后面的程序中重新改变设置。

语法:.SET 标号 = 表达式

3.1.3 指 令

AVR 单片机指令系统是 RISC 结构的精简指令集,是一种简明、易掌握、效率高的指令系统。ATmega8 单片机完全兼容 AVR 的指令系统,具有高性能的数据处理能力,能对位、半字节、字节和双字节数据进行各种操作,包括算术和逻辑运算、数据传送、布尔处理、控制转移和

硬件乘法等操作。

ATmega8 共有 130 条指令，按功能可分为 5 大类。

1. 算术和逻辑运算指令(28 条)

AVR 的算术运算指令有加、减、乘法、取反、取补、比较指令、增量和减量指令。逻辑运算指令有"与"、"或"和"异或"指令等。

2. 比较和转移指令(36 条)

比较和转移指令包括无条件转移指令、条件转移指令以及子程序调用和返回指令。

条件转移指令是依照某种特定的条件转移的指令。条件满足则转移；条件不满足则顺序执行下面的指令。

在程序设计中通常把具有一定功能模块的公用程序段定义为子程序。为了实现调用子程序的功能，指令系统中都有调用子程序指令。调用子程序指令与转移指令的区别如下：执行调用子程序时把下一条指令地址 PC 值保留到堆栈中，即断点保护，然后把子程序的起始地址置入 PC，子程序执行完毕返回时，将断点由堆栈中弹出到 PC，然后从断点处继续执行原程序；而转移指令既不保护断点，也不返回原程序。在每个子程序中都必须有返回指令。返回指令的功能就是把调用前压入堆栈的断点弹出置入 PC，恢复执行调用子程序前的原程序。

在一个程序中，子程序中还会调用其他子程序，这称为子程序嵌套。每次调用子程序时，必须将下条指令地址保存起来；返回时，按后进先出原则依次取出相应的 PC 值。堆栈就是按后进先出规则存取数据的，调用指令和返回指令具有自动保存和恢复 PC 内容的功能，即自动进栈，自动出栈。

3. 数据传送指令(35 条)

数据传送指令是在编程中使用最频繁的一类指令。数据传送指令是否灵活、快速，对程序的执行速度产生很大影响。数据传送指令执行操作是寄存器与寄存器、寄存器与数据存储器 SRAM、寄存器与 I/O 端口之间的数据传送，另外还有从程序存储器直接取数指令 LPM 以及 PUSH 压栈和 POP 出栈的堆栈指令。

所有传送指令的操作对标志位均无影响。

4. 位操作和位测试指令(28 条)

AVR 单片机指令系统中有四分之一的指令为位操作和位测试指令，这些指令的灵活应用极大地提高了系统的逻辑控制和处理能力。

5. MCU 控制指令(3 条)

MCU 控制指令有 3 条，主要用于控制 MCU 的运行方式以及清 0 看门狗定时器。

3.1.4 表达式

在标准指令系统中,操作数通常只能使用纯数字格式,这给程序的编写带来了许多不便。但是在编译系统的支持下,在编写汇编程序时允许使用表达式,以方便程序的编写。AVR 编译器支持的表达式是由操作数、函数和运算符组成的。所有的表达式内部都是 32 位的。

1. 操作数

操作数有以下几种形式:
- 用户定义的标号,该标号给出了放置标号位置的定位计数器的值。
- 用户用 SET 伪指令定义的变量。
- 用户用 EQU 伪指令定义的常数。
- 整数常数,包括下列几种形式:
  - 十进制数(默认),如 10、255;
  - 十六进制数,如 0x0a、$0a、0xff、$ff;
  - 二进制数,如 0b00001010、0b11111111。
- PC:程序存储器定位计数器的当前值。

2. 函数

- LOW(表达式)——返回一个表达式值的低字节。
- HIGH(表达式)——返回一个表达式值的第 2 字节。
- BYTE2(表达式)——与 HIGH 函数相同。
- BYTE3(表达式)——返回一个表达式值的第 3 字节。
- BYTE4(表达式)——返回一个表达式值的第 4 字节。
- LWRD(表达式)——返回一个表达式值的 0~15 位。
- HWRD(表达式)——返回一个表达式值的 16~31 位。
- PAGE(表达式)——返回一个表达式值的 16~21 位。
- EXP2(表达式)——返回(表达式值)2 次幂的值。
- LOG2(表达式)——返回 Log2(表达式值)的整数部分。

3. 运算符

汇编器提供的部分运算符见表 3.2。优先级数越高的运算符,其优先级也越高。表达式可以用小括号括起来,并且与括号外其他任意的表达式再组合成表达式。

表 3.2 部分运算符表

序 号	运算符	名 称	优先级	说 明
1	!	逻辑非	14	一元运算符,表达式是 0 返回 1,表达式是 1 返回 0
2	~	逐位非	14	一元运算符,将表达式的值按位取反
3	-	负号	14	一元运算符,使表达式为算术负
4	*	乘法	13	二进制运算符,两个表达式相乘
5	/	除法	13	二进制运算符,左边表达式除以右边表达式,得整数的商值
6	+	加法	12	二进制运算符,两个表达式相加
7	-	减法	12	二进制运算符,左边表达式减去右边表达式
8	<<	左移	11	二进制运算符,左边表达式值左移右边表达式给出的次数
9	>>	右移	11	二进制运算符,左边表达式值右移右边表达式给出的次数
10	<	小于	10	二进制运算符,若左边带符号表达式值小于右边带符号表达式值,则为 1;否则为 0
11	<=	小于或等于	10	二进制运算符,若左边带符号表达式值小于或等于右边带符号表达式值,则为 1;否则为 0
12	>	大于	10	二进制运算符,若左边带符号表达式值大于右边带符号表达式值,则为 1,否则为 0
13	>=	大于或等于	10	二进制运算符,若左边带符号表达式值大于或等于右边带符号表达式值,则为 1;否则为 0
14	==	等于	9	二进制运算符,若左边带符号表达式值等于右边带符号表达式值,则为 1;否则为 0
15	!=	不等于	9	二进制运算符,若左边带符号表达式值不等于右边带符号表达式值,则为 1;否则为 0
16	&	逐位"与"	8	二进制运算符,两个表达式值之间逐位"与"
17	^	逐位"异或"	7	二进制运算符,两个表达式值之间逐位"异或"
18	|	逐位"或"	6	二进制运算符,两个表达式值之间逐位"或"
19	&&	逻辑"与"	5	二进制运算符,两个表达式值之间逻辑"与",全非 0 为 1;否则为 0
20	||	逻辑"或"	4	二进制运算符,两个表达式值之间逻辑"或",全 0 为 0;否则为 1

3.1.5 标识定义文件

在编写 AVR 汇编程序时,在程序的开始处应使用伪指令".INCLUDE"引用编译系统中的器件标识定义文件"＊＊＊def.inc"。该文件将所使用器件所有的 I/O 寄存器、标志位等进行了标称化的符号定义,这些标称化的符号与硬件结构的命名是相同的。这样在程序中就可直接使用标称化的符号,而不必去记住它的实际地址。例如,使用 PORTB 来代替 B 口数据寄存器的地址 0x18。读者可具体查看相关器件的定义文件。下面是一个标准的汇编程序的开始部分:

```
            .INCLUDE"m8def.inc"        ;引用器件 I/O 配置文件
            .DEF TEMP1 = r20           ;定义标识符 TEMP1 代表工作寄存器 R20
            .ORG 0x0000                ;代码段起始定位
            rjmp RESET                 ;系统上电复位,跳转到主程序
            .ORG 0x0013                ;代码段定位,跳过中断向量区
                                       ;初始化,设置 ATmega8 的堆栈指针为 0x045F
    RESET:  ldi r16,high(RAMEND)       ;RAMEND 在配置文件"M8def.inc"中已定义
            ldi r16,low(RAMEND)
            out SPL,r16                ;将 RAMEND 的低位送到堆栈寄存器 SP 的低位字节中
            ser temp1                  ;将 temp1 即寄存器 R20 置为 0xFF
            out DDRD,temp1             ;R20 值送 DDRD,D 口方向寄存器为 0xFF,设定为输出
            ……
```

在上面的程序段中使用的 RAMEND、SPH、SPL、DDRD 均在文件"m8def.inc"中进行了定义,分别为:
- EQU SPH=0x3E;
- EQU SPL=0x3D;
- EQU DDRD=0x11;
- EQU RAMEND=0x45F。

3.2 ATmega8 指令综述

AVR 单片机的指令系统对不同器件有不同的指令,它们的关系如下:
AT90S1200 有 89 条最基本指令,ATtiny11/12/15/22 增加了 1 条指令,为 90 条指令器件,而 ATmega8 则有 130 条指令。

3.2.1 ATmega8 指令表

ATmega8 共有 130 条指令,按功能可分为 5 大类:
- 算术和逻辑运算指令(28 条)如表 3.3 所列;
- 比较和转移指令(36 条)如表 3.4 所列;
- 数据传送指令(35 条)如表 3.5 所列;
- 位操作和位测试指令(28 条)如表 3.6 所列;

第3章 ATmega8 指令系统

● MCU 控制指令（3 条）如表 3.7 所列。

表 3.3 算术和逻辑指令

算术和逻辑运算指令（28 条）						
指 令	操作数	说 明	操 作	操作数范围	影响标志	指令周期
ADD	Rd,Rr	加法	Rd←Rd+Rr	0≤d≤31 0≤r≤31	Z, C, N, V, H, S	1
ADC	Rd,Rr	带进位加	Rd←Rd+Rr+C	0≤d≤31 0≤r≤31	Z, C, N, V, H, S	1
ADIW	Rdl,K	字加立即数	Rdh:Rdl←Rdh+Rdl+K	dl=24/26/28/30 0≤K≤63	Z, C, N, V, S	2
SUB	Rd,Rr	减法	Rd←Rd−Rr	0≤d≤31 0≤r≤31	Z, C, N, V, H, S	1
SUBI	Rd,K	减立即数	Rd←Rd−K	16≤d≤31 0≤K≤255	Z, C, N, V, H, S	1
SBC	Rd,Rr	带进位减	Rd←Rd−Rr−C	0≤d≤31 0≤r≤31	Z, C, N, V, H, S	1
SBCI	Rd,K	带进位减立即数	Rd←Rd−K−C	16≤d≤31 0≤K≤255	Z, C, N, V, H, S	1
SBIW	Rdl,K	字减立即数	Rdh:Rdl←Rdh+Rdl−K	dl=24/26/28/30 0≤K≤63	Z, C, N, V, S	2
AND	Rd,Rr	逻辑"与"	Rd←Rd·Rr	0≤d≤31 0≤r≤31	Z,N,V,S	1
ANDI	Rd,K	"与"立即数	Rd←Rd·K	16≤d≤31 0≤K≤255	Z,N,V,S	1
OR	Rd,Rr	逻辑"或"	Rd←Rd∨Rr	0≤d≤31 0≤r≤31	Z,N,V,S	1
ORI	Rd,K	"或"立即数	Rd←Rd∨K	16≤d≤31 0≤K≤255	Z,N,V,S	1
EOR	Rd,Rr	"异或"	Rd←Rd⊕Rr	0≤d≤31 0≤r≤31	Z,N,V,S	1
COM	Rd	取反	Rd←0xFF−Rd	0≤d≤31	Z, C, N, V, S	1

续表 3.3

指令	操作数	说明	操作	操作数范围	影响标志	指令周期
NEG	Rd	取补	Rd←0x00−Rd	0≤d≤31	Z,C,N,V,H,S	1
SBR	Rd,K	寄存器位置位	Rd←Rd∨K	16≤d≤31 0≤K≤255	Z,N,V,S	1
CBR	Rd,K	寄存器位清0	Rd←Rd·(0xFF−K)	16≤d≤31 0≤K≤255	Z,N,V,S	1
INC	Rd	加1	Rd←Rd+1	0≤d≤31	Z,N,V,S	1
DEC	Rd	减1	Rd←Rd−1	0≤d≤31	Z,N,V,S	1
TST	Rd	测寄存器为0或负	Rd←Rd·Rd	0≤d≤31	Z,N,V,S	1
CLR	Rd	寄存器清0	Rd←0x00r	0≤d≤31	Z,N,V,S	1
SER	Rd	寄存器置全1	Rd←0xFF	16≤d≤31		1
MUL	Rd,Rr	无符号数相乘	R1:R0←Rdx Rr	0≤d≤31 0≤r≤31	Z,C	2
MULS	Rd,Rr	有符号数相乘	R1:R0←Rdx Rr	16≤d≤31 16≤d≤31	Z,C	2
MULSU	Rd,Rr	无与有符号数相乘	R1:R0←Rdx Rr	16≤d≤23 16≤d≤23	Z,C	2
FMUL	Rd,Rr	无符号小数相乘	R1:R0←Rdx Rr≪1	16≤d≤23 16≤r≤23	Z,C	2
FMULS	Rd,Rr	有符号小数相乘	R1:R0←Rdx Rr≪1	16≤d≤23 16≤d≤23	Z,C	2
FMULSU	Rd,Rr	无与有符号小数乘	R1:R0←Rdx Rr≪1	16≤d≤23 16≤d≤23	Z,C	2

表 3.4 比较和转移指令

比较和转移指令(36条)						
指令	操作数	说明	操作	操作数范围	影响标志	指令周期
RJMP	k	相对转移	PC←PC+k+1	−2048≤k≤2047		2
IJMP		间接转移到(Z)	PC←Z			2
JMP	k	直接转移	PC←k	0≤k≤4 194 303		3

第 3 章 ATmega8 指令系统

续表 3.4

指 令	操作数	说 明	操 作	操作数范围	影响标志	指令周期
RCALL	k	相对子程序调用	STACK←PC+1, SP←SP-2, PC←PC+k+1	-2048≤k≤2047		3
ICALL		间接子程序调用到(Z)	STACK←PC+1, SP←SP-2, PC←Z			3
CALL	k	直接子程序调用	STACK←PC+2, SP←SP-2, PC←k	0≤k≤65535		4
RET		子程序返回	SP←SP+2, PC←STACK			4
RETI		中断返回	SP←SP+2, PC←STACK		I	4
CPSE	Rd,Rr	比较相等跳行	if(Rd=Rr) PC←PC+2 (or 3)	0≤d≤31, 0≤r≤31		1/2/3
CP	Rd,Rr	比较	Rd-Rr	0≤d≤31, 0≤r≤31	Z,N,V,C,H,S	1
CPC	Rd,Rr	带进位比较	Rd-Rr-C	0≤d≤31, 0≤r≤31	Z,N,V,C,H,S	1
CPI	Rd,K	与立即数比较	Rd-K	16≤d≤31, 0≤K≤255	Z,N,V,C,H,S	1
SBRC	Rr,b	寄存器位为 0 跳行	if(Rr(b)=0), PC←C+2(or 3)	0≤r≤31, 0≤b≤7		1/2/3
SBRS	Rr,b	寄存器位为 1 跳行	if(Rr(b)=1), P←CPC+2(or 3)	0≤r≤31, 0≤b≤7		1/2/3
SBIC	P,b	I/O 位为 0 跳行	if(P(b)=0) PCP←C+2(or 3)	0≤P≤31, 0≤b≤7		1/2/3
SBIS	P,b	I/O 位为 1 跳行	if(P(b)=1) PC←PC+2(or 3)	0≤P≤31, 0≤b≤7		1/2/3
BRBS	s,k	SREG(s)位为 1 转移	if(SREG(s))=1 PC←PC+k+1	0≤s≤7, -64≤k≤63		1/2

续表 3.4

指令	操作数	说明	操作	操作数范围	影响标志	指令周期
BRBC	s,k	SREG(s) 位为 0 转移	if(SREG(s))=0 PC←PC+k+1	0≤s≤7 −64≤k≤63		1/2
BREQ	k	相等转移	if Z=1,PC←PC+k+1	−64≤k≤63		1/2
BRNE	k	不相等转移	if Z=1,PC←PC+k+1	−64≤k≤63		1/2
BRCS	k	C=1 转移	if C=1,PC←PC+k+1	−64≤k≤63		1/2
BRCC	k	C=0 转移	if C=0,PC←PC+k+1	−64≤k≤63		1/2
BRSH	k	大于或等于转移	if C=0,PC←PC+k+1	−64≤k≤63		1/2
BRLO	k	小于转移	if C=1,PC←PC+k+1	−64≤k≤63		1/2
BRMI	k	为负转移	if N=1,PC←PC+k+1	−64≤k≤63		1/2
BRPL	k	为正转移	if N=0,PC←PC+k+1	−64≤k≤63		1/2
BRGE	k	大于或等于转移（符号）	if (N⊕V)=0, PC←PC+k+1	−64≤k≤63		1/2
BRLT	k	小于转移（带符号）	if(N⊕V)=1, PC←PC+k+1	−64≤k≤63		1/2
BRHS	k	半进位标志 H=1 转移	if H=1,PC←PC+k+1	−64≤k≤63		1/2
BRHC	k	半进位标志 H=0 转移	if H=0,PC←PC+k+1	−64≤k≤63		1/2
BRTS	k	标志位 T=1 转移	if T=1,PC←PC+k+1	−64≤k≤63		1/2
BRTC	k	标志位 T=0 转移	if T=0,PC←PC+k+1	−64≤k≤63		1/2
BRVS	k	溢出标志 V=1 转移	if V=1,PC←PC+k+1	−64≤k≤63		1/2
BRVC	k	溢出标志 V=0 转移	if V=0,PC←PC+k+1	−64≤k≤63		1/2
BRIE	k	中断允许位 I=1 转移	if I=1,PC←PC+k+1	−64≤k≤63		1/2
BRID	k	中断允许位 I=0 转移	if I=0,PC←PC+k+1	−64≤k≤63		1/2

表 3.5 数据传送指令

数据传送指令(35 条)						
指 令	操作数	说 明	操 作	操作数范围	影响标志	指令周期
MOV	Rd, Rr	寄存器传送	Rd←Rr	$0 \leqslant d \leqslant 31$ $0 \leqslant r \leqslant 31$		1
MOVW	Rd, Rr	寄存器字传送	Rd+1:Rd←Rr+1:Rr	$d \in \{0,2,\cdots 30\}$ $r \in \{0,2,\cdots 30\}$		1
LDI	Rd, K	装入立即数	Rd←K	$16 \leqslant d \leqslant 31$ $0 \leqslant K \leqslant 255$		1
LD	Rd, X	X 间址取数	Rd←(X)	$0 \leqslant d \leqslant 31$		2
LD	Rd, X+	X 间址取数后加 1	Rd←(X), X←X+1	$0 \leqslant d \leqslant 31$		2
LD	Rd, −X	X 减 1 后间址取数	X←X−1, Rd←(X)	$0 \leqslant d \leqslant 31$		2
LD	Rd, Y	Y 间址取数	Rd←(Y)	$0 \leqslant d \leqslant 31$		2
LD	Rd, Y+	Y 间址取数后加 1	Rd←(Y), Y←Y+1	$0 \leqslant d \leqslant 31$		2
LD	Rd, −Y	Y 减 1 后间址取数	Y←Y−1, Rd←(Y)	$0 \leqslant d \leqslant 31$		2
LDD	Rd, Y+q	Y+q 变址取数	Rd←(Y+q)	$0 \leqslant d \leqslant 31$ $0 \leqslant q \leqslant 63$		2
LD	Rd, Z	Z 间址取数	Rd←(Z)	$0 \leqslant d \leqslant 31$		2
LD	Rd, Z+	Z 间址取数后加 1	Rd←(Z), Z←Z+1	$0 \leqslant d \leqslant 31$		2
LD	Rd, −Z	Z 减 1 后间址取数	Z←Z−1, Rd←(Z)	$0 \leqslant d \leqslant 31$		2
LDD	Rd, Z+q	Z+q 变址取数	Rd←(Z+q)	$0 \leqslant d \leqslant 31$ $0 \leqslant q \leqslant 63$		2
LDS	Rd, K	从 SRAM 中取数	RD←(k)	$0 \leqslant r \leqslant 31$ $0 \leqslant k \leqslant 65535$		2
ST	X, Rr	X 间址存数	(X)←Rr	$0 \leqslant r \leqslant 31$		2
ST	X+, Rr	X 间址存数后加 1	(X)←Rr, X←X+1	$0 \leqslant r \leqslant 31$		2
ST	−X, Rr	X 减 1 后间址存数	X←X−1, (X)←Rr	$0 \leqslant r \leqslant 31$		2
ST	Y, Rr	Y 间址存数	(Y)←Rr	$0 \leqslant r \leqslant 31$		2
ST	Y+Rr	Y 间址存数后加 1	(Y)←Rr, Y←Y+1	$0 \leqslant r \leqslant 31$		2
ST	−Y, Rr	Y 减 1 后间址存数	Y←Y−1, (Y)←Rr	$0 \leqslant r \leqslant 31$		2
STD	Y+q, Rr	Y+q 变址存数	(Y+q)←Rr	$0 \leqslant r \leqslant 31$ $0 \leqslant q \leqslant 63$		2

续表 3.5

指 令	操作数	说 明	操 作	操作数范围	影响标志	指令周期
ST	Z,Rr	Z 间址存数	(Z)←Rr	0≤r≤31		2
ST	Z+,Rr	Z 间址存数后加 1	(Z)←Rr, Z←Z+1	0≤r≤31		2
ST	−Z,Rr	Z 减 1 后间址存数	Z←Z−1, (Z)←Rr	0≤r≤31		2
STD	Z+q,Rr	Z+q 变址存数	(Z+q)←Rr	0≤r≤31 0≤q≤63		2
STS	k,Rr	数据送 SRAM	(k)←Rr	0≤r≤31 0≤k≤65535		2
LPM		从程序区取数	R0←(Z)			3
LPM	Rd,Z	从程序区取数	R0←(Z)	0≤d≤31		3
LPM	Rd,Z+	从程序区取数后 Z 加 1	R0←(Z), Z←Z+1	0≤d≤31		3
SPM		写数据到程序区	(Z)←R1:R0			—
IN	Rd,P	从 I/O 口读数	Rd←P	0≤d≤31 0≤P≤63		1
OUT	P,Rr	数据送 I/O 口	P←Rr	0≤r≤31 0≤P≤63		1
PUSH	Rr	压栈	STACK←Rr, SP←SP−1	0≤r≤31		2
POP	Rd	出栈	SP←SP+1, Rd←STACK	0≤d≤31		2

表 3.6 位操作和位测试指令

位操作和位测试指令(28 条)						
指 令	操作数	说 明	操 作	操作数范围	影响标志	指令周期
SBI	P,b	I/O 位置位	I/O (P,b)←1	0≤P≤31 0≤b≤7		2
CBI	P,b	I/O 位清 0	I/O (P,b)←0	0≤P≤31 0≤b≤7		2
LSL	Rd	左移	C←b7←b6··· b1←b0←0	0≤d≤31	Z,C,N, V,H	1
LSR	Rd	右移	0→b7→b6··· b1→b0→C	0≤d≤31	Z,C,N,V	1
ROL	Rd	带进位左循环	C←b7←b6··· b1←b0←C	0≤d≤31	Z, C, N, V,H	1

第 3 章 ATmega8 指令系统

续表 3.6

指令	操作数	说明	操作	操作数范围	影响标志	指令周期
ROR	Rd	带进位右循环	C←b7←b6···b1←b0←C	0≤d≤31	Z,C,N,V	1
ASR	Rd	算术右移	b7→b7←b6···b1→b0→C	0≤d≤31	Z,C,N,V	1
SWAP	Rd	半字节交换	b7b6b5b4← →b3b2b1b0	0≤d≤31		1
BSET	S	SREG 置位	SREG(s)=1	0≤s≤7	SREG(s)	1
BCLR	S	SREG 清 0	SREG(s)=0	0≤s≤7	SREG(s)	1
BST	Rr,b	Rs 的 b 位送 T	T←Rr(b)	0≤r≤31 0≤b≤7	T	1
BLD	Rd	T 送 Rd 的 b 位	Rd(b)←T	0≤d≤31 0≤b≤7		1
SEC		C 置位	C←1		C	1
CLC		C 清 0	C←0		C	1
SEN		N 置位	N←1		N	1
CLN		N 清 0	N←0		N	1
SEZ		Z 置位	Z←1		Z	1
CLZ		Z 清 0	Z←0		Z	1
SEI		I 置位	I←1		I	1
CLI		I 清 0	I←0		I	1
SES		S 置位	S←1		S	1
CLS		S 清 0	S←0		S	1
SEV		V 置位	V←1		V	1
CLV		V 清 0	V←0		V	1
SET		T 置位	T←1		T	1
CLT		T 清 0	T←0		T	1
SHE		H 置位	H←1		H	1
CLH		H 清 0	H←0		H	1
NOP		空操作				1
SLEEP		进入休眠	见相关说明			1
WDR		看门狗清 0	见相关说明			1

3.2.2 指令系统中使用的符号

在上面的指令表中，汇总给出了 ATmega8 全部指令的汇编助记符、操作数及相应的操作。在指令的描述说明中采用了一些符号代码。下面对所使用符号的意义进行简单的说明。

1. 状态寄存器与标志位

SREG：状态寄存器。
C：进位标志位。
Z：零标志位。
N：负数标志位。
V：2 的补码溢出标志位。
S：N ⊕ V，用于符号测试标志位。
H：半进位标志位。
T：用于 BLD 指令和 BST 指令传送位。
I：全局中断触发/禁止标志位。

2. 寄存器和操作码

Rd：目的寄存器，取值为 R0～R31 或 R16～R31（取决于指令）。
Rr：源寄存器，取值为 R0～R31。
P：I/O 寄存器，取值为 0～63 或 0～31（取决于指令）。
b：寄存器的指定位，常数(0～7)。
s：状态寄存器 SREG 的指定位，常数(0～7)。
K：立即数，常数(0～255)。
k：地址常数，值范围取决于指令。
q：地址偏移量常数(0～63)。
X、Y、Z：地址指针寄存器(X=R27:R26；Y=R29:R28；Z=R31:R30)。

3. 堆　栈

STACK：作为返回地址和压栈寄存器的堆栈。
SP：堆栈 STACK 的指针。

3.2.3 寻址方式和寻址空间

指令的一个重要组成部分是操作数。指令给出参与运算的数据的方式称为寻址方式。AVR 单片机指令操作数的寻址方式有：单寄存器直接寻址、双寄存器直接寻址、I/O 寄存器直接寻址、数据存储器直接寻址、数据存储器间接寻址、带后增量的数据存储器间接寻址、带预减量的数据存储器间接寻址、带位移的数据存储器间接寻址、程序存储器取常量寻址、程序存储器空间直接寻址、程序存储器空间间接寻址、程序相对寻址等。

1. 单寄存器直接寻址

由指令指出一个寄存器的内容作为操作数,在指令中给出寄存器的直接地址,这种寻址方式称为单寄存器直接寻址。单寄存器寻址的地址范围限制为通用工作寄存器组中的 32 个寄存器 R0~R31,或后 16 个寄存器 R16~R31(取决于不同指令)。

例:INC Rd;操作:Rd←Rd+1。

　　INC R5;将寄存器 R5 内容加 1 回放。

2. 双寄存器直接寻址

双寄存器直接寻址方式与单寄存器直接寻址方式相似,是将指令指出的两个寄存器 Rd 和 Rr 的内容作为操作数,而结果存放在 Rd 寄存器中。指令中同时给出两个寄存器的直接地址,这种寻址方式称为双寄存器直接寻址。双寄存器寻址的地址范围限制为通用工作寄存器组中的 32 个寄存器 R0~R31,或后 16 个寄存器 R16~R31,或后 8 个寄存器 R16~R23(取决于不同指令)。

例:ADD Rd,Rr;操作:Rd←Rd+Rr。

　　ADD R0,R1;将 R0 和 R1 寄存器内容相加,结果回放 R0。

3. I/O 寄存器直接寻址

由指令指出一个 I/O 寄存器的内容作为操作数。在指令中直接给出 I/O 寄存器的地址,这种寻址方式称为 I/O 寄存器直接寻址。I/O 寄存器直接寻址的地址使用 I/O 寄存器空间的地址 0x00~0x3F,共 64 个,取值为 0~63 或 0~31(取决于指令)。

例:IN Rd,P;操作:Rd←P。

　　IN R5,0x3E;读 I/O 空间地址为 0x3E 寄存器(SPH)的内容,放入寄存器 R5。

4. 数据存储器空间直接寻址

数据存储器空间直接寻址方式便于直接从 SRAM 存储器中存取数据。数据存储器空间直接寻址为双字节指令,在指令的低字节中指出一个 16 位的 SRAM 地址。

例:LDS Rd,K;操作:Rd←(K)。

　　LDS R18,0x100;读地址为 0x100 的 SRAM 中内容,传送到 R18 中。

指令中 16 位 SRAM 的地址字长度限定了 SRAM 的地址空间为 64 KB,该地址空间实际包含了 32 个通用寄存器和 64 个 I/O 寄存器。因此,也可使用数据存储器空间直接寻址的方式读取通用寄存器或 I/O 寄存器中的内容(须使用寄存器在 SRAM 空间的映射地址),但效率比使用寄存器直接寻址的方式要低。其原因在于,数据存储器空间直接寻址的指令为双字节指令,而且指令周期为 2 个系统时钟。

5. 数据存储器空间的寄存器间接寻址

由指令指出某一个 16 位寄存器的内容作为操作数在 SRAM 中的地址,该寻址方式称为数据存储器空间的寄存器间接寻址。AVR 单片机中使用 16 位寄存器 X、Y 或 Z 作为规定的地址指针寄存器,因此操作数的 SRAM 地址在间址寄存器 X、Y 或 Z 中。

例:LD　Rd,Y;操作:Rd←(Y),把以 Y 为指针的 SRAM 的内容送 Rd。

　　LD　R16,Y;设 Y=0x0567,即把 SRAM 地址为 0x0567 的内容传送到 R16 中。

6. 带后增量的数据存储器空间的寄存器间接寻址

这种寻址方式类似于数据存储器空间的寄存器间接寻址方式,间址寄存器 X、Y、Z 中的内容仍为操作数在 SRAM 空间的地址,但指令在间接寻址操作后,再自动把间址寄存器中的内容加 1。这种寻址方式特别适用于访问矩阵、查表等应用。

例:LD Rd,Y+;操作:Rd←(Y),Y=Y+1,先把以 Y 为指针的 SRAM 的内容送 Rd,再把 Y 增 1。

　　LD R16,Y+;设原 Y=0x0567,指令把 SRAM 地址为 0x0567 的内容传送到 R16 中,再将 Y 的值加 1,操作完成后 Y=0x0568。

7. 带预减量的数据存储器空间寄存器间接寻址

这种寻址方式类似于数据存储器空间的寄存器间接寻址方式,间址寄存器 X、Y、Z 中的内容仍为操作数在 SRAM 空间的地址,但指令在间接寻址操作之前,先自动将间址寄存器中的内容减 1,然后把减 1 后的内容作为操作数在 SRAM 空间的地址。这种寻址方式也特别适用于访问矩阵、查表等应用。

例:LD Rd,−Y;操作:Y=Y−1,Rd←(Y),先把 Y 减 1,再把以 Y 为指针的 SRAM 的内容送 Rd。

　　LD R16,−Y;设原 Y=0x0567,指令即先把 Y 减 1,Y=0x0566,再把 SRAM 地址为 0x0566 的内容传送到 R16 中。

8. 带位移的数据存储器空间寄存器间接寻址

带位移的数据存储器空间寄存器间接寻址方式是:由间址寄存器(Y 或 Z)及指令字中给出的地址偏移量共同决定操作数在 SRAM 空间的地址,偏移量的范围为 0~63。

例:LDD Rd,Y+q;操作:Rd←(Y+q),其中 0≤q≤63,即把以 Y+q 为指针的 SRAM 的内容送 Rd,而 Y 寄存器的内容不变。

　　LDD R16,Y+31;设 Y=0x0567,把 SRAM 地址为 0x0598 的内容传送到 R16 中,Y 寄存器的内容不变。

9. 程序存储器空间取常量寻址

程序存储器空间取常量寻址主要从程序存储器 Flash 中取常量,这种寻址方式只用于指令 LPM。程序存储器中常量字节的地址由地址寄存器 Z 的内容确定。Z 寄存器的高 5 位用于选择字地址(程序存储器的存储单元为字),而 Z 寄存器的最低位 Z(d0)用于确定字地址的高、低字节。若 d0=0,则选择字的低字节;若 d0=1,则选择字的高字节。

  例:LPM;操作:R0←(Z),即把以 Z 为指针的程序存储器的内容送 R0。

    若 Z=0x0100,即把地址为 0x0080 的程序存储器的低字节内容送 R0。

    若 Z=0x0101,即把地址为 0x0080 的程序存储器的高字节内容送 R0。

  例:LPM R16,Z;操作:R16←(Z),即把以 Z 为指针的程序存储器的内容送 R16。

    若 Z=0x0100,即把地址为 0x0080 的程序存储器的低字节内容送 R16。

    若 Z=0x0101,即把地址为 0x0080 的程序存储器的高字节内容送 R16。

10. 带后增量的程序存储器空间取常量寻址

  带后增量的程序存储器空间取常量寻址主要从程序存储器 Flash 中取常量,这种寻址方式只用于指令"LPM Rd,Z+"。程序存储器中常量字节的地址由地址寄存器 Z 的内容确定。寄存器 Z 的高 15 位用于选择字地址(程序存储器的存储单元为字),而 Z 寄存器的最低位 Z(d0)用于确定字地址的高/低字节。若 d0=0,则选择字的低字节;若 d0=1,则选择字的高字节。寻址操作后,Z 寄存器的内容加 1。

  例:LPM R16,Z+;操作:R16←(Z);Z←Z+1,即把以 Z 为指针的程序存储器的内容送 R16,然后 Z 的内容加 1。

    若 Z=0x0100,即把地址为 0x0080 的程序存储器的低字节内容送 R16,完成后 Z=0x0101。

    若 Z=0x0101,即把地址为 0x0080 的程序存储器的高字节内容送 R16,完成后 Z=0x0102。

11. 程序存储器空间写数据寻址

  程序存储器空间写数据寻址主要用于可进行在系统自编程的 AVR 单片机,这种寻址方式只用于指令 SPM。该指令将寄存器 R1 和 R0 中的内容组成一个字 R1:R0,然后写入由 Z 寄存器的内容作为地址的程序存储器单元中。

  例:SPM;操作:(Z)←R1:R0,把 R1:R0 内容写入以 Z 为指针的程序存储器单元。

12. 程序存储器空间直接寻址

  程序存储器空间直接寻址方式用于程序的无条件转移指令 JMP、CALL。指令中含有一个 16 位的操作数,指令将操作数存入程序计数器 PC 中,作为下一条要执行指令在程序存储器空间的地址。JMP 类指令和 CALL 类指令的寻址方式相同,但 CALL 类的指令还包括了返回地址的压进堆栈和堆栈指针寄存器 SP 内容减 2 的操作。

  例:JMP 0x0100;操作:PC←0x0100。程序计数器 PC 的值设置为 0x0100,接下来执行程序存储器 0x0100 单元的指令代码。

例：CALL 0x0100；操作：STACK←PC+2；SP←SP-2；PC←0x0100。先将程序计数器 PC 的当前值加 2 后压进堆栈（CALL 指令为 2 个字长），堆栈指针计数器 SP 内容减 2，然后 PC 的值为 0x0100，接下来执行程序存储器 0x0100 单元的指令代码。

13. 程序存储器空间 Z 寄存器间接寻址

程序存储器空间间接寻址方式是使用 Z 寄存器存放下一步要执行指令代码程序地址，程序转到 Z 寄存器内容所指定程序存储器的地址处继续执行，即用寄存器 Z 的内容代替 PC 的值。此寻址方式用于 IJMP、ICALL 指令。

例：IJMP；操作：PC←Z，即把 Z 的内容送程序计数器 PC。若 Z=0x0100，即把 0x0100 送程序计数器 PC，接下来执行程序存储器 0x0100 单元的指令代码。

例：ICALL；操作：STACK←PC+1；SP←SP-2；PC←Z。若 Z=0x0100，先将程序计数器 PC 的当前值加 1 后压进堆栈，堆栈指针计数器 SP 内容减 2，然后 PC 的值为 0x0100，接下来执行程序存储器 0x0100 单元的指令代码。

14. 程序存储器空间相对寻址

在程序存储器空间相对寻址方式中，在指令中包含一个相对偏移量 k，指令执行时，首先将当前程序计数器 PC 值加 1 后再与偏移量 k 相加，作为程序下一条要执行指令的地址。此寻址方式用于 RJMP、RCALL 指令。

例：RJMP 0x0100；操作：PC←PC+1+0x0100。若当前指令地址为 0x0200(PC=0x0200)，即把 0x0301 送程序计数器 PC，接下来执行程序存储器 0x0301 单元的指令代码。

例：RCALL 0x0100；操作：STACK←PC+1；SP←SP-2；PC←PC+1+0x0100。若当前指令地址为 0x0200(PC=0x0200)，则先将程序计数器 PC 的当前值加 1 后压进堆栈，堆栈指针计数器 SP 内容减 2，然后 PC 的值为 0x0301，接下来执行程序存储器 0x0301 单元的指令代码。

15. 数据存储器空间堆栈寄存器 SP 间接寻址

数据存储器空间堆栈寄存器 SP 间接寻址是将 16 位的堆栈寄存器 SP 的内容作为操作数在 SRAM 空间的地址，此寻址方式用于 PUSH、POP 指令。

例：PUSH R0；操作：STACK←R0；SP←SP-1。若当前 SP=0x045F，则先把寄存器 R0 的内容送到 SRAM 的 0x045F 单元，再将 SP 内容减 1，即 SP=0x045E。

例：POP R1；操作：SP←SP+1；R1←STACK。若当前 SP=0x045E，则先将 SP 的内容加 1，再把 SRAM 的 0x045F 单元内容送到寄存器 R1，此时 SP=0x045F。

此外，在 CALL 一类的子程序调用指令和 RET 一类的子程序返回指令中，都隐含着使用堆栈寄存器 SP 间接寻址的方式。

3.3 AVR 汇编子程序

本节介绍了一些常用的汇编子程序,以帮助读者更深刻地了解指令的使用方法。

3.3.1 数制转换程序

数制转换在实际的应用中使用很多。在单片机内部的计算往往是用二进制来进行的,但是在输入和输出时很多时候是以 BCD 码进行的。以下给出了 16 位二进制到 5 位 BCD 码的转换、5 位 BCD 到 16 位二进制的转换和 5 位压缩 BCD 码到 16 位二进制的转换子程序。

1. 16 位二进制转换成 BCD 码

① 程序功能:将 r17 r16 中 16 位二进制转换成 BCD 码,个、十、百、千和万位分别存放于 r16 r17 r18 r19 和 r20 中。

② 程序思想:r17 r16 中的数,若够减 10000 有 X 次,则万位为 X;若差值够减 1000 有 Y 次,则千位为 Y;若差值够减 100 有 Z 次,则百位为 Z;若差值够减 10 有 U 次,则十位为 U;若差值为个位。

③ 程序清单如下:

```
b16td5:     ser   r20                  ;r20 先送 1
b16td5_1:   inc   r20                  ;r20 增 1
            subi  r16,low(10000)       ; r17:r16 - 10000
            sbci  r17,high(10000)
            brcc  b16td5_1              ;够减,则返回 b16td5_1
            subi  r16,low(-10000)      ;不够减,+10000 恢复余数
            sbci  r17,high(-10000)     ;r19 先送 1
            ser   r19
b16td5_2:   inc   r19                  ;r19 增 1
            subi  r16,low(1000)        ; r17:r16 - 10000
            sbci  r17,high(1000)
            brcc  b16td5_2              ;够减,则返回 b16td5_2
            subi  r16,low(-1000)       ;不够减,+1000 恢复余数
            sbci  r17,high(-1000)
            ser   r18                  ;r18 先送 1
b16td5_3:   inc   r18                  ;r18 增 1
            subi  r16,low(100)         ; r17:r16 - 100
            sbci  r17,high(100)
            brcc  b16td5_3              ;够减,则返回 b16td5_3
            subi  r16,low(-100)        ;不够减,+100 恢复余数
```

```
                sbci    r17,high(-100)
                ser     r17                     ;r17 先送 1
b16td5_4:       inc     r17                     ;r17 增 1
                subi    r16,10                  ; r17:r16-10
                brcc    b16td5_4                ;够减,则返回 b16td5_4
                subi    r16,-10                 ;不够减,+10 恢复余数
                ret
```

2. 5 位 BCD 到 16 位二进制的转换

① 程序功能：将个、十、百、千和万位分别放在 r16 r17 r18 r19 和 r20 中的 5 位 BCD 码转换为 16 位二进制数,存放于 r17 r16 中。

② 转换公式为 r16+10 * r17+100 * r18+1000 * r19+10000 * r20 = r17 r16。

③ 程序清单如下：

```
d5tb16:         tst     r17                     ;测试 r17
                rjmp    d5tb16_2
d5tb16_1:       subi    r16,-10                 ;r16 加 10
                dec     r17                     ;r17 减 1
d5tb16_2:       brne    d5tb16_1                ;非 0,转 d5tb16_1
                tst     r18                     ;测试 r18
                rjmp    d5tb16_4
d5tb16_3:       subi    r16,low(-100)           ; r17:r16 加 100
                sbci    r17,high(-100)
                dec     r18                     ;r18 减 1
d5tb16_4:       brne    d5tb16_3                ;非 0,转 d5tb16_3
                tst     r19                     ;测试 r19
                rjmp    d5tb16_6
d5tb16_5:       subi    r16,low(-1000)          ; r17:r16 加 1000
                sbci    r17,high(-1000)
                dec     r19                     ;r19 减 1
d5tb16_6:       brne    d5tb16_5                ;非 0,转 d5tb16_5
                tst     r20                     ;测试 r20
                rjmp    d5tb16_8
d5tb16_7:       subi    r16,low(-10000)         ; r17:r16 加 10000
                sbci    r17,high(-10000)
                dec     r20                     ;r20 减 1
d5tb16_8:       brne    d5tb16_7                ;非 0,转 d5tb16_7
                ret
```

3. 5位压缩BCD到16位二进制的转换

① 程序功能：将5位压缩BCD码转换为16位二进制，5位压缩BCD码存于r18r17r16（r18高4位为0），二进制存放于r17 r16。

② 程序思想：先将压缩BCD码转换为BCD码放到r16（个）、r17（十）、r18（百）、r19（千）、r20（万）5个字节中，再调用d5tb16子程即可。

③ 程序清单如下：

```
yd5tb16:  mov   r20,r18         ;取出万位
          mov   r19,r17         ;令 r19 = r17
          mov   r18,r17         ;令 r18 = r17
          mov   r17,r16         ;令 r17 = r16
          andi  r16,0x0f        ;取出个位
          andi  r17,0xf0
          swap  r17             ;取出十位
          andi  r18,0x0f        ;取出百位
          andi  r19,0xf0
          swap  r19             ;取出千位
          rcall d5tb16          ;调用 d5tb16 这5位BCD到16位二进制的转换
          ret
```

3.3.2 定点数运算程序

定点数是小数点固定的数，它分为整数、小数和混合小数等。小数或混合小数可以简化为整数乘以 10^{-n} 或 2^{-n} 来表示。例如：十进制数 12.56 = 1256 * 10^{-2}；十六进制数 1A.F8 = 1AF8 * 2^{-8}。这样，可以将定点数先按整数运算，最后再考虑小数点的位置，所以下面的程序主要是整数运算程序。另外，定点数又可分为无符号数和带符号数。无符号数是明确为正数的数，其符号省略了；带符号数可能是正数，也可能是负数。一般负数以补码表示，最高位为符号位。

1. 加减运算程序

ATmega8单片机有加法和减法指令，可以直接调用相关指令来达到目的。以下列出了16位加法、16位带立即数加法、16位减法、16位带立即数减法、16位比较、16位带立即数比较和16位取补程序。

```
add16:    add r16,r18           ; r17:r16 + r19:r18→r17:r16
          adc r17,r19
;**************************************************************
addi16:   subi r16,low(-addi2)  ; r17:r16 + addi2→r17:r16
          sbci r17,high(-addi2) ;addi2 为 16 位立即数
```

```
;****************************************************************
sub16:     sub  r16,r18            ; r17:r16 - r19:r18→r17:r16
           sbc  r17,r19
;****************************************************************
subi16:    subi r16,low(subi2)     ; r17:r16 - subi2→r17:r16
           sbci r17,high(subi2)    ; subi2 为 16 位立即数
;****************************************************************
cp16:      cp   r16,r18            ; r17:r16 与 r19:r18 相比较
           cpc  r17,r19
;****************************************************************
cpi16:     cpi  r16,low(cp2)       ; r17:r16 与 16 位立即数 cp2 相比较
           ldi  r18,high(cp2)
           cpc  r17,r18
;****************************************************************
beg16:     com  r16                ; r17:r16 取补并回存
           com  r17
           subi r16,low(-1)
           sbci r17,high(-1)
;****************************************************************
```

32 位运算与 16 位运算相似，32 位加法程序和 32 位减法程序示例如下：

```
ADD32:                             ;32 位加法程序
           ADD  R16,R20
           ADC  R17,R21
           ADC  R18,R22
           ADC  R19,R23
;****************************************************************
SUB32:                             ;32 位减法程序
           SUB  R16,R20
           SBC  R17,R21
           SBC  R18,R22
           SBC  R19,R23
```

2. 乘除运算子程序

ATmega8 本身带有乘法指令，所以实现乘法比较简单。以下主要介绍除法运算子程序。

以下部分列出了 8 位/8 位无符号除法、8 位/8 位带符号除法、16 位/16 位无符号除法、16 位/16 位带符号除法、16 位/8 位无符号除法、32 位/32 位无符号除法、32 位/32 位带符号除法和 32 位/16 位无符号除法运算子程序。

(1) 8位/8位无符号除法

① 程序功能：r16（被除数）/r17（除数）→r16（结果）…r15（余数）。

该子程序是将两个寄存器 r16 和 r17 相除，结果送至寄存器 r16，余数送 r15。

② 程序清单如下：

```
div8u:                  ;8位/8位无符号除法
        sub   r15,r15   ;清余数和进位
        ldi   r18,9     ;初始化循环计数器
d8u_1:  rol   r16       ;左移结果被除数
        dec   r18       ;减计数器
        brne  d8u_2     ;不为0,跳至 d8u_2
        ret
d8u_2:  rol   r15       ;左移余数被除数移到除数
        sub   r15,r17   ;余数除数
        brcc  d8u_3     ;够减,跳至 d8u_3
        add   r15,r17   ;不够减,再加除数
        clc             ;清进位位
        rjmp  d8u_1
d8u_3:  sec             ;置进位位
        rjmp  d8u_1
```

(2) 8位/8位带符号除法

① 程序功能：r16（被除数）/r17（除数）→r16（结果）…r15（余数）。

该子程序是将两个寄存器 r16 和 r17 相除，结果送至寄存器 r16，余数送 r15。r16 最高位为 0，代表结果为正数；为 1，则为负数。

② 程序清单如下：

```
div8s:                  ;8位/8位带符号除法
        mov   r14,r16   ;确定结果符号
        eor   r14,r17
        sbrc  r17,7     ;判除数的正负
        neg   r17       ;为负,除数取补
        sbrc  r16,7     ;判被除数的正负
        neg   r16       ;为负,被除数取补
        sub   r15,r15   ;清余数和进位
        ldi   r18,9     ;初始化循环计数器
d8s_1:  rol   r16       ;左移结果被除数
        dec   r18       ;减计数器
        brne  d8s_2     ;不为0,跳至 d8s_2
        sbrc  r14,7     ;判结果的正负
```

```
            neg    r16              ;为负,结果取补
            ret
d8s_2:      rol    r15              ;左移余数被除数移到除数
            sub    r15,r17          ;余数除数
            brcc   d8s_3            ;够减跳至 d8s_3
            add    r15,r17          ;不够减,再加除数
            clc                     ;清进位位
            rjmp   d8s_1
d8s_3:      sec                     ;置进位位
            rjmp   d8s_1
```

(3) 16 位/8 位无符号除法

① 程序功能：(r16∶r15)/r17→r16…r15。

该子程序是将寄存器 r16 和 r15 的值与寄存器 r17 的值相除,结果送至寄存器 r16,余数送至 r15,结果为 8 位。

② 程序清单如下：

```
d16v8u:                             ;16/8 位无符号除法
            cp     r16,r17          ;被除数高字节≥除数
            brcc   ddd              ;结果溢出
            ldi    r18,8            ;初始化循环计数器
            rol    r15              ;左移余数被除数低字节
aaa:        bst    r16,7
            rol    r16              ;左移被除数高字节
            sub    r16,r17          ;r16 减 r17
            brts   bbb
            brcc   bbb
            add    r16,r17          ;结果为负,则 r16 加 r17
            clc                     ;清进位位
            rjmp   ccc
bbb:        sec                     ;够减置进位位
ccc:        rol    r15              ;左移余数
            dec    r18              ;减计数器
            brne   aaa              ;没完成再循环
            clc
            mov    r14,r16
            mov    r16,r15          ;r16 存放结果
            mov    r15,r14          ;r15 存放余数
            ret
ddd:        set
            ret
```

(4) 16位/16位无符号除法

① 程序功能：(r17:r16)/(r19:r18)→(r17:r16)…(r15:r14)

该子程序是将寄存器r17和r16的值与寄存器r19和r18的值相除，结果送至寄存器r17和r16，余数送r15和r14，结果为16位。

② 程序清单如下：

```
div16u:                    ;16位/16无符号除法
        clr    r14         ;清除余数和进位
        sub    r15,r15
        ldi    r20,17      ;初始化循环计数器
d16u_1: rol    r16         ;左移被除数
        rol    r17
        dec    r20         ;计数器减1
        brne   d16u_2      ;不为0,跳至d16u_2
        ret                ;为0,返回
d16u_2: rol    r14         ;左移余数被除数移到除数
        rol    r15
        sub    r14,r18     ;余数除数
        sbc    r15,r19
        brcc   d16u_3      ;够减跳至d16u_3
        add    r14,r18     ;不够减,再加除数
        adc    r15,r19
        clc                ;清进位位
        rjmp   d16u_1
d16u_3: sec                ;置进位位
        rjmp   d16u_1
```

(5) 16位/16位带符号除法

① 程序功能：(r17:r16)/(r19:r18)→(r17:r16)…(r15:r14)。

该子程序是将寄存器r17和r16的值与寄存器r19和r18的值相除，结果送至寄存器r17和r16，余数送r15和r14。寄存器r17的最高位为0,代表正数；为1,代表负数。结果为16位。

② 程序清单如下：

```
div16s:                    ;16位/16位带符号除法
        mov    r13,r17     ;确定结果符号
        eor    r13,r19
        sbrs   r17,7       ;判被除数的正负
        rjmp   d16s1
```

```
                com    r17              ;为负,被除数取补
                com    r16
                subi   r16,low(-1)
                sbci   r17,high(-1)
d16s1:          sbrs   r19,7            ;判除数的正负
                rjmp   d16s2
                com    r19              ;为负,除数取补
                com    r18
                subi   r18,low(-1)
                sbci   r19,high(-1)
d16s2:          clr    r14              ;清除余数和进位
                sub    r15,r15
                ldi    r20,17           ;初始化循环计数器
d16s3:          rol    r16              ;左移被除数
                rol    r17
                dec    r20              ;计数器减1
                brne   d16s5
                sbrs   r13,7            ;判结果的正负
                rjmp   d16s4            ;不为0,跳至d16s4
                com    r17              ;为负,结果取补
                com    r16
                subi   r16,low(-1)
                sbci   r17,high(-1)
d16s4:          ret
d16s5:          rol    r14              ;左移余数被除数移到除数
                rol    r15
                sub    r14,r18          ;余数除数
                sbc    r15,r19
                brcc   d16s6            ;够减,跳至d16s6
                add    r14,r18
                adc    r15,r19
                clc                     ;清进位位
                rjmp   d16s3
d16s6:          sec                     ;置进位位
                rjmp   d16s3
```

(6) 32位/16位无符号除法

① 程序功能：(r19:r18:r17:r16)/(r21:r20)商为16位,存放于r17:r16;余数存于r19:r18。

② 程序清单如下：

```
d32v16u:                        ;32位/16位无符号除法
        cp    r18,r20           ;被除数高16位≥除数
        cpc   r19,r21           ;结果溢出
        brcc  cc
        ldi   r22,0x10          ;初始化循环计数器
        rol   r16               ;左移被除数
        rol   r17
aa:     rol   r18               ;左移余数被除数移到除数
        bst   r19,7
        rol   r19
        sub   r18,r20           ;余数除数
        sbc   r19,r21
        brts  loop              ;够减跳至loop
        brcc  loop
        add   r18,r20           ;不够减再加除数
        adc   r19,r21
        clc                     ;清进位位
        rjmp  loop1
        sec                     ;置进位位
loop1:  rol   r16               ;左移结果
loop:   rol   r17
        dec   r22               ;计数器减1
        brne  aa                ;不为0,再循环
        clt                     ;清t标志
        ret
cc:     set                     ;置t标志
        ret
```

(7) 32位/32位无符号除法

① 程序功能：(r19∶r18∶r17∶r16)/(r23∶r22∶r21∶r20)商为32位，存放于r19∶r18∶r17∶r16，余数送r27∶r26∶r25∶r24。

② 程序清单如下：

```
div32u:                         ;32位/32位无符号除法
        ldi   r28,33            ;初始化循环计数器
        clr   r27               ;清除余数
        clr   r26
        clr   r25
```

```
              clr     r24
d32u_1:       cp      r24,r20         ;余数与除数相比较
              cpc     r25,r21
              cpc     r26,r22
              cpc     r27,r23
              brcs    d32u_2          ;进位位为1,即后者大,跳至 d32u_2
              sub     r24,r20         ;余数－除数
              sbc     r25,r21
              sbc     r26,r22
              sbc     r27,r23
              sec                     ;置进位位
              rjmp    d32u_3
d32u_2:       clc                     ;清进位位
d32u_3:       rol     r16             ;左移结果被除数
              rol     r17
              rol     r18
              rol     r19
              rol     r24             ;左移余数被除数移到除数
              rol     r25
              rol     r26
              rol     r27
              dec     r28             ;计数器减1
              brne    d32u_1          ;不为0,跳至 d32u_1
              ror     r27             ;右移余数
              ror     r26
              ror     r25
              ror     r24
              ret
```

(8) 32位/32位带符号除法

① 程序功能：(r19:r18:r17:r16)/(r23:r22:r21:r20)商为32位存放于r19:r18:r17:r16，余数送r27:r26:r25:r24。寄存器r19最高位为0,代表正数；为1,则代表负数。

② 程序清单如下：

```
div32s:                               ;32位/32位带符号除法
              clr     r27             ;清除余数
              clr     r26
              clr     r25
              clr     r24
              clr     r30             ;清符号位
```

```
            cpi     r19,0x7f        ;判被除数的正负
            brcc    qubus1          ;为负,被除数取补
d32s_1:     cpi     r23,0x7f        ;判除数的正负
            brcc    qubus2          ;为负除数取补
d32s_2:     ldi     r28,33          ;初始化循环计数器
d32s_3:     cp      r24,r20         ;余数与除数相比较
            cpc     r25,r21
            cpc     r26,r22
            cpc     r27,r23
            brcs    d32s_4          ;进位位为1,即后者大,跳至d32s_4
            sub     r24,r20         ;余数除数
            sbc     r25,r21
            sbc     r26,r22
            sbc     r27,r23
            sec                     ;置进位位
            rjmp    d32s_5
d32s_4:     clc                     ;清进位位
d32s_5:     rol     r16             ;左移结果被除数
            rol     r17
            rol     r18
            rol     r19
            rol     r24             ;左移余数被除数移到除数
            rol     r25
            rol     r26
            rol     r27
            dec     r28             ;计数器减1
            brne    d32s_3          ;不为0,跳至d32s_3
            ror     r27             ;右移余数
            ror     r26
            ror     r25
            ror     r24
            cpi     r30,0x01        ;判符号位
            breq    qubus3          ;为1代表负,结果取补
d32s_6:     ret                     ;返回
qubus1:     inc     r30             ;符号位加1
            com     r16             ;取反加1取补
            com     r17
            com     r18
            com     r19
```

```
            subi    r16,0xff
            sbci    r17,0xff
            sbci    r18,0xff
            sbci    r19,0xff
            rjmp    d32s_1
qubus2:     inc     r30             ;符号位加1
            com     r20             ;取反加1取补
            com     r21
            com     r22
            com     r23
            subi    r20,0xff
            sbci    r21,0xff
            sbci    r22,0xff
            sbci    r23,0xff
            rjmp    d32s_2
qubus3:     com     r16             ;取反加1取补
            com     r17
            com     r18
            com     r19
            subi    r16,0xff
            sbci    r17,0xff
            sbci    r18,0xff
            sbci    r19,0xff
            rjmp    d32s_6
```

3. 开方运算程序设计

在流量仪表中常用到开方运算。下面给出了 16 位和 32 位开方运算程序。

(1) 16 位开方运算

① 程序功能：实现 16 位定点数的开方运算 Sqrt(r19:r18)=r25。
② 使用的寄存器 r18,r19,r25,r26。
③ 程序思想如下：

根据等差级数的求和公式，有 $1+3+5+\cdots+2n-1 = 1/2 * (1+2n-1) * n = n^2$。
对于任一正整数 N，总可以找到 n，使式 $N=n^2+\delta$ ($0 \leqslant \delta \leqslant 2n+1$) 成立。
这里 δ 为误差，n 为 N 的平方根。计算时按下式进行：

$$N = 1+3+5+\cdots+2n-1+\delta = 2i-1+\delta$$

因此，只要从 N 中依次减去 $2i-1$($i=1,2,\cdots,n$)，到不够减时为止。不够减时的减数右移 1 位，即为平方根的整数部分。

④ 程序清单如下：

```
kf16:   ldi    r25,0xff         ;(r26:25)送 1
        ldi    r26,0xff
tf:     subi   r25,0xfe         ;(r26:r25)加 2
        sbci   r26,0xff
        sub    r18,r25          ;(r19:r18)减 r26 r25
        sbc    r19,r26
        brcc   tf               ;够减，则返回 tf
        ror    r26              ;不够减，则将(r26:r25)除以 2 即为结果
        ror    r25
        ret
```

(2) 32 位开方运算

① 程序功能：实现 32 位定点数的开方运算。

Sqrt(r19:r18:r17:r16) = (r25:r24)

使用的寄存器 r0,r16,r17,r18,r19,r24,r25,r26。

② 程序思想如下：

若采用 16 位开方运算的方法，则 32 位无符号数开方可能需要做 65 536 次 32 位的减法，速度极慢。在此采用先对高 16 位开方，求出结果的高 8 位，再在此基础上作 24 位减法。被减数减去(2n−1)，直到不够减为止。这样处理可大大减少减法次数，加快运算速度。

③ 程序清单如下：

```
kf32:    rcall  kf16a
         clr    r0
         ldi    r24,0xff        ;r24 送 0xff
kf32_1:  adiw   r24,2           ;(r26:r25:r24)+ 2
         sub    r16,r24         ;被开方数 -(r26:r25:r24)
         sbc    r17,r25
         sbc    r18,r26
         sbc    r19,r0
         brcc   kf32_1          ;够减，则循环
         ror    r26             ;不够减，则 r26:r25:r24 右移 1 位
         adc    r26,r0
         ror    r25
         ror    r24
         ret
kf16a:   ldi    r25,0xff        ;r26:r25 送 1
         ldi    r26,0xff
tf:      subi   r25,0xfe        ;(r26:r25)+ 2
```

```
        sbci    r26,0xff
        sub     r18,r25         ;(r19:r18)-(r26:r25)
        sbc     r19,r26
        brcc    tf              ;够减,则循环
        add     r18,r25         ;不够减,则恢复原被减数
        adc     r19,r26
        subi    r25,2           ;恢复原减数
        sbci    r26,0
        ret
```

3.3.3 浮点数运算程序

1. 4字节浮点格式

进行数值运算时,采用定点数运算往往不能满足要求。例如,短整数(8位带符号数)表示数的范围为 $-128 \sim +127$,整数(16位带符号数)表示数的范围为 $-32768 \sim +32767$,长整数(32位带符号数)表示数的范围为 $-2^{31} \sim 2^{31}-1$。每增加或减少1个数字单位恒为1,这样在绝对值很小时,表示的数的精度就很低。为了满足数的范围和精度的要求,常采用浮点数的格式。

二进制浮点数一般采用 $\pm M \times 2^E$ 的形式表示,其中 M 为尾数,是定点数(无符号数),$\pm$ 为数符,E 为指数。

若用1位二进制数表示符号位,则0为正,1为负。

24位二进制数表示尾数 $0.1\underbrace{00\cdots0}_{23位} \sim 0.1\underbrace{11\cdots1}_{23位}$,8位二进制数表示指数取 $-125 \sim +128$,则表示数的范围就可以扩大为 $\pm(0.5 \times 2^{-125} \sim 1.0 \times 2^{128})$,即 $1.2 \times 10^{-38} \sim 3.4 \times 10^{38}$,精度为 2^{-24},即 5.9×10^{-8}。

我们采用IEEE提出的4字节浮点数标准,恰好能很好地表示这个范围的浮点数。其格式如下:

数符	阶码		尾数	
31	30	23	22	0

最高位(第31位)为符号位:0为正,1为负。低23位(0~22位)为尾数。实际尾数为
$$0.1\underbrace{00\cdots0}_{23位} \sim 0.1\underbrace{11\cdots1}_{23位}$$

第23~30位这8位为阶码。由于指数取值范围为 $-125 \sim +128$,可正可负。为简单起见,阶码采用指数的移码:阶码 = 指数 + 0x7E,这样阶码恒为正。

阶码为0,即浮点数为0(小于 1.2×10^{-38});

阶码为 0x78,指数为 0x78−0x7E=−6;

阶码为 0x88,指数为 0x88−0x7E=10;

阶码为 0xFF,指数为 0xFF−0x7E=0x81。

超出 4 字节浮点数的表示范围表示溢出,即绝对值大于 3.4×10^{38}。

为了方便理解该符点数的格式,下面举几个实际例子。

例 1:十进制数 $1=0.5 \times 2^1$,数符为 0,阶码为 1+0x7E=0x7F,尾数 $0.5=0.100\cdots 0b$,去掉最高位 1,为 $00\cdots 0(23 位)$,4 字节浮点数为 $0011\ 1111\ 10\cdots 0b$,即为 0x3F 80 00 00。

例 2:$0.5=0.5 \times 2^0$,数符为 0,阶码为 0x7E,尾数去掉最高位 1,为 $0000\cdots 0b(23 位)$,4 字节浮点数为 $0011\ 1111\ 0000\cdots 0b$,即为 0x3F 00 00 00。

例 3:$-5=-101=-0.101 \times 2^3$,数符为 1,阶码为 3+0x7E=0x81,尾数去掉最高位 1,为 $0100\cdots 0b(23 位)$,4 字节浮点数为 $1100\ 0000\ 1010\ 0000\ 0b$,即为 0xC0 A0 00 00。

2. 4 字节浮点运算子程序库

该浮点运算子程序主要有最基本的数值计算(加减乘除运算)和整数到浮点、浮点到整数的转换。该浮点运算子程序库占 353 个字,共使用寄存器 16 个,并使用了 SRAM 5 字节。

注意:调用加减乘除子程序前,必须将 Y 寄存器置初值,使用的 SRAM 5 字节的地址为 Y−5、Y−4、Y−3、Y−2 和 Y−1,且应使这 5 字节与堆栈区和 SRAM 其他工作区不要重复。

浮点运算子程序库中包含以下 8 个子程序:

INT2FP——16 位整数转换成 4 字节浮点数运算子程序;

LONG2FP——32 位长整数转换成 4 字节浮点数运算子程序;

FP2INT——4 字节浮点数转换成 16 位整数运算子程序;

FP2LONG——4 字节浮点数转换成 32 位长整数运算子程序;

ADD32F——4 字节浮点加法运算子程序;

SUB32F——4 字节浮点减法运算子程序;

DIV32F——4 字节浮点除法运算子程序;

MPY32F——4 字节浮点乘法运算子程序。

由于这 8 个浮点子程序都是常用的,所以将这些子程序编写在一块,各有自己的入口,又有一些共同的程序段。这样编写,可以节省程序存储单元。浮点程序库总共只占 353 个字,一般不至于影响存放用户程序。

以下简单介绍各浮点子程序的程序思想。

(1) 定点长整数(或整数)转换成浮点数:若为整数,则先将其转换成长整数(正数高 16 位添 0,负数高 16 位添 1);取出符号位及绝对值(正数绝对值不变,负数绝对值取补);将 31 位绝对值左移至最高位为 1,其后 23 位数即为浮点数尾数(不足 23 位用 0 补足);浮点数的阶码为 0x9D 减去左移次数。

(2) 浮点数取长整(或取整)：先判断阶码是否小于 0x7F，若小于 0x7F，则结果为 0；再看阶码是否大于 0x9D(或 0x8D)，若大于，则溢出，正数取 0x7FFFFFFF(或 0x7FFF)，负数取 0x80000000(或 0x8000)；否则尾数最高位补 1，右移 24 位尾数(0x96 - 阶码)次，即可求得尾数绝对值；取补即得到长整数(或整数)。注：0x96 -阶码为负时，为低位补 0 次数。

(3) 浮点加减法运算：减法可对减数改变符号作加法运算；若一个加数为零或两数的阶码值相差大于尾数长度(24 位)，则可忽略较小的加数，和取较大的加数；作加法运算前先对阶，小阶对大阶，较小的数尾数右移阶码之差次；尾数作加法运算；结果再浮点规格化，转化成 24 位尾数最高位刚好为 1，化成规定浮点格式。

(4) 浮点乘法运算：不需要对准小数点，只要把阶码相加，再减去 0x7E；尾数相乘；符号相异或；然后对结果进行必要的规格化。

(5) 浮点数除法运算：在执行浮点数除法时，应先调整被除数的阶码，使被除数的尾数小于除数的尾数(使商不大于 1)，然后把阶码相减，再加上 0x7E；尾数相除；符号相"异或"。

一般浮点库使用者不必详细了解浮点子程序的编写原理，只要求正确使用这些浮点子程序，注意入口、出口、使用的寄存器(必要时这些寄存器应加以保护)和使用的内部 SRAM 地址(应使这些 SRAM 不作其他长期保留数据的空间和远离堆栈区)。

- INT2FP——16 位整数转换成 4 字节浮点数运算子程序。

  入口：r17:r16。　　出口：r19:r18:r17:r16。

  使用的寄存器：r16,r17,r18,r19,r20,r26。

- LONG2FP——32 位长整数转换成 4 字节浮点数运算子程序。

  入口：r19:r18:r17:r16。　　出口：r19:r18:r17:r16。

  使用的寄存器：r16,r17,r18,r19,r20,r26。

- FP2INT——4 字节浮点数转换成 16 位整数运算子程序。

  入口：r19:r18:r17:r16。　　出口：r19:r18。

  使用的寄存器：r16,r17,r18,r19,r20,r26。

- FP2LONG——4 字节浮点数转换成 32 位长整数运算子程序。

  入口：r19:r18:r17:r16。　　出口：r19:r18:r17:r16。

  使用的寄存器：r16,r17,r18,r19,r20,r26。

- ADD32F——4 字节浮点加法运算子程序。

  入口：r19:r18:r17:r16 + r24:r23:r22:r21。　　出口：r19:r18:r17:r16。

  使用的寄存器：r16,r17,r18,r19,r20,r21,r22,r23,r24,r25,r26,r28,r29。

  使用的 SRAM：Y−5,Y−4,Y−3,Y−2,Y−1。

- SUB32F——4 字节浮点减法运算子程序。

  入口：r19:r18:r17:r16 − r24:r23:r22:r21。　　出口：r19:r18:r17:r16。

  使用的寄存器：r16,r17,r18,r19,r20,r21,r22,r23,r24,r25,r26,r28,r29。

第3章 ATmega8 指令系统

使用的 SRAM：Y-5, Y-4, Y-3, Y-2, Y-1。
- DIV32F——4 字节浮点除法运算子程序。
  入口：r19:r18:r17:r16 / r24:r23:r22:r21。 出口：r19:r18:r17:r16。
  使用的寄存器：r13, r14, r15, r16, r17, r18, r19, r20, r21, r22, r23, r24, r25, r26, r28, r29。
  使用的 SRAM：Y-1。
- MPY32F——4 字节浮点乘法运算子程序。
  入口：r19:r18:r17:r16 / r24:r23:r22:r21。 出口：r19:r18:r17:r16。
  使用的寄存器：r13, r14, r15, r16, r17, r18, r19, r20, r21, r22, r23, r24, r25, r26, r28, r29。
  使用的 SRAM：Y-1。

```
INT2FP:                        ;16 位整数转换成 4 字节浮点数运算子程序
        CLR     R18
        SBRC    R17,7          ;R17:R16 为待转换的整数
        COM     R18
        CLR     R19            ;16 位整数按数符位扩展成 32 位长整数
        SBRC    R18,7          ;为正，R19, R18 清 0
        COM     R19            ;为负，R19, R18 置为 0xFFFF


LONG2FP:                       ;32 位长整数转换成 4 字节浮点数运算子程序
        CLR     R20            ;清符号位 R20
        AND     R19,R19        ;先判 +/-
        BRPL    LONG2FP_1      ;为正，跳至 LONG2FP_1
        RCALL   QUBU           ;为负，调 QUBU 子程序取补
        COM     R20            ;符号位 R20 取反
LONG2FP_1:
        MOV     R26,R16        ;再判 R19:R18:R17:R16 是否全 0
        OR      R26,R17
        OR      R26,R18
        OR      R26,R19
        BRNE    LONG2FP_2      ;不为 0，跳至 LONG2FP_2
        RJMP    JGW0           ;为 0，跳至 JGW0——结果为 0
LONG2FP_2:
        LDI     R26,0x16       ;令 R26 = 22
        RJMP    LONG2FP_4
LONG2FP_3:  INC     R26
        LSR     R19
```

```
              ROR    R18
              ROR    R17
              ROR    R16
LONG2FP_4:
              AND    R19,R19        ;判高位是否为 0
              BRNE   LONG2FP_3      ;不为 0,右移 1 位,阶码加 1
LONG2FP_5:
              AND    R18,R18        ;判次高位是否为 0
              BRNE   LONG2FP_7
              SUBI   R26,0x08       ;为 0,阶码减 8
              MOV    R18,R17        ;数左移 8 位
              MOV    R17,R16
              LDI    R16,0x00       ;低位以 0x00 填充
              RJMP   LONG2FP_5
LONG2FP_6:    DEC    R26
              ADD    R16,R16
              ADC    R17,R17
              ADC    R18,R18
LONG2FP_7:    BRPL   LONG2FP_6      ;R18 第 7 位为 0,再左移 1 位
              MOV    R19,R26        ;阶码减 1,直到 R18 第 7 位为 1
              RJMP   GGH

FP2INT:                             ;4 字节浮点数转换成 16 位整数运算子程序
              LDI    R26,0x0E       ;令 R26 = 14
              RJMP   FP2LONG_1      ;跳至 FP2LONG_1
FP2LONG:                            ;4 字节浮点数转换成 32 位长整数运算子程序
              LDI    R26,0x1E       ;令 R26 = 30
FP2LONG_1:    RCALL  FP2LONG_11     ;调 FP2LONG_11 子程序
              BREQ   FP2LONG_4      ;相等,即阶码为 0,按 0 处理
              SUB    R26,R19        ;R26(14)- 阶码差值
              BREQ   FP2LONG_2      ;为 0,则跳至 FP2LONG_2
              BRPL   FP2LONG_5      ;为正,则跳至 FP2LONG_5——无溢出
FP2LONG_2:                          ;有溢出
              AND    R20,R20        ;符号为正
              BRMI   FP2LONG_3      ;符号为负,则跳至 FP2LONG_3
              LDI    R16,0xFF
              LDI    R17,0xFF
              LDI    R18,0xFF
              LDI    R19,0x7F
              RET                   ;正向溢出,结果置为 0x7F FF FF FF
FP2LONG_3:    LDI    R16,0x00
```

```
              LDI    R17,0x00
              LDI    R18,0x00
              LDI    R19,0x80
              RET                    ;负向溢出,结果置为 0x80 00 00 00
FP2LONG_4:    LDI    R16,0x00
              LDI    R18,0x00
              LDI    R17,0x00
              LDI    R19,0x00
              RET                    ;结果为 0,置为 0x00 00 00 00
FP2LONG_5:                           ;无溢出
              INC    R19             ;阶码差值 + 1
              BRMI   FP2LONG_4       ;为负,即(阶码< 0x7E),按 0 处理
              LDI    R19,0x00        ;清 R19
              SUBI   R26,0x08        ;R26(14 - 阶码差值)- 8
              BRPL   FP2LONG_7       ;为正,转 FP2LONG_7
              SUBI   R26,0xF8        ;不够减,则加 8
              MOV    R19,R18         ;左移 8 位
              MOV    R18,R17
              MOV    R17,R16
              LDI    R16,0x7F        ;低位以 0x7F 填充
              RJMP   FP2LONG_8       ;跳至 FP2LONG_8
FP2LONG_6:    MOV    R16,R17         ;右移 8 位
              MOV    R17,R18
              LDI    R18,0x00        ;高位以 0x00 填充
              SUBI   R26,0x08        ;R26 - 8
FP2LONG_7:    CPI    R26,0x08        ;R26 值与 8 相比较
              BRCC   FP2LONG_6       ;有借位跳至 FP2LONG_6
FP2LONG_8:                           ;无借位
              AND    R26,R26
              BREQ   FP2LONG_10
FP2LONG_9:    LSR    R19             ;右移 1 位
              ROR    R18
              ROR    R17
              ROR    R16
              DEC    R26             ;R26-1,不为 0,跳至 FP2LONG_9
              BRNE   FP2LONG_9       ;直到 R26 为 0 为止
FP2LONG_10:                          ;考虑符号位
              SBRC   R20,7
              RJMP   QUBU            ;为负,则跳至 QUBU——取补返回
              RET                    ;为正,返回
```

```
FP2LONG_11:    MOV    R20,R19         ;取浮点数数符存于 R20 最高位
               ANDI   R20,0x80
               ADD    R18,R18         ;将阶码移至 R19
               ADC    R19,R19
               SUBI   R19,0x80        ;阶码减 0x80 存于 R19
               SEC
               ROR    R18             ;恢复尾数最高位 1
               CPI    R19,0x80        ;阶码差值与 0x80 相比较
               RET
ADD32F_1:                              ;存储结果
               MOV    R20,R25
               MOV    R19,R24
               MOV    R18,R23
               MOV    R17,R22
               MOV    R16,R21
ADD32F_2:      RJMP   GGH             ;跳至 GGH 处理结果
SUB32F:                                ;4 字节浮点减法运算子程序
               SUBI   R24,0x80        ;减数取反视为浮点加法运算
ADD32F:                                ;4 字节浮点加法运算子程序
               RCALL  YCL             ;调 YCL 子程序
               CPI    R24,0x80        ;先判加数是否为 0
               BREQ   ADD32F_2        ;为 0,则和为被加数,跳至 ADD32F_2
               CPI    R19,0x80        ;再判被加数是否为 0
               BREQ   ADD32F_1        ;为 0,则和为加数,跳至 ADD32F_1
ADD32F_3:      MOV    R26,R19         ;转存被加数阶码
               SUB    R26,R24         ;R26 = 被加数阶码减加数阶码
               BRVS   ADD32F_2        ;溢出,跳至 ADD32F_2,即加数可忽略
               BRMI   ADD32F_4        ;为负,跳至 ADD32F_4
               BRNE   ADD32F_5        ;不等,跳至 ADD32F_5
               CP     R16,R21
               CPC    R17,R22
               CPC    R18,R23
               BRCC   ADD32F_5
ADD32F_4:      RCALL  ADD32F_16       ;调 ADD32F_16,被加数和加数相交换
               RJMP   ADD32F_3        ;跳至 ADD32F_3
ADD32F_5:      CPI    R26,0x18        ;阶码差值与 24 相比较
               BRCS   ADD32F_6        ;C = 1,跳至 ADD32F_6,即 < 24
               CLR    R21             ;> 24,加数清 0
               CLR    R22
               CLR    R23
```

第3章 ATmega8 指令系统

```
ADD32F_6:   CPI    R26,0x08        ;阶码差值与8相比较
            BRCS   ADD32F_7        ;C=1,跳至 ADD32F_7（直至＜8）
            MOV    R21,R22         ;加数尾数右移8位
            MOV    R22,R23         ;高8位清0
            CLR    R23
            SUBI   R26,0x08        ;阶码差值再减8
            RJMP   ADD32F_6        ;跳至 ADD32F_6
ADD32F_7:   AND    R26,R26
            BREQ   ADD32F_9        ;直至 R26=0,跳至 ADD32F_9
ADD32F_8:   LSR    R23             ;加数尾数右移1位
            ROR    R22
            ROR    R21
            DEC    R26             ;阶码差值减1
            BRNE   ADD32F_8        ;不为0,跳至 ADD32F_8
ADD32F_9:   MOV    R26,R20         ;被加数和加数是否同号
            EOR    R26,R25
            BRMI   ADD32F_10       ;异号,跳至 ADD32F_10
            RCALL  ADD32F_13       ;同号,调 ADD32F_13 子程序尾数相加
            BRCC   ADD32F_2        ;C=0,无溢出跳至 ADD32F_2
            ROR    R18             ;C=1,溢出尾数右移1位
            ROR    R17
            ROR    R16
            SUBI   R19,0xFF        ;阶码加1
            BRVC   ADD32F_2        ;无溢出,跳至 ADD32F_2 处理结果
            RJMP   JGZD            ;溢出,跳至 JGZD 出结果
ADD32F_10:  RCALL  ADD32F_14       ;调 ADD32F_14 子程序——尾数相减
            BRNE   ADD32F_11       ;不等,跳至 ADD32F_11
            RJMP   JGW0            ;跳至 JGW0,出结果
ADD32F_11:  BRCC   ADD32F_12       ;C=0,够减,跳至 ADD32F_12
            RCALL  ADD32F_15       ;C=1,不够减,调 ADD32F_15 子程序——取补
ADD32F_12:  AND    R18,R18         ;判 R18 最高位是否为1
            BRMI   ADD32F_2        ;为1,跳至 ADD32F_2,处理结果
            ADD    R16,R16         ;为0,尾数左移1位
            ADC    R17,R17
            ADC    R18,R18
            SUBI   R19,0x01        ;阶码减1
            BRVC   ADD32F_12       ;无溢出,跳至 ADD32F_12
            RJMP   JGZD            ;溢出,跳至 JGZD,出结果
ADD32F_13:                         ;尾数相加
            ADD    R16,R21
```

```
            ADC   R17,R22
            ADC   R18,R23
            RET
ADD32F_14:                        ;尾数相减
            SUB   R16,R21
            SBC   R17,R22
            SBC   R18,R23
            RET
ADD32F_15:                        ;结果取补
            COM   R17
            COM   R18
            NEG   R16
            SBCI  R17,0xFF
            SBCI  R18,0xFF
            RET
ADD32F_16:                        ;两个数相交换
            ST    -Y,R21
            ST    -Y,R22
            ST    -Y,R23
            ST    -Y,R24
            ST    -Y,R25
            MOV   R24,R19
            MOV   R21,R16
            MOV   R22,R17
            MOV   R23,R18
            MOV   R25,R20
            LD    R20,Y+
            LD    R19,Y+
            LD    R18,Y+
            LD    R17,Y+
            LD    R16,Y+
            RET
YCL:        MOV   R20,R19
            LDI   R26,0x80
            ADD   R18,R18
            ADC   R19,R19           ;将阶码移至R19
            EOR   R19,R26           ;阶码减0x80存于R19
            ADD   R26,R26
            ROR   R18               ;恢复尾数最高位1
            ANDI  R20,0x80          ;取浮点数数符存于R20最高位
```

```
              MOV   R25,R24
              LDI   R26,0x80
              ADD   R23,R23       ;将阶码移至 R24
              ADC   R24,R24
              EOR   R24,R26       ;阶码减 0x80 存于 R24
              ADD   R26,R26
              ROR   R23           ;恢复尾数最高位 1
              ANDI  R25,0x80      ;取浮点数数符存于 R25 最高位
              CPI   R19,0x80
              RET
GGH：                             ;规格化
              ADD   R18,R18       ;隐含尾数最高位为 1
              LDI   R26,0x80      ;考虑符号位
              EOR   R26,R19
              ADD   R20,R20
              ROR   R26           ;右移 R26,R18
              ROR   R18
              MOV   R19,R26       ;R26 移至 R19
              RET
DIV32F_1：    ST    -Y,R26        ;转存 R26
              CLR   R13           ;清 R15:R14:R13
              CLR   R14
              CLR   R15
              LDI   R26,0x18      ;令 R26 = 0x18(24)
DIV32F_2：    CP    R16,R21       ;被除数(余数)与除数两尾数相比
              CPC   R17,R22
              CPC   R18,R23
              BRCS  DIV32F_3      ;被除数(余数)<除数
              SUB   R16,R21       ;余数 = 被除数 - 除数
              SBC   R17,R22
              SBC   R18,R23
              SEC
              RJMP  DIV32F_4
DIV32F_3：
              CLC                 ;清除进位位
DIV32F_4：    ADC   R13,R13       ;商左移 1 位,并加上进位位
              ADC   R14,R14
              ADC   R15,R15
              ADD   R16,R16       ;余数左移 1 位
              ADC   R17,R17
```

```
        ADC     R18,R18
        DEC     R26             ;R26-1
        BRNE    DIV32F_2        ;循环 24 次
        MOV     R16,R13         ;取出商
        MOV     R17,R14
        MOV     R18,R15
        LD      R26,Y+          ;恢复 R26
        RET
DIV32F:
        AND     R24,R24         ;4 字节浮点除法运算子程序
        BREQ    DIV32F_7        ;跳至 DIV32F_7,出结果
        AND     R19,R19         ;判被除数是否为 0
        BREQ    JGW0            ;为 0,则结果为 0
        RCALL   YCL             ;调 YCL 子程序
        BREQ    JGW0            ;跳至 JGW0,结果为 0
        EOR     R20,R25         ;取商的符号位存于 R20
        SEC
        SBC     R19,R24         ;取出商的阶码
        BRVS    JGZD            ;溢出,跳至 JGZD
        LSR     R23             ;无溢出
        ROR     R22             ;将被除数与除数得尾数
        ROR     R21             ;右移 1 位,最高位置 0
        LSR     R18
        ROR     R17
        ROR     R16
        RCALL   DIV32F_1        ;调 DIV32F_1 子程序进行运算
        AND     R18,R18         ;判 R18 最高位是否为 0
        BRMI    DIV32F_5        ;为 1
        ADD     R16,R16         ;为 0,左移被除数尾数
        ADC     R17,R17
        ADC     R18,R18
        SUBI    R19,0x01        ;阶码减 1
        BRVS    JGZD            ;溢出,跳至 JGZD
DIV32F_5:                       ;无溢出
        MOV     R26,R16
        LSR     R26
        BRCS    DIV32F_6        ;进位位为 1,跳至 DIV32F_6
        AND     R16,R16
        BRPL    DIV32F_6        ;为正,跳至 DIV32F_6
        AND     R17,R17
```

```
              BRPL   DIV32F_6        ;为正,跳至 DIV32F_6
              LDI    R26,0x01        ;尾数加 1
              ADD    R16,R26
              CLR    R26
              ADC    R17,R26
              ADC    R18,R26
DIV32F_6:     RJMP   GGH
DIV32F_7:     RJMP   JGW0
JGZD:                                ;结果置为 0x7FFFFFFF
              LDI    R26,0x7F
              MOV    R19,R26
              OR     R18,R26
              LDI    R26,0xFF
              MOV    R16,R26
              MOV    R17,R26
              RET
JGW0:                                ;结果置为 0x00000000
              CLR    R16
              CLR    R17
              CLR    R18
              CLR    R19
              CLR    R20
              RET
MPY32F:                              ;4 字节浮点乘法运算子程序
              RCALL  YCL             ;调 YCL 子程序,并判乘数是否为 0
              BREQ   JGW0            ;被乘数为 0,跳至 JGW0——结果为 0
              CPI    R24,0x80        ;判乘数是否为 0
              BREQ   JGW0            ;乘数为 0,跳至 JGW0——结果为 0
              EOR    R20,R25         ;符号位相"异或"
              SEC
              ADC    R19,R24         ;恢复阶码,存于 R19
              BRVS   JGZD            ;溢出,跳至 JGZD
              RCALL  MPY32F_2        ;无溢出,调 MPY32F_2 子程序
              AND    R18,R18         ;判 R18 最高位是否为 1
              BRMI   MPY32F_1        ;为负,即 R18 最高位为 1,跳至 MPY32F_1
              DEC    R19             ;为正,即 R18 最高位为 0,阶码减 1
              ADD    R15,R15         ;尾数左移 1 位
              ADC    R16,R16
              ADC    R17,R17
              ADC    R18,R18         ;直至 R18 最高位为 1 止
```

```
MPY32F_1:   SUBI    R19,0xFF        ;阶码加 1
            BRVS    JGZD            ;溢出,跳至 JGZD
            RJMP    GGH             ;跳至 GGH——出结果
MPY32F_2:   ST      -Y,R24          ;转存 R24
            CLR     R13             ;清 R26,R15,R14,R13
            CLR     R14
            CLR     R15
            CLR     R26
            LDI     R24,0x18        ;令 R24 = 0x18(24)
MPY32F_3:   ADD     R13,R13         ;积的尾数在 R18:R17:R16:R15:R14:R13
            ADC     R14,R14
            ADC     R15,R15
            ADC     R16,R16         ;尾数左移
            ADC     R17,R17
            ADC     R18,R18
            BRCC    MPY32F_4        ;无进位,R24 减 1,不加乘数
            ADD     R13,R21         ;有进位,R24 减 1,加乘数到尾数低位
            ADC     R14,R22
            ADC     R15,R23
            ADC     R16,R26
            ADC     R17,R26
            ADC     R18,R26
MPY32F_4:   DEC     R24             ;循环 24 次
            BRNE    MPY32F_3
            LD      R24,Y+          ;恢复 R24
            RET                     ;取高 24 位
QUBU:                               ;取补运算
            COM     R16
            COM     R17
            COM     R18
            COM     R19
            SUBI    R16,0xFF
            SBCI    R17,0xFF
            SBCI    R18,0xFF
            SBCI    R19,0xFF
            RET
```

第 4 章

CodeVisionAVR C 集成开发环境

随着市场竞争的日趋激烈,要求电子工程师能够在短时间内编写出执行效率高而又可靠的嵌入式系统的执行代码。同时,由于实际系统的日趋复杂,要求所编写的代码规范化、模块化,便于多个工程师以软件工程的形式进行协同开发。汇编语言作为传统嵌入式系统的编程语言,具有执行效率高等优点,但其本身是一种低级语言,编程效率低下,且可移植性和可读性差,维护极不方便,从而导致整个系统的可靠性也较差。而 C 语言以其结构化和能产生高效代码等优势满足了电子工程师的需要,成为他们进行嵌入式系统编程的首选开发工具,得到了广泛支持。用 C 语言进行嵌入式系统的开发,具有汇编语言编程所不可比拟的优势:

- 可以大幅度加快开发进度,特别是开发一些复杂的系统,程序量越大,用 C 语言就越有优势。
- 无须精通单片机指令集和具体的硬件,也能够编出符合硬件实际专业水平的程序。
- 可以实现软件的结构化编程,它使得软件的逻辑结构变得清晰、有条理,便于开发小组计划项目、分工合作。源程序的可读性和可维护性都很好,基本上可以杜绝因开发人员变化而给项目进度或后期维护以及升级所带来的影响,从而保证整个系统的可靠性。
- 省去了人工分配单片机资源(包括寄存器、RAM 等)的工作。在汇编语言中要为每一个子程序分配单片机的资源,这是一个复杂、乏味而又容易出差错的工作。在使用 C 语言后,只要在代码中声明一下变量的类型,编译器就会自动分配相关资源,根本不需要人工干预,从而有效地避免了人工分配单片机资源的差错。
- 当编写好了一个算法(在 C 语言中称为函数)后,需要移植到不同种类的 MCU 上时,在汇编语言中只有重新编写代码,可移植性很差。而用 C 语言开发时,符合 ANSI C 语言标准的程序基本不必修改,只要将一些与硬件相关的代码作适当的修改,就可以方便地移植到其他种类的单片机上,甚至可以将代码从单片机移植到 DSP 或 ARM 中。
- C 语言提供 auto、static、flash 等存储类型,针对单片机的程序存储空间、数据存储空间及 E^2PROM 空间自动为变量合理地分配空间,而且 C 语言提供复杂的数据类型(如数组、结构体、指针等类型),极大地增强了程序处理能力和灵活性。C 编译器不仅能够自动实现中断服务程序的现场保护和恢复,而且还提供了常用的标准函数库供用户使用,使用户节省了重复编写相同代码的时间,并且 C 编译器能够自动生成一些硬件的初始化代码。
- 对于一些复杂系统的开发,可以通过移植(或 C 编译器提供)的实时操作系统来实现,如实现 TCP/IP 协议及 http、ftp 等功能,使用汇编是不可能的。

虽然使用 C 语言编写的代码比用汇编语言编写的代码占用的空间大 5%～20%,但是由于半导体技术的发展,芯片的容量和速度有了大幅度的提高,占用空间大小的差异已经不很关键,相比之下,应该更注重软件是否具有长期稳定运行的能力,注重使用先进开发工具所带来的时间和成本的优势。

为了缩短产品进入市场的时间,简化系统的维护和支持,对于由单片机组成的嵌入式系统来说,用高级语言编程已成为一种标准编程方法。AVR 结构单片机的开发目的就在于能够更好地采用高级语言(例如 C 语言、BASIC 语言)来编写嵌入式系统的系统程序,从而能高效地开发出目标代码。为了对目标代码大小、性能及功耗进行优化,AVR 单片机的结构中采用了大型快速存取寄存器组和快速的单周期指令系统。在 1.3.2 小节中,我们比较了几种不同的 C 语言开发环境的特点,对于初学者来说,推荐使用 CodeVisionAVR+AVRStudio 的方式进行程序的开发。本章主要介绍 CodeVisionAVR 集成开发环境的安装和使用。

4.1 CodeVisionAVR C 集成开发环境安装与运行

① 首先执行安装文件 setup.exe,出现如图 4.1 所示的欢迎信息框,单击 Next 按钮继续。

图 4.1 欢迎信息框

第 4 章　CodeVisionAVR C 集成开发环境

② 弹出软件协议信息框,如图 4.2 所示,单击 Next 按钮继续。

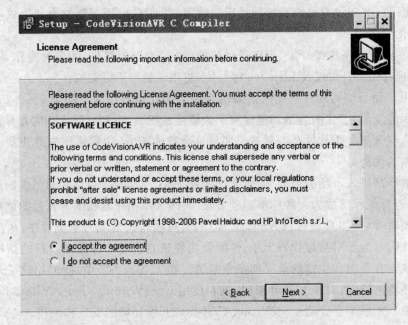

图 4.2　软件协议信息框

③ 此时会弹出安装密码输入信息框,如图 4.3 所示,输入正确的安装密码,然后单击 Next 按钮。

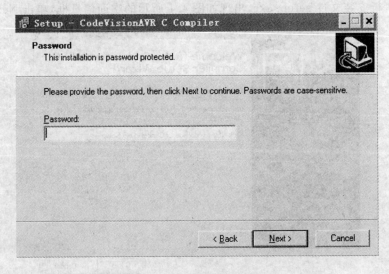

图 4.3　安装密码输入信息框

第 4 章　CodeVisionAVR C 集成开发环境

④ 输入安装路径，或者按照默认路径，如图 4.4 所示，单击 Next 按钮进行安装，直到安装结束。

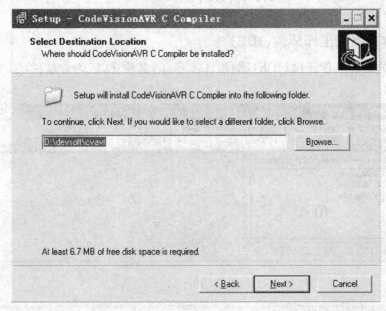

图 4.4　输入安装路径

⑤ 安装完成后，安装程序自动在桌面上产生相应的快捷方式，在开始菜单里生成相应的程序组，如图 4.5 所示。执行 CVAVR 有两种方式：一是直接双击桌面快捷方式 CodeVisionAVR C Compiler；二是执行"开始"→"程序"→CodeVisionAVR→CodeVisionAVR C Compiler。

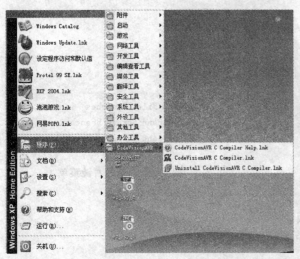 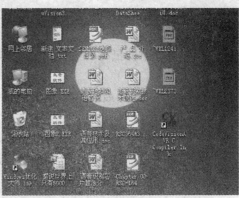

图 4.5　CVAVR 程序执行

第 4 章 CodeVisionAVR C 集成开发环境

4.2 CodeVisionAVR 菜单简介

1. CVAVR 集成工作环境(IDE)

CVAVR 的集成工作环境(IDE)，如图 4.6 所示，其中①区为导航栏，②区为编辑区，③区为信息栏。

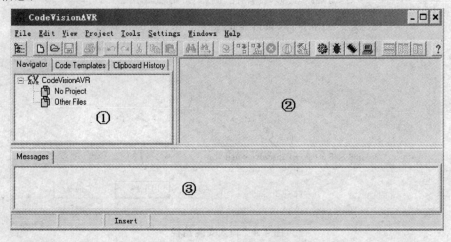

图 4.6　CVAVR 集成工作环境

2. 右键菜单

在导航栏①中单击鼠标右键弹出的菜单，如图 4.7 所示。其中：

- Open——打开一个工程或源文件。
- Save——存盘。
- Save All——全部文件存盘。
- Close Current File——关闭当前文件。
- Close Project——关闭工程文件。

图 4.7　导航栏右键菜单

在编辑区②单击鼠标右键弹出的菜单，如图 4.8 所示。其中：

- Undo——撤销最后一次的修改。
- Redo——撤销 Undo。
- Cut——剪切选择的内容到剪贴板。
- Copy——复制选择的内容到剪贴板。
- Paste——将剪贴板内容粘贴在当前光标的位置。
- Delete——删除选择的内容。

- Select All——选择当前活动文件的全部内容。
- Find——查找一段文本。
- Find Next——查找下一个。
- Replace——查找和替换。
- Toggle Bookmark——插入书签。
- Jump to Bookmark——跳到下一个书签。
- Goto Line——到指定的行。

3. File Menu 文件菜单

File Menu 文件菜单如图 4.9 所示。其中：

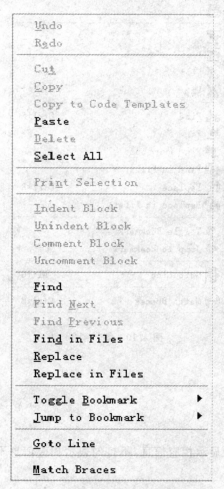

图 4.8 编辑区右键菜单

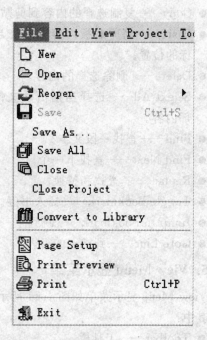

图 4.9 文件菜单

第 4 章 CodeVisionAVR C 集成开发环境

- New——新建一个源文件或工程文件。
- Open——打开一个源文件或工程文件。
- Reopen——重新打开历史文件,有关历史文件显示在子菜单中。
- Save——存盘。
- Save As——换名存盘。
- Close——关闭打开的文件。
- Close Project——关闭一个工程文件。
- Print——打印当前活动文件。
- Exit——退出 CVAVR。

4. Edit Menu 编辑菜单

Edit Menu 编辑菜单如图 4.10 所示。其中:

- Undo——撤销最后一次的修改。
- Redo——撤销 Undo。
- Cut——剪切选择的内容到剪贴板。
- Copy——复制选择的内容到剪贴板。
- Paste——将剪贴板内容粘贴在当前光标的位置。
- Delete——删除选择的内容。
- Selext All——选择当前活动文件的全部内容。
- Find——查找一段文本。
- Find Next——查找下一个。
- Replace——查找和替换。
- Toggle Bookmark——插入书签。
- Jump to Bookmark——跳到下一个书签。
- Gote Line——到指定的行。

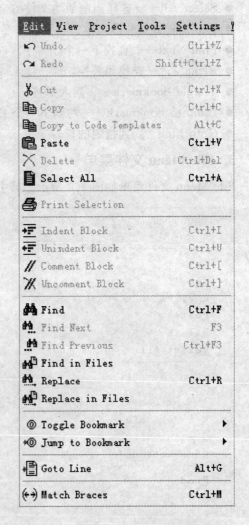

图 4.10　编辑菜单

5. View Menu 显示菜单

View Menu 显示菜单如图 4.11 所示,打勾表示显示相应信息,不打勾表示相应信息不显示。其中:

- Toolbar——工具栏。

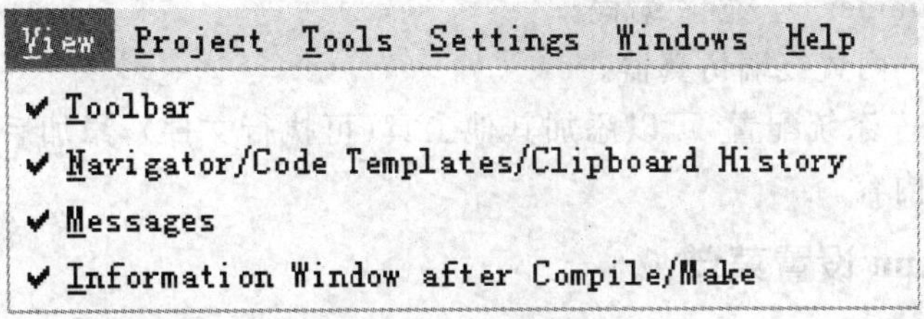

图 4.11 显示菜单

- Navigator/Code Template/Clipboard History——导航栏。
- Messages——信息栏。
- Information Window after Compile/Make——编译信息。

6. Proiect Menu 工程菜单

Project Menu 工程菜单如图 4.12 所示。其中：

- Compile——编译一个文件。
- Make——编译一个工程。
- Information——工程信息。
- Notes——CVAVR 内置的记事本。
- Configure——配置工程文件，后面再详细介绍。

7. Tools Menu 工具菜单

Tools Menu 工具菜单如图 4.13 所示。其中：

- CodewizardAVR——应用向导程序，用于生成硬件的初始化代码。
- Debugger——调用仿真调试器，通常都是调用 AVRStudio。

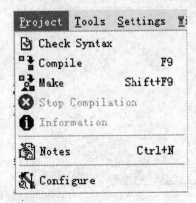

图 4.12 工程菜单

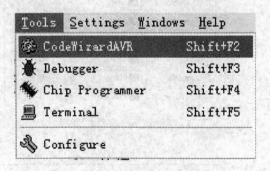

图 4.13 工具菜单

第4章 CodeVisionAVR C 集成开发环境

- Chip Programmer——芯片编程。
- Terminal——内置终端仿真器。
- Configure——系统配置,可以添加其他工具(可执行文件),添加后在 Tools 菜单中会增加相应的内容。

8. Setting Menu 设置菜单

Setting Menu 设置菜单如图 4.14 所示。

(1) Editor——CVAVR 集成环境设置。设置对话框如图 4.15 所示。其中:

- SyntaxHighlighting——语法高亮显示。
- Show Line Numbers——显示行号。
- Auto Indent——自动缩进。
- Tab Size——Tab 键跳跃设定。
- Font——字体设定。
- Background——背景颜色。

图 4.14 设置菜单

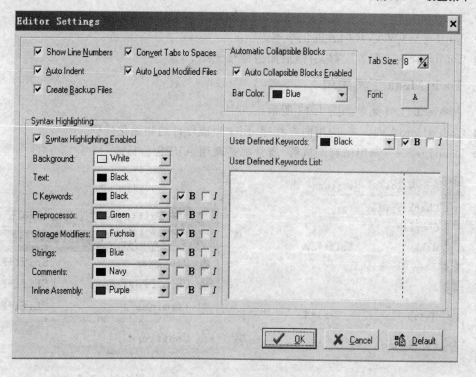

图 4.15 集成环境设置对话框

- Text——文本颜色。
- C Keywords——C 关键字颜色。
- Preprocessor——预处理字符颜色。
- Storage Modifiers——存储修饰符颜色。
- Strings——字符串颜色。
- Comments——注释颜色。

（2）Assembler：汇编设定，如图 4.16 所示。

（3）Debugger：调用其他仿真软件设置，通常都是调用 AVRStudio，其对话框如图 4.17 所示。单击 Browse 按钮，通过对话框可以选择所需的文件，具体位置与用户安装 AVRStudio 的路径有关。

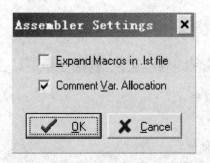

图 4.16 汇编设置

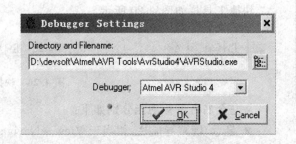

图 4.17 Debugger 设置

（4）Programmer：编程器设定。

（5）Terminal：CVAVR 内置终端仿真器设定。

9．Windows Menu 视窗菜单

Windows Menu 视窗菜单如图 4.18 所示。其中：

- Tile Horizontal——水平分割。
- Tile Vertical——垂直分割。
- Cascade——层叠。

10．HelpMenu 菜单

Help Menu 菜单如图 4.19 所示。其中：

- Help Topics——帮助主题。
- HP InfoTech on the Web——进入技术支持主页。
- About CodeVisionAVR——关于 CVAVR。

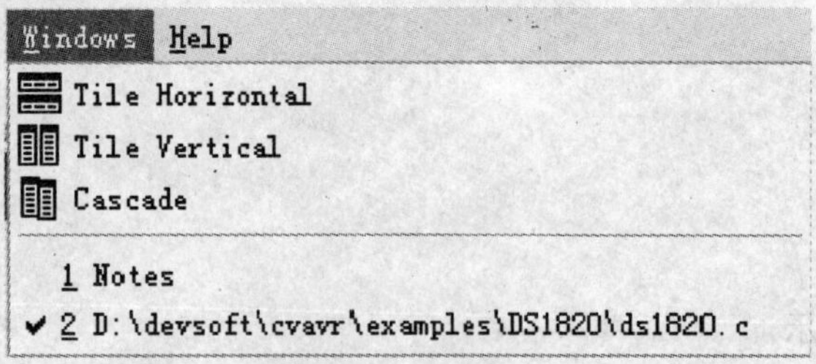

第 4 章 CodeVisionAVR C 集成开发环境

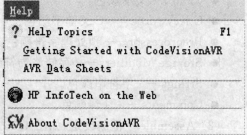

图 4.18 视窗菜单　　　　　　　　图 4.19 帮助菜单

11. 快捷工具栏

快捷工具栏如图 4.20 所示。

图 4.20 快捷工具栏

从左至右各图标功能分别如下：
- 显示/隐藏导航栏，相当于 View→Navigator 命令。
- 新建一个源文件或工程文件，相当于 File→New 命令。
- 打开一个源文件或工程文件，相当于 File→Open 命令。
- 保存当前文件，相当于 File→Save 命令。
- 打印当前活动文件，相当于 File→Print 命令。
- 撤销最后一次的修改，相当于 Edit→Undo 命令。
- 撤销 Undo，相当于 Edit→Redo 命令。
- 剪切选择的内容到剪贴板，相当于 Edit→Cut 命令。
- 复制选择的内容到剪贴板，相当于 Edit→Copy 命令。
- 将剪贴板内容粘贴在当前光标的位置，相当于 Edit→Paste 命令。
- 查找一段文本，相当于 Edit→Find 命令。
- 替换一段文本，相当于 Edit→Replace 命令。
- 对当前编辑的文件检查语法，相当于 Project→Check Syntax 命令。
- 编译一个文件，相当于 Project→Compile File 命令。
- 编译一个工程，相当于 Proiect→Make File 命令。
- 停止编译，相当于 Project→Stop Compilation 命令。
- 显示编译信息，相当于 View→Information Windows after Compile/Make 命令。

第 4 章 CodeVisionAVR C 集成开发环境

- 配置工程文件,相当于 Proiect→Configure 命令。
- 应用构筑向导程序,相当于 Tools→CodewizardAVR 命令。
- 调用仿真调试器,相当于 Tools→Debugger 命令。
- 芯片编程,相当于 Tools→Chip Programmer 命令。
- 内置终端,相当于 Tools→Terminal 命令。
- 水平分割,相当于 Windows→Tile Horizontal 命令。
- 垂直分割,相当于 Windows→Tile Vertical 命令。
- 层叠,相当于 Windows→Cascade 命令。
- 帮助主题,相当于 Helps→Help Topics 命令。

12. Configure 配置工程文件

共有以下 3 个选项卡:

(1) Files 选项卡设置如图 4.21 所示。该页面可以向一个工程中添加或删除一个文件。单击 Add 按钮,通过选择框选择文件添加进工程中,也可以单击工程中需要删除的文件,再单击 Remove 按钮,可以从工程中除去该文件。

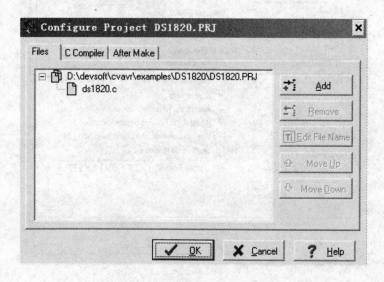

图 4.21 Files 选项卡设置

(2) C Compiler 选项卡设置如图 4.22 所示。该页面有以下功能:
- Chip——芯片型号选择。
- Clock——晶振频率。
- Memory Model——内存编译模式。

第 4 章 CodeVisionAVR C 集成开发环境

- SRAM——SRAM 设置。
- Code Generation——代码产生选项。
- Bit Variables Size——使用 Bit 位的数量设置。
- Automatic Register Allocation——自动寄存器分配。
- Use an External Startup Initialization File——使用外部的启动文件。
- Stack End Markers——堆栈结束位置加上一个标志位（用于检测堆栈是否溢出）。
- File Output Format(s)——选择文件输出格式。

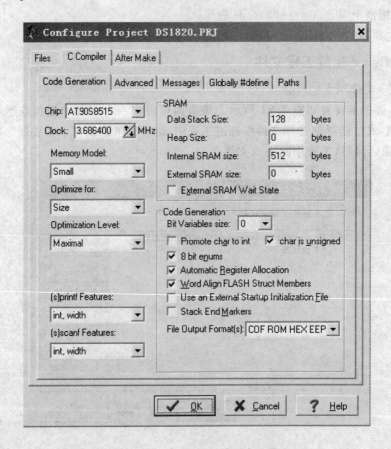

图 4.22　C Compiler 选项卡设置

（3）After Make 选项卡设置如图 4.23 所示。该页面主要设置在工程编译结束后 CVAVR 执行的动作。

第 4 章 CodeVisionAVR C 集成开发环境

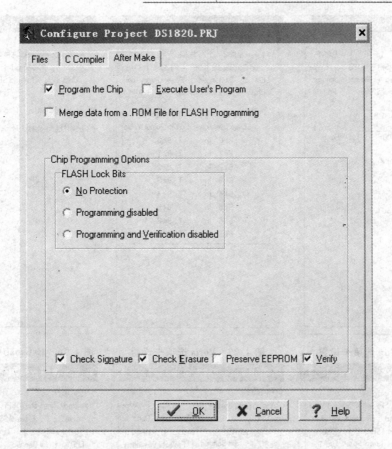

图 4.23 After Make 选项卡设置

4.3 CodeVisionAVR 项目向导

CVAVR 有一个非常有用的功能,就是项目向导,通过该向导可以很方便地生成硬件的初始化代码。下面简单介绍各页面的功能。

(1) 芯片设置,可以设置所使用 AVR 芯片的型号及时钟频率等参数,如图 4.24 所示。
(2) 端口设置,可以设置各端口的初始化状态,如图 4.25 所示。
(3) 外部中断触发方式设定,如图 4.26 所示。
(4) 定时器及软件狗设置,如图 4.27 所示。
(5) DS1302 选项卡设置如图 4.28 所示。
(6) 工程信息选项卡,可以填入与工程有关的信息,如图 4.29 所示。

第 4 章　CodeVisionAVR C 集成开发环境

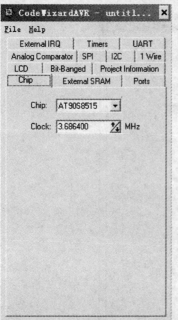

图 4.24　Chip 选项卡设置

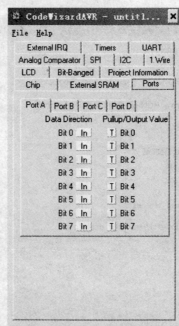

图 4.25　Ports 选项卡设置

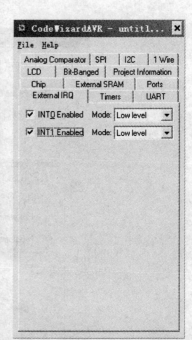

图 4.26　ExtemallPQ 选项卡设置

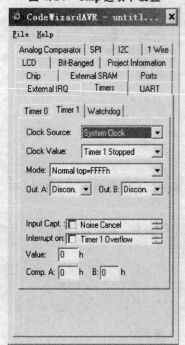

图 4.27　Time1 选项卡设置

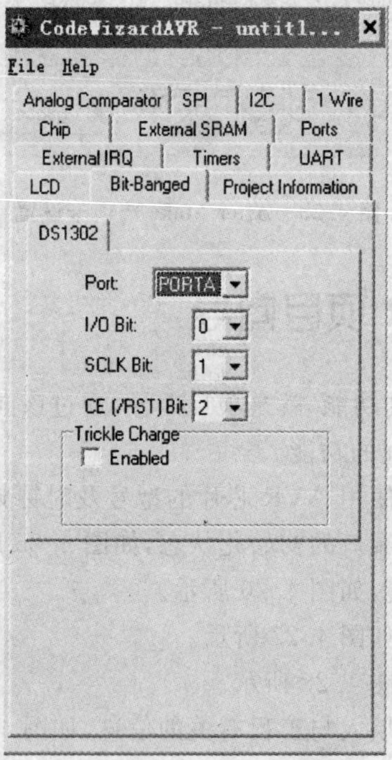

图 4.28　DS1302 选项卡设置

图 4.29　工程信息选项卡设置

(7) 单总线选项卡设置,如图 4.30 所示。
(8) LCD 选项卡设置,如图 4.31 所示。
(9) UART 选项卡设置,如图 4.32 所示。
(10) 模拟比较器选项卡设置,如图 4.33 所示。
(11) SPI 选项卡设置,如图 4.34 所示。
(12) I^2C 总线选项卡设置,如图 4.35 所示。

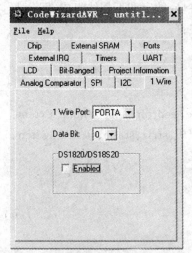

图 4.30 1Wire 选项卡设置

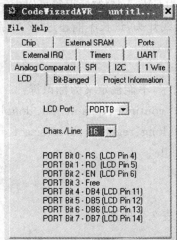

图 4.31 LCD 选项卡设置

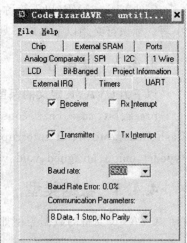

图 4.32 UART 选项卡设置

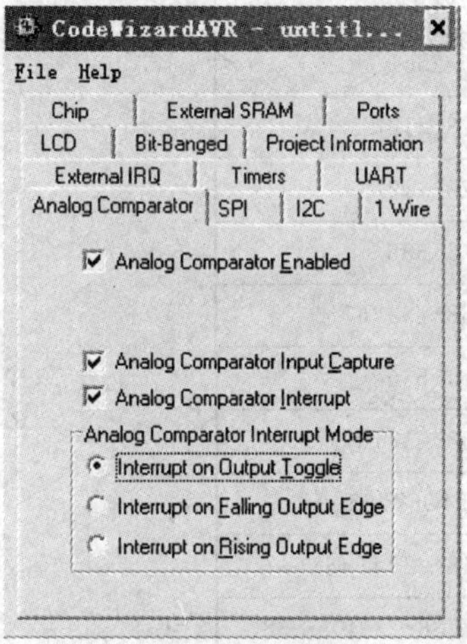

图 4.33 模拟比较器选项卡设置

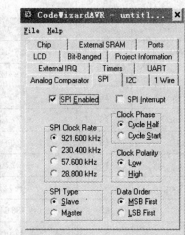

图 4.34 SPI 选项卡设置

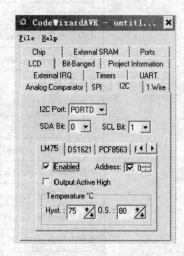

图 4.35 I^2C 总线选项卡设置

4.4 CodeVisionAVR C 编译器简介

4.4.1 标识符

CodeVisionAVR(以下简称为 CVAVR)的标识符可以由字母、数字和下划线组成,区分大小写。标识符必须以字母或下划线开头,最长不能超过 32 个字符。

4.4.2 保留字

以下为 CVAVR 定义的保留字,不能被定义为标识符:

break、bit、case、char、const、continue、default、do、double、eeprom、else、enum、extem、flash、float、goto、if、int、interrupt、long、register、short、sizeof、sfrb、sfrw、static、struct、switch、typedef、union、unsigned、void、while。

4.4.3 数据类型

CVAVR 支持的数据类型如表 2.1 所列。

表 2.1 CVAVR 支持的数据类型

类 型	长度/位	范 围
位变量(bit)	1	0 或 1
无符号字符型(unsigned char)	8	0~255
有符号字符型(signed char)	8	−128~127
字符型(char)	8	−128~127
无符号短整型(unsigned short)	16	0~65 535
有符号短整型((signed short)	16	−32 768~32 767
无符号整型(unsigned int)	16	0~65 535
有符号整型(signed int)	16	−32 768~32 767
无符号长整型(unsigned long)	32	0~4 294 967 295
有符号长整型(signed long)	32	−2 147 483 648~2 147 483 647
单精度浮点型(float)	32	+/−1.175e−38~3.40e+38
双精度浮点型(double)	32	+/−1.175e−38~3.40e+38

注意：(1) 在 CVAVR 中，char 默认为 signed char，这与 ANSI C 的默认情况是相同的。
(2) 位变量(bit)只能定义为全局变量。

在一个表达式中如果有两个操作数的类型不同，则编译器会将其转换为同一类型的数据。转换遵循以下原则：

- 如果两个数有一个是浮点型，则另一个操作数要转换成浮点型。
- 如果两个数有一个是长整型或无符号长整型，则另一个操作数要转换成相同的类型。
- 如果两个数有一个是整型或无符号整型，则另一个操作数要转换成相同的类型。
- 字符型和无符号字符型优先级最低。

可以使用强制类型转换运算符转换类型。例如：

```
void main(void) {
int a, c;
long b;
/* 长整型变量 b 被视为整型 */
c = a + (int) b;
}
```

为了防止在 8 位加法或乘法时产生溢出，有必要进行强制类型转换。这时编译器会给出警告。例如：

```
void main(void) {
unsigned char a = 30;
unsigned char b = 128;
unsigned int c;
/* 这样会产生不正确的结果，由于乘法运算是 8 位乘 8 位的，它的结果也是 8 位，这就产生溢出。
只有在乘法后把 8 位的结果转位无符号整型 */
c = a * b;
/* 这里使用强制类型转换，把乘法变为 16 位，其结果也是 16 位，这样就不会溢出 */
c = (unsigned int) a * b;
}
```

对于下面这些运算符，编译器的处理会有所不同：+=、-=、*=、/=、%=、&=、|=、^=、<<=、>>=。

由于这些运算符运算后的结果要写回到左边的操作数(必须是变量)，因此编译器总是把右边的操作数转换为左边的类型。

4.4.4 常量

- 二进制：在数字的前面加上"0b"的标志，如 0b10010011。
- 十六进制：在数字的前面加上"0x"或"0X"的标志，如 0x4F。

- 无符号整数：在一个数字后面加上"u"的后缀，如 23u。
- 长整型整数：在一个数字后面加上"l"的后缀，如 23l。
- 浮点型：在一个数字后面加上"f"的后缀，如 23f。
- 字符常数：用单引号把字符括起来，如'a'。
- 字符串数常数：用双引号把字符括起来，如"CVAVR"。

如果把一个字符串作为一个函数的参数来引用，则这个字符串将自动被当作常量使用，并且会被放在 Flash 中。例如：

```
//这是一个显示 RAM 中字符串的函数
void display_ram(char *s) {
/* ....... */
//这是一个显示 Flash 中字符串的函数
void display_flash(char flash *s) {
/* ....... */
void main(void) {
display_ram("Hello world"); //不工作,因为寻址的字符串在 Flash 中
display_flash("Hello world");//工作正常
```

常量可以被定义成数组，最多八维。

常量存在 Flash 中，所以必须使用关键词 flash 或 const。

常量表达式在编译时自动求解。

例如：

```
flash int integer_constant = 1234 + 5;
flash char char_constant = d
flash long long_int_constant1 = 99L;
flash long long_int_constant2 = 0x10000000;
flash int integer_array1[] = {1,2,3};
flash int integer_array2[10] = {1,2};//前两个为1,2,其余的为0
flash int multidim_array[2,3] = {{1,2,3},{4,5,6}};
flash char string_constant1[] = This is a string constant
const char string_constant2[] = This is also a string constant
```

常量可以在函数内部声明。

4.4.5 变　量

1. 全局变量和局部变量

变量可声明为全局变量（可被所有函数访问）和局部变量（只能在被声明的函数内部访

问)。如果未对一个全局变量或静态局部变量赋初值,则相当于对该变量赋初值为0,因为CVAVR在启动时对全部数据内存清0。CVAVR中,若未对一个局部变量赋初值,则该变量的值是不确定的。

语法格式：[＜存储模式＞]＜类型定义＞＜标识符＞;

例如：

```
/* 全局变量 */
char a;
int b;
/* 赋初值 */
long c = 1111111;
void main(void) {
/* 局部变量 */
char d;
int e;
/* 赋初值 */
long f = 22222222;
```

变量也可以组成最多达八维的数组,第一个数组元素编号为0。如果全局变量数组没有赋初值,则在程序开始时会被自动赋值为0。

例如：

```
int global_array1[32];// 所有元素自动赋值为0
int global_array2[] = {1,2,3};//数组赋初值
int global_array3[4] = {1,2,3,4};
char global_array4[] = This is a string
int global_array5[32] = {1,2,3};//前3个赋初值,其余29个自动赋值为0
int multidim_array[2,3] = {{1,2,3},{4,5,6}};//多维数组
void main(void) {
int local_array1[10];//局部变量数组
int local_array2[3] = {11,22,33};//局部变量数组赋初值
char local_array3[7] = "Hello";
```

被不同的函数调用的须保存其值的局部变量必须被声明为静态变量static。例如：

```
int alfa(void) {
static int n = 1;//声明为静态变量
return n++;
void main(void) {
int i;
```

```
        i = alfa();//返回值为 1
        i = alfa();//返回值为 2
```

如果静态变量没有赋初值,则在程序开始时会被自动赋值为 0。

如果变量在其他的文件中声明,则必须使用关键字 extern。例如:

```
extern int xyz;
#include <file_xyz.h>//包含声明 xyz 的文件
```

为了告诉编译器给某个变量分配寄存器,必须使用 register 修饰符。例如:

```
register int abc;
```

编译器会给变量分配一个寄存器,即使这个被修饰的变量没有使用。

为了防止把一个变量分配在寄存器,必须使用 volatile 修饰符,并且通知编译器这个变量的赋值受外部变化的支配。例如:

```
volatile int abc;
```

所有未被分配到寄存器的全局变量存放在 SRAM 的全局变量区。

所有未被分配到寄存器的局部变量动态地存放在 SRAM 的数据堆栈区。

2. 指定全局变量在 SRAM 的地址

用"@"符号可以将全局变量保存在一个指定的 SRAM 空间。如果需要将全局变量 a 保存在 0x100 处,则可定义如下:

```
int a@0x100;
```

也可以将一个结构体保存在从 0x110 开始的位置,定义如下:

```
struct a{int b;
        char c;
        }alfa@0x110;
```

还可以指定将一个变量分配至寄存器中,定义如下:

```
register int a@14;
```

在上例中,分配全局变量 a(int 型)至寄存器 R14、R15 中。

3. 位变量

位变量是存储在寄存器 R2~R15 的特殊全局变量,用关键词 bit 声明。

语法格式: bit <标识符>;

例如:
```
/* 声明和赋初值 */
bit alfa = 1; /* bit0 of R2 */
bit beta; /* bit1 of R2 */
void main(void)
if (alfa) beta = ! beta;
/* ........ */
```

根据声明的顺序,位变量的分配从 R2 的 bit0 开始,然后 bit1,等等,按升序排列。最多可声明 112 个位变量。

给位变量分配的空间可以在 Project|Configure|C Compiler|Compilation|Bit Variables Size 指定。为了给其他的全局变量分配寄存器,给位变量分配的空间要尽可能的小。

如果位变量没有赋初值,则在程序开始时会自动赋值为 0。

在表达式赋值中位变量自动转变为无符号字符型。

4.4.6 运算符

CVAVR 支持以下的运算符,这些运算符与 ANSI C 的用法一致: +、−、*、/、%、++、−−、=、==、~、!、! =、<、>、<=、>=、&、&&、|、||、^、?、<<、>>、−=、+=、/=、%=、&=、*=、^=、|=、>>=、<<=。

4.4.7 存储空间

由于 AVR 为哈佛结构的单片机,其内部有程序存储器、数据存储器和 E^2PROM 三个独立的空间,而 C 语言是针对冯·诺依曼结构的处理器开发的,并不适合于描述单片机这三种不同的存储空间,因此,AVR 的 C 编译器均对此作了相应的扩充,CVAVR 引入了 flash 和 eeprom 两个关键词。

1. E^2PROM 空间

在 CVAVR 中,可以用 eeprom 关键词将全局变量分配至 E^2PROM 中。例如:
```
eeprom int a;
```

也可以在定义时对变量初始化。例如:
```
eeprom int a = 1;
```

CVAVR 还可以将数组、字符串、结构体分配至 E^2PROM 中。例如:
```
eeprom char a[10] = {0,1,2,3};      //数组
char eeprom   * ptr_to_eeprom = "This string is placed in EEPROM";//字符串
eeprom struct a{         //定义结构体
                char b;
```

```
                int c;
                char e[15];
            } f;
```

在 CVAVR 可以直接访问 E^2 PROM 中的全局变量，与访问 SRAM 中的数据方式相同，这比 ICCAVR、GCCAVR、IAR 方便得多。例如：

```
eeprom int a;
a = 1;      //在程序中给 a 赋值
```

或

```
eeprom int * ptr_to_eeprom,a;
ptr_to_eeprom = &a;      //通过指针给变量 a 赋值
* ptr_to_eeprom = 1;
```

2. Flash 空间

CVAVR 对字符串的默认处理方式与 ICCAVR 相同，即对于用户没有指定只能保存在 Flash 中的字符串，在启动时将字符串从程序存储区复制到数据存储区。

```
char * ptr_to_ram = "this string is placed in RAM!";
```

上面例子中没有指定字符串只存储于 Flash，因此启动时会将该字符串复制到数据存储空间。

```
char flash * ptr_to_flash = "this string is placed in Flash";
```

在上例中，用户使用了 flash 关键词，因此字符串只存储于 Flash 空间。

注意：在 CVAVR 中有 TINY 和 SMALL 两种存储模式，其中 TINY 模式使用 1 字节（8 位）的指针，因此只能访问不大于 256 字节的存储空间；SMALL 模式使用 2 字节（16 位）的指针，可以访问不大于 64 KB 的存储空间。当使用外部数据存储器时，必须选用 SMALL 模式，如果没有使用外部数据存储器，则应优先选用 TINY 模式。

CVAVR 指向字符串的指针数组至多只支持 8 个元素。注意是指向字符串的指针数组，普通数组则没有这个限制。例如：

```
char flash * strings [8] = {"a","b","c","d","e","f","g","h"};
```

如果数组元素（字符串）超过 8 个，则 CVAVR 会出错。

3. 数据存储

数据存储器是用于保存变量、堆栈结构和动态内存分配的堆。通常它们不出现在输出文件中，但在程序运行时使用。一个没有使用外部扩展数据存储器的程序使用数据内存如

图4.36所示。

从地址0开始的96字节(0x60)是CPU寄存器和I/O寄存器,编译器从0x60往上放置软件堆栈、全局变量和字符串、硬件堆栈,在变量区域的顶部是可以动态分配的数据内存。

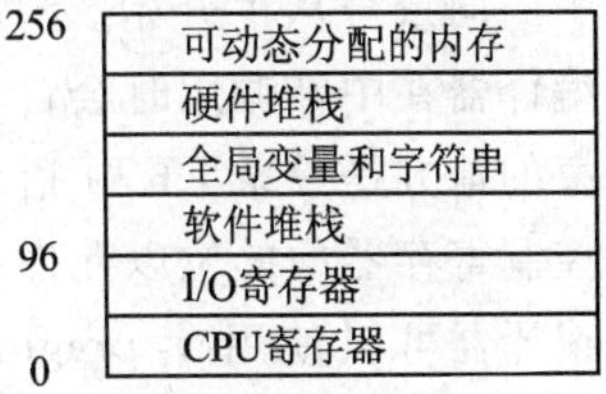

256	可动态分配的内存
	硬件堆栈
	全局变量和字符串
	软件堆栈
96	I/O寄存器
0	CPU寄存器

图4.36 内存分配

4.4.8 访问寄存器

CVAVR 使用 sfrb 和 sfrw 关键词定义寄存器。例如:

```
/* 定义 SFRs */
sfrb PINA = 0x19;    /* SFR 的 8 位访问 */
sfrw TCNT1 = 0x2C;   /* SFR 的 16 位访问 */
```

则在 CVAVR 中,可以直接访问所需的寄存器:

```
void main(void){
unsigned char a;
a = PINA;            /* 读 A 口的引脚值 */
TCNT1 = 0x1111;      /* 写寄存器 TCNT1L & TCNT1H */
}
```

也可以直接访问寄存器中的某一位,比较方便。例如:

```
PINA.7 = 0;
```

还可以用标准 C 的位变量实现:

```
PINA&= 0b01111111;
```

I/O 寄存器的地址已经定义在"..\INC"目录的头文件里。

4.4.9 中断服务函数

访问 AVR 的中断系统只需使用 interrupt 关键词。例如:

```
/* 有外部中断时自动调用 */
interrupt [2] void external_int0(void) {
/* 这里放用户代码 */
}
/* TIMER0 溢出时自动调用 */
interrupt [8] void timer0_overflow(void) {
/* 这里放用户代码 */
}
```

中断向量号从 1 开始。

编译器在中断调用时会自动保存所有使用的寄存器,并在中断返回时恢复它们的值。中断结束的地方是一条 RETI 指令。中断没有返回值,也不能带参数。使用中断前,必须设置相关的控制寄存器中的位以允许中断。

编译器可以使用 ♯pragma savereg 指示符打开或关闭中断对 R0、R1、R22、R23、R24、R25、R26、R27、R28、R29、R30、R31 和 SREG 的自动保存和恢复。例如:

```
/* 关闭寄存器自动保存和恢复 */
♯pragma savereg-
/* 中断句柄 */
interrupt [1] void my_irq(void) {
/* 只保存使用的寄存器 R30、R31 和 SREG */
♯asm
push r30
push r31
in r30,SREG
push r30
♯endasm
/* .... */
/* 恢复 SREG、R31 和 R30 */
♯asm
pop r30
out SREG,r30
pop r31
pop r30
♯endasm
}
/* 打开寄存器自动保存和恢复 */
♯pragma savereg+
```

缺省设置是打开寄存器自动保存和恢复。

4.4.10 任务函数

在 CVAVR 中,可以使用"♯pragma savereg"声明函数为 C 任务函数,让 CVAVR 生成该函数的代码中不必插入保存和恢复可变寄存器(Volatile Registers)的指令,让 RTOS 核来管理寄存器。CVAVR 中定义的可变寄存器为 R0、R1、R22、R23、R24、R25、R26、R27、R28、R29、R30、R31 和 SREG。

4.5 CodeVisionAVR C 编译器常用库函数简介

4.5.1 CodeVisionAVR C 编译器库函数概述

在 CVAVR 中提供了非常丰富的库函数,主要有:
- Standard C Input/Output Functions(标准输入/输出函数)。
- Standard Library Functions(标准库和内存分配函数)。
- Character Type Functions(字符类型函数)。
- String Functions(字符串函数)。
- Mathematical Functions(数学函数)。
- BCD Conversion Functions(BCD 转换函数)。
- Gray Code Conversion Functions(格雷码转换函数)。
- Delay Functions(延时函数)。
- Memory Access Functions(存储器访问函数)。
- SPI Functions(SPI 函数)。
- I^2C Bus Functions(I^2C 总线函数)。
- 1 Wire Protocol Functions(单线通信协议函数)。
- LCD Functions(LCD 函数):
  - LCD Functions(LCD 函数);
  - LCD Functions for displays with 4x40 characters(4×40 字符型 LCD 函数);
  - LCD Functions for displays connected in 8 bit memory mapped mode(以 8 位外部存储器模式接口的 LCD 显示函数)。
- 实时时钟函数:
  - Philips PCF8563 Real Time Clock Functions(PCF8563 实时时钟函数);
  - Philips PCF8583 Real Time Clock Functions(PCF8583 实时时钟函数);
  - Dallas Semiconductor DS1302 Real Time Clock Functions(DS1302 实时时钟函数);
  - Dallas Semiconductor DS1307 Real Time Clock Functions(DS1307 实时时钟函数)。
- 温度传感器函数:
  - National Semiconductor LM75 Temperature Sensor Functions(LM75 温度传感器函数);
  - Dallas Semiconductor DS1621 Thermometer/Thermostat Functions(DS1621 温度计函数);
  - Dallas Semiconductor DS1820/DS1822 Temperature Sensors Functions(DS1820/

1822温度传感器函数）；
- Dallas Semiconductor DS18B20 Temperature Sensors Functions(DS1820/1822温度传感器函数）。
- E^2PROM函数：
 - Maxim/Dallas Semiconductor DS2430 EEPROM Functions（DS2430EEPROM函数）；
 - Maxim/Dallas Semiconductor DS2430 EEPROM Functions（DS2433EEPROM函数）。
- Power Management Functions(电源管理函数）。

注意：如果要使用库函数，则必须用 #include 包含相应的头文件。

例如：

```
/* 使用库函数前要先包含头文件 */
#include <math.h>   //有abs函数
#include <stdio.h>  //有putsf函数
void main(void) {
int a,b;
a = -99;
/* 使用库函数 */
b = abs(a);
putsf("Hello world");
}
```

4.5.2 标准输入/输出函数

这些函数的原型放在"..\INC"目录的stdio.h头文件中。使用这些函数之前，必须用#include包含头文件。

char getchar(void)——使用查询方式返回由UART接收的一个字符。

void putchar(char c)——使用查询方式由UART发送一个字符c。

使用这些函数之前，必须设置UART的波特率、接收允许、发送允许。例如：

```
#include <90s8515.h>
#include <stdio.h>
/* 晶振频率 [Hz] */
#define xtal 4000000L
/* 波特率 */
#define baud 9600
```

```c
void main(void) {
char k;
/* 设置波特率 */
UBRR = xtal/16/baud - 1;
/* 设置 UART 控制寄存器,RX&TX 允许,不使用中断,8 位数据模式 */
UCR = 0x18;
while (1) {
/* 接收 */
k = getchar();
/* 发送 */
putchar(k);
};
}
```

也可以使用 Project|Configure|C Compiler 菜单选项设置波特率。

如果使用其他的输入/输出外设,则必须根据使用的外设修改 getchar 和 putchar 函数。这些函数的源代码在 stdio.h 文件里有。所有高级的输入/输出函数都使用 getchar 和 putchar。

void puts(char * str)——使用 putchar 把 SRAM 中以空字符结束的字符串输出,并在后面加换行符。

void putsf(char flash * str)——使用 putchar 把 Flash 中以空字符结束的字符串输出,并在后面加换行符。

void printf(char flash * fmtstr [, arg1, arg2, ...])——使用 putchar 按格式说明符输出格式化文本 fmtstr 字符串。

格式化文本 fmtstr 字符串是常量,必须放在 Flash 中。

printf 执行的是标准 C 的一个子集。

下面是格式化说明符:

%c——输出一个 ASCII 字符;

%d——输出有符号十进制整数;

%i——输出有符号十进制整数;

%u——输出无符号十进制整数

%x——输出小写字母的十六进制整数;

%X——输出大写字母的十六进制整数;

%s——输出 SRAM 中以空字符结束的字符串;

%%——输出%字符。

所有输出的数都是右对齐的,并在左侧加空格补齐。如果在%和 d、i、u、x 或 X 之间加入一个字符 0，那么输出的数的左侧加 0 补齐。如果在％和 d、i、u、x 或 X 之间加入一个字符"-"，那么输出的数左对齐。如果在％和 d、i、u、x 或 X 之间加入宽度限制符(0～9)，则可以指定输出的数的最小宽度。如果在宽度限制符前加入字符"-"，则输出的数左对齐。

void sprintf(char * str, char flash * fmtstr [, arg1, arg2, ...])——这个函数与 printf 类似，只是其格式化字符放在以空字符结尾的字符串 str 中。

char * gets(char * str, unsigned char len)——使用 getchar 接收以换行符结束的字符串 str。换行符会被 0 替换。字符串的最大长度是 len。如果已经收到了 len 个字符后还没有收到换行符，那么字符串就以 0 结束，函数停止执行并退出。函数的返回值是指向 str 的指针。

signed char scanf(char flash * fmtstr [, arg1 address, arg2 address, ...])——使用 getchar 按格式说明符接收格式化文本 fmtstr 字符串。格式化文本 fmtstr 字符串是常量，必须放在 Flash 中。scanf 执行的是标准 C 的一个子集。下面是格式化说明符：

％c——接收一个 ASCII 字符；

％d——接收有符号十进制整数；

％i——接收有符号十进制整数；

％u——接收无符号十进制整数；

％x——接收无符号十六进制整数；

％s——接收以空字符结束的字符串。

函数返回成功接收的个数，如果返回 -1，则表示接收出错。

signed char sscanf (char * str, char flash * fmtstr [, arg1 address, arg2 address, ...])——这个函数与 scanf 类似，只是其格式化字符放在 SRAM 中以空字符结尾的字符串 str 中。

4.5.3 标准库和内存分配函数

这些函数的原型放在"..\INC"目录下的 stdlib.h 头文件中。使用这些函数之前，必须用 ♯include 包含头文件。

int atoi(char * str)——转换字符串 str 为整型并返回它的值，字符串 str 起始必须是十进制数字的字符，否则返回 0。当碰到该字符串中第一个非十进制数字的字符时，转换结束。

long int atol(char * str))——转换字符串 str 为长整型数并返回它的值，字符串 str 起始于长整型数形式字符，否则返回 0。

void itoa(int n, char * str)——转换整型数 n 为字符串 str。

void ltoa(long int n, char * str)——转换长整型数 n 为字符串 str。

void ftoa(float n, unsigned char decimals, char * str)——转换浮点数 n 为字符串 str。由 decimals 指定四舍五入保留小数位（最多 5 位）。例如：

```
char  *pi;
ftoa(3.1415926,3,pi);//pi[] = "3.142"
```

void ftoe(float n, unsigned char decimals, char *str)——转换浮点数 n 为字符串 str。字符串表示为科学计数法形式，由 decimals 指定四舍五入保留小数位（最多 5 位）。例如：

```
char  *pi10;
ftoa(3.1415926*10,4,pi10);//pi10[] = "3.1416e1"
```

float atof(char *str)——转换字符串 str 为浮点数并返回它的值，字符串 str 起始必须是数字字符或小数点，否则返回 0。当碰到字符串中第一个十进制数字和小数点以外的字符时，转换结束。

int rand (void)——产生一个 0～32 767 之间的伪随机数。

void srand(int seed)——设置伪随机数发生器的种子数。

void srand(int seed)——在随机函数中通过伪随机数发生器设置起始种子数。

void *malloc(unsigned int size)——在堆栈中分配一个具有一定字长的存储区，返回指向该存储区起始地址的指针，并给该存储区赋初值 0。这个存储区域在堆栈中占 size+4 个字节。**注意**：在执行菜单命令 Project|Configure|C Compile|Code Generation 定义堆栈大小时，要把这个大小考虑进去。如果在堆栈中没有足够的自由区域可以分配，那么这个函数将返回一个空指针。

void *calloc(unsigned int num, unsigned int size)——在堆栈中分配一个阵列存储区域，其中阵列中的每个元素都具有一定的字长。一旦分配成功，这个函数将返回指向该存储区起始地址的指针，并给该存储区赋初值 0。如果在堆栈中没有足够的自由区域可以分配，那么将返回一个空指针。

void *realloc(void *ptr, unsigned int size)——改变在堆栈中分配的存储区域的大小。在执行该命令前 ptr 指针指向存储区域的起始地址。size 变量定义了新的存储区的大小。执行完命令后，该函数将返回指向新分配的存储区起始地址的指针，而原存取区域中的内容将被复制到新的存储区。如果新分配的存储区域比以前的要大，那么剩下的部分不会被赋 0。如果在堆栈中没有足够的自由区域可以分配，那么将返回一个空指针。

void free(void *ptr)——释放通过 malloc、calloc、realloc 命令分配的存储区。释放后，该存储区可以留作另外的分配。如果指针为空，那么将被忽略。

4.5.4 字符类型函数

这些函数的原型放在"..\INC"目录下的 ctype.h 头文件中。使用这些函数之前，必须用 #include 包含头文件。

unsigned char isalnum(char c)——如果 c 是数字或字母，则返回 1。

unsigned char isalpha(char c)——如果 c 是字母,则返回 1。
unsigned char isascii(char c)——如果 c 是 ASCII 码(0~127),则返回 1。
unsigned char iscntrl(char c)——如果 c 是控制字符(0~31 或 127),则返回 1。
unsigned char isdigit(char c)——如果 c 是数字,则返回 1。
unsigned char islower(char c)——如果 c 是小写字母,则返回 1。
unsigned char isprint(char c)——如果 c 是一个可打印字符(32~127),则返回 1。
unsigned char ispunct(char c)——如果 c 是一个除空格、数字或字母的可打印字符,则返回 1。
unsigned char isspace(char c)——如果 c 是空格,则返回 1。
unsigned char isupper(char c)——如果 c 是大写字母,则返回 1。
unsigned char isxdigit(char c)——如果 c 是十六进制数字,则返回 1。
char toascii(char c)——返回 c 对应的 ASCII 码。
unsigned char toint(char c)——把 c 当作十六进制字符并返回对应的十进制数(0~15)。
char tolower(char c)——如果 c 是大写字母,则返回对应的小写字母。
char toupper(char c)——如果 c 是小写字母,则返回对应的大写字母。

4.5.5 字符串函数

这些函数的原型放在"..\INC"目录的 string.h 头文件中。使用这些函数之前,必须用 #include 包含头文件。

字符串函数用于 SRAM 和 Flash 中的字符串的操作。

char *strcat(char *str1, char *str2)——复制 str2 到 str1 的结尾,返回 str1 的指针。

char *strcatf(char *str1, char flash *str2)——复制 Flash 中的 str2 到 str1 的结尾,返回 str1 的指针。

char *strncat(char *str1, char *str2, unsigned char n)——复制 str2(不含结束符 NULL)的 n 个字符到 str1 的结尾。如果 str2 的长度比 n 小,则只复制 str2,返回 str1 的指针。

char *strncatf(char *str1, char flash *str2, unsigned char n)——复制 Flash 中的字符串 str2(不含结束符 NULL)的 n 个字符到 str1 的结尾。如果 str2 的长度比 n 小,则只复制 str2,返回 str1 的指针。

char *strchr(char *str, char c)——在字符串 str 中搜索第一个出现的 c。如果成功,则返回匹配字符的指针;如果没有搜索到匹配字符,则返回 NULL。

char *strrchr(char *str, char c)——在字符串 str 中搜索最后一个出现的 c。如果成功,则返回匹配字符的指针;如果没有搜索到匹配字符,则返回 NULL。

signed char strpos(char *str, char c)——在字符串 str 中搜索第一个出现的 c。如果成功,则返回匹配字符在字符串中的位置;如果没有搜索到匹配字符,则返回 -1。

signed char strrpos(char *str, char c)——在字符串 str 中搜索最后一个出现的 c。如果

成功,则返回匹配字符在字符串中的位置;如果没有搜索到匹配字符,则返回-1。

signed char strcmp(char * str1, char * str2)——比较两个字符串。如果相同,则返回 0;如果 str1>str2,则返回值>0;如果 str1<str2,则返回值<0。

signed char strcmpf(char * str1, char flash * str2)——比较 SRAM 中的字符串 str1 和 Flash 中的字符串 str2。如果相同,则返回 0;如果 str1>str2,则返回值>0;如果 str1<str2,则返回值<0。

signed char strncmp(char * str1, char * str2, unsigned char n)——比较两个字符串的前 n 个字符。如果相同,则返回 0;如果 str1>str2,则返回值>0;如果 str1<str2,则返回值<0。

signed char strncmpf(char * str1, char flash * str2, unsigned char n)——比较 SRAM 中的字符串 str1 和 Flash 中的字符串 str2 的前 n 个字符。如果相同,则返回 0;如果 str1>str2,则返回值>0;如果 str1<str2,则返回值<0。

char * strcpy(char * dest, char * src)——复制字符串 src 到字符串 dest,返回 dest 的指针。

char * strcpyf(char * dest, char flash * src)——复制 Flash 中的字符串 src 到 SRAM 中的字符串 dest,返回 dest 的指针。

char * strncpy(char * dest, char * src, unsigned char n)——复制字符串 src 的前 n 个字符到字符串 dest,返回 dest 的指针。

char * strncpyf(char * dest, char flash * src, unsigned char n)——复制 Flash 中的字符串 src 的前 n 个字符到 SRAM 中的字符串 dest,返回 dest 的指针。

unsigned char strspn(char * str, char * set)——在字符串 str 中搜索与字符串 set 不匹配的第一个字符。如果搜索到不匹配,则返回不匹配字符在 str 的位置;如果 set 的所有字符都匹配,则返回字符串 str 的长度。

unsigned char strspnf(char * str, char flash * set)——在 SRAM 中的字符串 str 中搜索与 Flash 中的字符串 set 不匹配的第一个字符。如果搜索到不匹配,则返回不匹配字符在 str 的位置;如果 set 的所有字符都匹配,则返回字符串 str 的长度。

unsigned char strcspn(char * str, char * set)——在字符串 str 中搜索与字符串 set 匹配的第一个字符。如果搜索到匹配,则返回匹配字符在 str 的位置;如果没有匹配字符,则返回字符串 str 的长度。

unsigned char strcspnf(char * str, char flash * set)——在字符串 str 中搜索与 Flash 中的字符串 set 匹配的第一个字符。如果搜索到匹配,则返回匹配字符在 str 的位置;如果没有匹配字符,则返回字符串 str 的长度。

char * strpbrk(char * str, char * set)——在字符串 str 中搜索与字符串 set 匹配的第一个字符。如果搜索到匹配,则返回匹配字符的指针;如果没有匹配字符,则返回 NULL。

char * strpbrkf(char * str, char flash * set)——在字符串 str 中搜索与 Flash 中的字符

串 set 匹配的第一个字符。如果搜索到匹配,则返回匹配字符的指针;如果没有匹配字符,则返回 NULL。

char * strrpbrk(char * str, char * set)——在字符串 str 中搜索与字符串 set 匹配的最后一个字符。如果搜索到匹配,则返回匹配字符的指针;如果没有匹配字符,则返回 NULL。

char * strrpbrkf(char * str, char flash * set)——在 SRAM 中的字符串 str 中搜索与 Flash 中的字符串 set 匹配的最后一个字符。如果搜索到匹配,则返回匹配字符的指针;如果没有匹配字符,则返回 NULL。

char * strstr(char * str1, char * str2)——在字符串 str1 中搜索与字符串 str2 匹配的子字符串。如果找到匹配的子字符串,则返回 str1 中的子字符串的起始地址指针;否则返回 NULL。

char * strstrf(char * str1, char flash * str2)——在 SRAM 中的字符串 str1 中搜索与 Flash 中的字符串 str2 匹配的子字符串。如果找到匹配的子字符串,则返回 str1 中的子字符串的起始地址指针;否则返回 NULL。

unsigned char strlen(char * str)——返回字符串 str 的长度(范围 0~255)。

unsigned int _strlen(char * str)——返回字符串 str 的长度(范围 0~65 535)。这个函数只能用在 SMALL 模式下。

unsigned int strlenf(char flash * str)——返回 Flash 中的字符串 str 的长度。

void * memcpy(void * dest, void * src, unsigned char n)——TINY 模式。

void * memcpy(void * dest, void * src, unsigned int n)——SMALL 模式。

复制 src 的 n 个字节到 dest。dest 与 src 不能重叠。返回 dest 的指针。

void * memcpyf(void * dest, void flash * src, unsigned char n)——TINY 模式。

void * memcpyf(void * dest, void flash * src, unsigned int n)——SMALL 模式。

复制 Flash 中的字符串 src 的 n 个字节到 dest。dest 与 src 不能重叠。返回 dest 的指针。

void * memccpy(void * dest, void * src, char c, unsigned char n)——TINY 模式。

void * memccpy(void * dest, void * src, char c, unsigned int n)——SMALL 模式。

复制字符串 src 的 n 个字节到 dest,如果碰到字符 c 就停止。dest 与 src 不能重叠。如果最后一个复制的字符是 c 则返回 NULL;否则返回指向 dest+n+1 的指针。

void * memmove(void * dest, void * src, unsigned char n)——TINY 模式。

void * memmove(void * dest, void * src, unsigned int n)——SMALL 模式。

复制 src 的 n 个字节到 dest。dest 与 src 可以重叠。返回 dest 的指针。

void * memchr(void * buf, unsigned char c, unsigned char n)——TINY 模式。

void * memchr(void * buf, unsigned char c, unsigned int n)——SMALL 模式。

在 buf 的前 n 个字节中搜索字符 c。如果搜索到 c,则返回指向 c 的指针;否则返回 NULL。

signed char memcmp(void * buf1,void * buf2, unsigned char n)——TINY 模式。
signed char memcmp(void * buf1,void * buf2, unsigned int n)——SMALL 模式。
比较字符串 buf1 和 buf2 的前 n 个字节。当 buf1<buf2、buf1=buf2 或 buf1>buf2 时，分别返回<0、0 或>0。
signed char memcmpf(void * buf1,void flash * buf2, unsigned char n)——TINY 模式。
signed char memcmpf(void * buf1,void flash * buf2, unsigned int n)——SMALL 模式。
比较 SRAM 中的字符串 buf1 和 Flash 中的字符串 buf2,最多比较前 n 个字节。当 buf1<buf2、buf1=buf2 或 buf1>buf2 时,分别返回<0、0 或>0。
void * memset(void * buf, unsigned char c, unsigned char n)——TINY 模式。
void * memset(void * buf, unsigned char c, unsigned int n)——SMALL 模式。
用字符 c 填充 buf 的前 n 个字节。返回指向 buf 的指针。

4.5.6 数学函数

这些函数的原型放在".. \INC"目录的 math.h 头文件中。使用这些函数之前,必须用 #include 包含头文件。

unsigned char cabs(signed char x)——返回 x 的绝对值。
unsigned int abs(int x)——返回 x 的绝对值。
unsigned long labs(long int x)——返回 x 的绝对值。
float fabs(float x)——返回 x 的绝对值。
signed char cmax(signed char a, signed char b)——返回 a 和 b 的最大值。
int max(int a, int b)——返回 a 和 b 的最大值。
long int lmax(long int a, long int b)——返回 a 和 b 的最大值。
float fmax(float a,float b)——返回 a 和 b 的最大值。
signed char cmin(signed char a, signed char b)——返回 a 和 b 的最小值。
int min(int a, int b)——返回 a 和 b 的最小值。
long int lmin(long int a, long int b)——返回 a 和 b 的最小值。
float fmin(float a, float b)——返回 a 和 b 的最小值。
signed char csign(signed char x)——当 x 分别为负数、0、正数时,返回-1、0、1。
signed char sign(int x)——当 x 分别为负数、0、正数时,返回-1、0、1。
signed char lsign(long int x)——当 x 分别为负数、0、正数时,返回-1、0、1。
signed char fsign(float x)——当 x 分别为负数、0、正数时,返回-1、0、1。
unsigned char isqrt(unsigned int x)——返回无符号整数 x 的平方根。
unsigned int lsqrt(unsigned long x)——返回无符号长整数 x 的平方根。
float sqrt(float x)——返回正浮点数 x 的平方根。

float floor(float x)——返回不大于 x 的最大整数。

float ceil(float x)——返回对应 x 的整数,小数部分四舍五入。

float fmod(float x, float y)——返回 x/y 的余数。

float modf(float x, float *ipart)——把浮点数 x 分解成整数部分和小数部分。整数部分存放在 ipart 指向的变量中,小数部分应大于或等于 0 而小于 1 并作为函数的返回值。

float ldexp(float x, int expn)——返回 $x \times 2^{expn}$。

float frexp(float x, int *expn)——把浮点数 x 分解成数字部分 y(尾数)和以 2 为底的指数 n 两个部分,即 $x=y \times 2^n$,y 要大于或等于 0.5 而小于 1,y 值被函数返回,而 expn 值存放在 expn 指向的变量中。

float exp(float x)——返回 e^x 的值。

float log(float x)——返回 x 的自然对数。

float log10(float x)——返回以 10 为底的 x 的对数。

float pow(float x, float y)——返回 x^y 的值。

float sin(float x)——返回 x 的正弦函数值,x 为弧度。

float cos(float x)——返回 x 的余弦函数值,x 为弧度。

float tan(float x)——返回 x 的正切函数值,x 为弧度。

float sinh(float x)——返回 x 的双曲正弦函数值,x 为弧度。

float cosh(float x)——返回 x 的双曲余弦函数值,x 为弧度。

float tanh(float x)——返回 x 的双曲正切函数值,x 为弧度。

float asin(float x)——返回 x 的反正弦函数值,返回值为弧度,范围为 $-\pi/2 \sim \pi/2$,x 的值的范围必须为 $-1 \sim 1$。

float acos(float x)——返回 x 的反余弦函数值,返回值为弧度,范围为 $0 \sim \pi$,x 的值的范围必须为 $-1 \sim 1$。

float atan(float x)——返回 x 的反正弦函数值,返回值为弧度,范围为 $-\pi/2 \sim \pi/2$。

float atan2(float y, float x)——返回 y/x 的反正弦函数值,返回值为弧度,范围为 $-\pi \sim \pi$。

4.5.7 BCD 转换函数

这些函数的原型放在"..\INC"目录的 bcd.h 头文件中。使用这些函数之前,必须用 #include 包含头文件。

unsigned char bcd2bin(unsigned char n)——把 BCD 码数 n 转换为二进制。

unsigned char bin2bcd(unsigned char n)——把二进制数 n 转换为 BCD 码。n 必须为 $0 \sim 99$。

4.5.8 格雷码转换函数

这些函数的原型放在"..\INC"目录的"gray.h"头文件中。使用这些函数之前,必须用 #include 包含头文件。

unsigned char gray2binc(unsigned char n)
unsigned char gray2bin(unsigned int n)
unsigned char gray2binl(unsigned long n)
——将格雷码形式的 n 转换到二进制形式。

unsigned char bin2grayc(unsigned char n)
unsigned char bin2gray(unsigned int n)
unsigned char bin2grayl(unsigned long n)
——将二进制形式的 n 转换到格雷码形式。

4.5.9 延时函数

这些函数的原型放在"..\INC"目录的 delay.h 头文件中。使用这些函数之前,必须用 #include 包含头文件。

这些函数使用程序循环产生延时。调用这些函数之前要关闭中断,否则会比预期的延时长。同时注意:一定要在 Project|Configure|C Compiler 菜单中设定正确的时钟频率。

void delay_us(unsigned int n)——延时 n 微秒。n 必须是常数表达式。
void delay_ms(unsigned int n)——延时 n 毫秒。n 必须是常数表达式。这个函数会每一毫秒复位一次看门狗。例如:

```
void main(void) {
/* 关闭中断 */
#asm("cli")
/* 100 ms 延时 */
delay_us(100);
/* ............ */
/* 10 ms 延时 */
delay_ms(10);
/* 打开中断 */
#asm("sei")
/* ............ */
}
```

4.5.10 存储器访问函数

这些函数的原型放在"..\INC"目录的 mem.h 头文件中。使用这些函数之前,必须用 #include 包含头文件。

void pokeb(unsigned int addr, unsigned char data)——把一字节 data 写到 SRAM 中指定的地址 addr。

void pokew(unsigned int addr, unsigned int data)——把一个字 data 写到 SRAM 中指定的地址 addr。低字节在 addr,高字节在 addr+1。

unsigned char peekb(unsigned int addr)——在 SRAM 中指定的地址 addr 读一字节。

unsigned int peekw (unsigned int addr)——在 SRAM 中指定的地址 addr 读一字节。低字节从 addr 读出,高字节从 addr+1 读出。

4.5.11 SPI 函数

这些函数的原型放在"..\INC"目录的 spi.h 头文件中。使用这些函数之前,必须用 #include 包含头文件。

unsigned char spi(unsigned char data)——发送一字节,同时接收一字节。调用 spi 函数之前,要先设置 SPI 控制寄存器 SPCR。spi 函数通信使用查询方式,所以不需要设置 SPI 中断允许标志位 SPIE。

下面是一个使用 spi 函数与一个 AD7896 的接口示例:

```
/* A/D 转换使用 AD7896,与 AT90S8515 使用 SPI 总线相连
MCU: AT90S8515
内存模式: SMALL
数据堆栈: 128 字节
晶振频率: 4 MHz
AD7896 与 AT90S8515 的连接:.
[AD7896] - [AT9S8515 DIP40]
1 V_IN
2 V_REF = 5 V
3 AGND  - 20 GND
4 SCLK  - 8 SCK
5 SDATA - 7 MISO
6 DGND  - 20 GND
7 CONVST - 2 PB1
8 BUSY  - 1 PB0
2×16 的字符型 LCD 接在 PORTC:
[LCD] - [AT90S8515 DIP40]
```

```c
1 GND  - 20 GND
2 +5 V - 40 Vcc
3 VLC
4 RS   - 21 PC0
5 RD   - 22 PC1
6 EN   - 23 PC2
11 D4  - 25 PC4
12 D5  - 26 PC5
13 D6  - 27 PC6
14 D7  - 28 PC7 */
#asm
.equ __lcd_port = 0x15
#endasm
#include <lcd.h>   //包含LCD头文件
#include <spi.h>   //包含SPI头文件
#include <90s8515.h>
#include <stdio.h>
#include <delay.h>
//AD7896 参考电压[mV]
#define VREF 5000L
//AD7896 控制信号
#define ADC_BUSY PINB.0
#define NCONVST PORTB.1
//LCD 显示缓存
char lcd_buffer[33];
unsigned read_adc(void)
{unsigned result;
//开启采样模式1(高速采样)
NCONVST = 0;
NCONVST = 1;
//等待采样完成
while (ADC_BUSY);
//通过 SPI 读 MSB
result = (unsigned) spi(0) << 8;
//通过 SPI 读 LSB 并与 MSB 合并
result |= spi(0);
//计算采样电压[mV]
result = (unsigned) (((unsigned long) result * VREF)/4096L);
//返回测量值
```

```c
return result;
}
void main(void)
{//初始化 PORTB
//PB.0 输入,接 AD7896 忙信号(BUSY)
//PB.1 输出,接 AD7896 启动采样(/CONVST)
//PB.2、PB.3 输入
//PB.4 输出(SPI /SS)
//PB.5 输入
//PB.6 输入(SPI MISO)
//PB.7 输出(SPI SCLK)
DDRB = 0x92;
//初始化 SPI 在主机模式
//不需要中断,MSB 先发送,时钟极性负,SCK 空闲时为低
//SCK = f_xtal/4
SPCR = 0x54;
//AD7896 工作在模式 1(高速采样)
//CONVST = 1, SCLK = 0
PORTB = 2;
//初始化 LCD
lcd_init(16);
lcd_putsf("AD7896 SPI bus\nVoltmeter");
delay_ms(2000);
lcd_clear();
//读并显示 ADC 输入电压
while (1)
{
sprintf(lcd_buffer,"Uadc = %4umV",read_adc());
lcd_clear();
lcd_puts(lcd_buffer);
delay_ms(100);
};
}
```

4.5.12 I^2C 总线函数

这些函数的原型放在"..\INC"目录的 i2c.h 头文件中。使用这些函数之前,必须用 #include 包含头文件。利用这些函数可以把单片机作为主机或从机。包含头文件之前,必须先声明哪些口线用于 I^2C 总线。例如:

```
/* 使用 PORTB 作 I²C 总线 */
/* SDA 为 PB3 */
/* SCL 为 PB4 */
#asm
.equ __i2c_port = 0x18
.equ __sda_bit = 3
.equ __scl_bit = 4
#endasm
/* 包含头文件 */
#include <i2c.h>
```

void i2c_init(void)——初始化 I²C 总线。调用其他 I²C 函数之前,必须先调用此函数。

unsigned char i2c_start(void)——发送 START 信号。如果总线空闲,则返回 1;如果总线忙,则返回 0。

void i2c_stop(void)——发送 STOP 信号。

unsigned char i2c_read(unsigned char ack)——读一字节。参数定义了在一字节被读取后是否要发送请求。可以置 ACK 为 0 或 1。

unsigned char i2c_write(unsigned char data)——写一字节。如果从机有应答,则返回 1;如果从机不应答,则返回 0。

以下为一个访问 Atmel 24C02—256 字节 E²PROM 的例子:

```
/* 使用 PORTB 作 I²C 总线 */
/* SDA 为 PB3 */
/* SCL 为 PB4 */
#asm
.equ __i2c_port = 0x18
.equ __sda_bit = 3
.equ __scl_bit = 4
#endasm
/* 包含头文件 */
#include <i2c.h>
#include <delay.h>
#define EEPROM_BUS_ADDRESS 0xa0
/* 从 E²PROM 读一字节 */
unsigned char eeprom_read(unsigned char address) {
unsigned char data;
i2c_start();
i2c_write(EEPROM_BUS_ADDRESS);
i2c_write(address);
```

第4章 CodeVisionAVR C 集成开发环境

```
i2c_start();
i2c_write(EEPROM_BUS_ADDRESS | 1);
data = i2c_read(0);
i2c_stop();
return data;
}
/* 向 E²PROM 写一字节 */
void eeprom_write(unsigned char address, unsigned char data) {
i2c_start();
i2c_write(EEPROM_BUS_ADDRESS);
i2c_write(address);
i2c_write(data);
i2c_stop();
/* 延时 10 ms 等待写操作完成 */
delay_ms(10);
}
void main(void) {
unsigned char i;
/* 初始化 I²C 总线 */
i2c_init();
/* 在地址 0xAA 写入 0x55 */
eeprom_write(0xAA,0x55);
/* 地址 0xAA 读一字节 */
i = eeprom_read(0xAA);
while (1); /* 死循环 */
}
```

4.5.13 单总线通信协议函数

只有商业版的 CodeVisionAVR C Compiler 才有这部分功能。这些函数的原型放在"..\INC"目录的 1wire.h 头文件中。使用这些函数之前,必须用 #include 包含头文件。

这些函数以 MCU 为主机、外设(单线总线器件)为从机。包含头文件之前,必须先声明哪些口线使用单线通信协议与器件通信。例如:

```
/* 单线总线在 PORTB */
/* 数据线用 PB2 */
#asm
.equ __w1_port = 0x18
.equ __w1_bit = 2
#endasm
/* 包含头文件 */
#include <1wire.h>
```

由于单线协议函数使用时有严格的延时,所以操作期间要关闭中断。同时,一定要在 Project|Configure|C Compiler 菜单中设定正确的晶振频率。

unsigned char w1_init(void)——初始化总线上的器件。如果有器件,则返回 1;否则返回 0。

unsigned char w1_read(void)——从总线上读一字节。

unsigned char w1_write(unsigned char data)——在总线上写一字节。如果写过程正常完成,则返回 1;否则返回 0。

unsigned char w1_search(unsigned char cmd, void * p)——返回总线上器件的个数。如果没有器件,则返回 0。参数 cmd 是发给器件的命令,如 DS1820/DS1822 的搜索 ROM(Search ROM)命令字为 F0h,报警搜索(Alarm Search)命令字为 Ech。指针 p 指向存放器件返回的 8 字节 ROM 码的 SRAM 区域。8 字节后会存放某些器件的状态字节,如 DS2405。所以必须给每个器件开辟 9 字节的 SRAM。如果总线上有多个器件,那么首先要使用 w1_search 读出所有器件的 ROM 码,以便在后面的过程中对它们进行寻址。例如:

```
#include <90s8515.h>
/* 指定用作单线总线的口和口线 */
#asm
.equ __w1_port = 0x18 ;PORTB
.equ __w1_bit = 2
#endasm
/* 包含单线总线的头文件 */
#include <1wire.h>
/* 包含有 printf 函数原型的头文件 */
#include <stdio.h>
/* 单线总线上器件的最大个数 */
#define MAX_DEVICES 8
/* 定义存放 ROM 码和状态字节的 SRAM 区域 */
unsigned char rom_codes[MAX_DEVICES,9];
/* 晶振频率 Hz */
#define xtal 4000000L
/* 波特率 */
#define baud 9600
void main(void)
{
unsigned char i,j,devices;
/* 初始化 UART 波特率 */
UBRR = xtal/16/baud - 1;
/* 初始化 UART 控制寄存器 */
```

```
UCR = 8;
/* 检测有多少个 DS1820/DS1822,并存放它们的 ROM 码到 rom_codes 数组  */
devices = w1_search(0xf0,rom_codes);
/* 显示每一个器件的 ROM 码 */
printf("%-u DEVICE(S) DETECTED\n\r",devices);
if (devices) {for (i=0;i<devices;i++) {
printf("DEVICE # %-u ROM CODE IS:", i+1);
for (j=0;j<8;j++) printf("%-X ",rom_codes[i,j]);
printf("\n\r");
};
};
while (1);
}
```

unsigned char w1_crc8(void * p, unsigned char n)——返回从地址 p 开始的 n 个字节的 8 位 CRC 校验。

4.5.14 LCD 函数

1. LCD Functions(LCD 函数)

LCD 函数针对由日立 HD44780 或兼容芯片控制的字符型 LCD 模块,支持以下类型:1×8、2×12、3×12、1×16、2×16、2×20、4×20、2×24、2×40。这些函数的原型放在"..\INC"目录的 lcd.h 头文件中。使用这些函数之前,必须用 #include 包含头文件。在包含头文件前,必须声明哪一个口与 LCD 模块通信。例如:

```
/* 使用 PORTC 连接 LCD 模块 */
#asm
.equ __lcd_port = 0x15
#endasm
/* 包含头文件 */
#include <lcd.h>
/* 可以使用 LCD 函数 */
```

LCD 模块与单片机口线连接方式如下:
[LCD] [AVR Port]
RS (pin4)——bit 0
RD (pin 5)——bit 1
EN (pin 6)——bit 2
DB4 (pin 11)——bit 4
DB5 (pin 12)——bit 5
DB6 (pin 13)——bit 6
DB7 (pin 14)——bit 7

还需要连接 LCD 的电源和亮度控制电压。

低级的 LCD 函数如下：

void _lcd_ready(void)——等待,直到 LCD 模块准备好接收数据。在使用_lcd_write_data 函数向 LCD 模块写数据前,必须调用此函数。

void _lcd_write_data(unsigned char data)——向 LCD 模块的命令寄存器写一字节 data。这个函数可以用来修改 LCD 的配置。例如:

```
/* 显示光标 */
_lcd_ready();
_lcd_write_data(0xe);
```

void lcd_write_byte(unsigned char addr, unsigned char data)——向 LCD 模块的字符发生器或显存写一字节 data。例如:

```
/* LCD 用户定义
芯片类型：AT90S8515
内存模式：SMALL
数据堆栈：128 字节
2×16 字符 LCD
连接 PORTC
[LCD] [ PORTC]
1 GND——GND
2 +5 V——Vcc
3 VLC——LCD HEADER Vo
4 RS——PC0
5 RD——PC1
6 EN——PC2
11 D4——PC4
12 D5——PC5
13 D6——PC6
14 D7——PC7
*/
/* LCD 连接 PORTC */
#asm
.equ __lcd_port = 0x15 ;PORTC
#endasm
/* 包含头文件 */
#include <lcd.h>
typedef unsigned char byte;
/* 自定义字符的点阵数据,一个指向右上角的箭头 */
```

```c
flash byte char0[8] = {
0b0000000,
0b0001111,
0b0000011,
0b0000101,
0b0001001,
0b0010000,
0b0100000,
0b1000000};
/* 定义自定义字符 */
void define_char(byte flash *pc,byte char_code)
{
byte i,a;
a = (char_code << 3) | 0x40;
for (i = 0; i<8; i++) lcd_write_byte(a++, *pc++);
}
void main(void)
{
/* 初始化 2 行 16 列 LCD */
lcd_init(16);
/* 定义自定义字符 0 */
define_char(char0,0);
/* 写显存 */
lcd_gotoxy(0,0);
lcd_putsf("User char 0:");
/* 显示自定义字符 0 */
lcd_putchar(0);
while (1); /* 死循环 */
}
```

unsigned char lcd_read_byte(unsigned char addr)——从 LCD 模块的字符发生器或显存读出一字节。

高级的 LCD 函数如下：

void lcd_init(unsigned char lcd_columns)——初始化 LCD 模块，清屏并把显示坐标设定在 0 列 0 行。LCD 模块的列必须指定（例如 16）。这时不显示光标。在使用其他高级的 LCD 函数前，必须先调用此函数。

void lcd_clear(void)——清屏并把显示坐标设定在 0 列 0 行。

void lcd_gotoxy(unsigned char x, unsigned char y)——设定显示坐标在 x 列 y 行。列、行由 0 开始。

void lcd_putchar(char c)——在当前坐标显示字符 c。
void lcd_puts(char * str)——在当前坐标显示 SRAM 中的字符串 str。
void lcd_putsf(char flash * str)——在当前坐标显示 Flash 中的字符串 str。

2. LCD Functions for displays with 4x40 characters（4×40 字符型 LCD 函数）

只有商业版的 CodeVisionAVR C Compiler 才有这部分功能。LCD 函数针对由日立 HD44780 或兼容芯片控制的字符型 4×40 LCD 模块。这些函数的原型放在"..\INC"目录的 lcd4x40.h 头文件中。使用这些函数之前,必须用#include 包含头文件。在包含头文件前,必须声明哪一个口与 LCD 模块通信。例如：

```
/* 使用 PORTC 连接 LCD 模块 */
#asm
.equ __lcd_port = 0x15
#endasm
/* 包含头文件 */
#include <lcd4x40.h>
LCD 模块与单片机口线连接方式如下：
[LCD]    [AVR Port]
  RS (pin 11)——bit 0
  RD (pin 10)——bit 1
  EN1 (pin 9)——bit 2
  EN2 (pin 15)——bit 3
  DB4 (pin 4)——bit 4
  DB5 (pin 3)——bit 5
  DB6 (pin 2)——bit 6
  DB7 (pin 1)——bit 7
```

还需要连接 LCD 的电源和亮度控制电压。

低级的 LCD 函数如下：

void _lcd_ready(void)——等待,直到 LCD 模块准备好接收数据。在使用_lcd_write_data 函数向 LCD 模块写数据前,必须先调用此函数。

void _lcd_write_data(unsigned char data)——向 LCD 模块的命令寄存器写一字节 data。这个函数可以用来修改 LCD 的配置。在调用_lcd_ready 和_lcd_write_data 函数之前,全局变量_en1_msk 必须设为 LCD_EN1(LCD_EN2),以选择使用上半部(下半部)的 LCD 控制器。例如：

```
/* 使用上半部 LCD */
_en1_msk = LCD_EN1;
_lcd_ready();
_lcd_write_data(0xE);
```

void lcd_write_byte(unsigned char addr, unsigned char data)——向 LCD 模块的字符发生器或显存写一字节 data。

unsigned char lcd_read_byte(unsigned char addr)——从 LCD 模块的字符发生器或显存读出一字节。

高级的 LCD 函数如下：

void lcd_init(void)——初始化 LCD 模块，清屏并把显示坐标设定在 0 列 0 行。LCD 模块的列必须指定（例如 16）。这时不显示光标。在使用其他高级的 LCD 函数前，必须先调用此函数。

void lcd_clear(void)——清屏并把显示坐标设定在 0 列 0 行。

void lcd_gotoxy(unsigned char x, unsigned char y)——设定显示坐标在 x 列 y 行。列、行由 0 开始。

void lcd_putchar(char c)——在当前坐标显示字符 c。

void lcd_puts(char * str)——在当前坐标显示 SRAM 中的字符串 str。

void lcd_putsf(char flash * str)——在当前坐标显示 Flash 中的字符串 str。

3. LCD Functions for displays connected in 8 bit memory mapped mode(以 8 位外部存储器模式接口的 LCD 显示函数)

LCD 函数针对由日立 HD44780 或兼容芯片控制的字符型 LCD 模块。LCD 作为一个 8 位的外设接在 AVR 的外部数据地址总线上。这种接口方式可以用 STK200 和 STK300 开发板上。LCD 的连接方式参考开发板的说明。这些函数只能用于能外扩存储器的 AVR 芯片：AT90S4414、AT90S8515、ATmega603、ATmega103 和 ATmega161。这些函数的原型放在"..\INC"目录的 lcdstk.h 头文件中。使用这些函数之前，必须用 #include 包含头文件。在 lcdstk.h 中支持以下类型的字符行 LCD 模块：1×8、2×12、3×12、1×16、2×16、2×20、4×20、2×24、2×40。

void _lcd_ready(void)——等待，直到 LCD 模块准备好接收数据。在使用宏_LCD_RS0 和_LCD_RS1 向 LCD 模块写数据前，必须先调用此函数。例如：

```
/* 允许显示光标 */
_lcd_ready();
_LCD_RS0 = 0xE;
```

宏_LCD_RS0（或_LCD_RS1）用来设 RS=0（或 RS=1）并访问 LCD 指令寄存器。

void lcd_write_byte(unsigned char addr, unsigned char data)——向 LCD 的字符发生器或显存写一字节。例如：

```
/* LCD 用户定义
芯片类型：AT90S8515
```

```c
   内存模式：SMALL
   数据堆栈：128 字节
   2×16 字符 LCD
   LCD 接在 STK200 的 LCD 接口 */
/* 包含头文件 */
#include <lcdstk.h>
typedef unsigned char byte;
/* 自定义字符的点阵数据,一个指向右上角的箭头 */
flash byte char0[8] = {
0b0000000,
0b0001111,
0b0000011,
0b0000101,
0b0001001,
0b0010000,
0b0100000,
0b1000000};
/* 定义自定义字符 */
void define_char(byte flash *pc,byte char_code)
{
byte i,a;
a = (char_code << 3) | 0x40;
for (i = 0; i<8; i++) lcd_write_byte(a++, *pc++);
}
void main(void)
{
/* 初始化 2 行 16 列 LCD */
lcd_init(16);
/* 定义自定义字符 0 */
define_char(char0,0);
/* 写显存 */
lcd_gotoxy(0,0);
lcd_putsf("User char 0:");
/* 显示自定义字符 0 */
lcd_putchar(0);
while (1); /* 死循环 */
}
```

unsigned char lcd_read_byte(unsigned char addr)——从 LCD 模块的字符发生器或显存读出一个字节。

高级的 LCD 函数如下：

void lcd_init(unsigned char lcd_columns)——初始化 LCD 模块，清屏并把显示坐标设定在 0 列 0 行。LCD 模块的列必须指定(例如 16)。这时不显示光标。在使用其他高级的 LCD 函数前，必须先调用此函数。

void lcd_clear(void)——清屏并把显示坐标设定在 0 列 0 行。

void lcd_gotoxy(unsigned char x, unsigned char y)——设定显示坐标在 x 列 y 行。列、行由 0 开始。

void lcd_putchar(char c)——在当前坐标显示字符 c。

void lcd_puts(char *str)——在当前坐标显示 SRAM 中的字符串 str。

void lcd_putsf(char flash *str)——在当前坐标显示 Flash 中的字符串 str。

4.5.15 实时时钟函数

1. Philips PCF8563 Real Time Clock Functions(PCF8563 实时时钟函数)

只有商业版的 CodeVisionAVR C Compiler 才有这部分功能。

这些函数的原型放在"..\INC"目录的 pcf8563.h 头文件中。使用这些函数之前，必须用 #include 包含头文件。I²C 总线函数原型在 pcf8563.h 中自动包含。包含头文件之前，必须先声明哪些口线通过 I²C 总线与 PCF8563 通信。例如：

```
/* 使用 PORTB 作 I²C 总线 */
/* SDA 为 PB3 */
/* SCL 为 PB4 */
#asm
.equ __i2c_port = 0x18
.equ __sda_bit = 3
.equ __scl_bit = 4
#endasm
/* 包含 PCF8563 头文件 */
#include <pcf8563.h>
```

void rtc_init(unsigned char ctrl2, unsigned char clkout, unsigned char timer_ctrl)——初始化 PCF8563。调用这个函数之前，必须调用函数 i2c_init 初始化 I²C 总线。调用其他的 PCF8563 函数之前，必须先调用此函数。I²C 总线只能接一个 PCF8583。参数 ctrl2 设定 PCF8563 的控制/状态寄存器 2 的初值。

pcf8563.h 头文件定义了以下一些宏，以便设置控制寄存器 2 的参数。

- RTC_TIE_ON：置控制寄存器 2 的 TIE 位为 1。
- RTC_AIE_ON：置控制寄存器 2 的 AIE 位为 1。
- RTC_TP_ON：置控制寄存器 2 的 TI/TP 位为 1。

这些宏可以用"|"操作符连在一起使用,以同时设置多个位为 1。

参数 clkout 设定 PCF8563 输出频率寄存器的初值。

pcf8563.h 头文件定义了以下一些宏,以便设置 clkout 参数。
- RTC_CLKOUT_OFF:关闭 PCF8563 的脉冲输出。
- RTC_CLKOUT_1:1 Hz 脉冲输出。
- RTC_CLKOUT_32:32 Hz 脉冲输出。
- RTC_CLKOUT_1024:1024 Hz 脉冲输出。
- RTC_CLKOUT_32768:32768 Hz 脉冲输出。

参数 timer_ctrl 设定了 PCF8563 的定时器控制寄存器的初值。

pcf8563.h 头文件定义了一些宏,以便设置 the timer_ctrl 参数。
- RTC_TIMER_OFF:关闭 PCF8563 倒计数定时器。
- RTC_TIMER_CLK_1_60:设置 PCF8563 倒计数定时器的时钟频率为 1/60 Hz。
- RTC_TIMER_CLK_1:设置 PCF8563 倒计数定时器的时钟频率为 1 Hz。
- RTC_TIMER_CLK_64:设置 PCF8563 倒计数定时器的时钟频率为 64 Hz。
- RTC_TIMER_CLK_4096:设置 PCF8563 倒计数定时器的时钟频率为 4096 Hz。

unsigned char rtc_read(unsigned char address)——从 PCF8563 的地址为 address 的寄存器读出一字节。

void rtc_write(unsigned char address, unsigned char data)——写一字节到 PCF8563 的地址为 address 的寄存器。

unsigned char rtc_get_time(unsigned char * hour, unsigned char * min, unsigned char * sec)——返回 RTC(实时时钟)的时间。指针 * hour、* min 和 * sec 必须指向接收小时、分钟和秒的变量。如果函数返回 1,则说明读的时间正确。如果函数返回 0,则说明供电电压太低,时间不正确。例如:

```
#asm
.equ __i2c_port = 0x18
.equ __sda_bit = 3
.equ __scl_bit = 4
#endasm
#include <pcf8563.h>
void main(void)
{
unsigned char ok,h,m,s;
/* 初始化 I²C 总线 */
i2c_init();
/* 初始化 RTC,定时器中断允许,闹铃中断允许,
```

第 4 章 CodeVisionAVR C 集成开发环境

```
   CLKOUT 频率 = 1 Hz,定时器时钟频率 = 1 Hz  */
   rtc_init(RTC_TIE_ON | RTC_AIE_ON,RTC_CLKOUT_1,RTC_TIMER_CLK_1);
   /* 从 RTC 读时间 */
   ok = rtc_get_time(&h,&m,&s);
   /* ........ */
}
```

void rtc_set_time (unsigned char hour, unsigned char min, unsigned char sec)——设置 RTC 的时间。参数 hour、min 和 sec 对应时、分、秒。

void rtc_get_date (unsigned char * date, unsigned char * month, unsigned * year)——读取 RTC 的日历。指针 * date、* month 和 * year 指向接收日、月、年的变量。

void rtc_set_date (unsigned char date, unsigned char month, unsigned year)——设置 RTC 的日历。

void rtc_alarm_off (void)——关闭 RTC 的闹铃功能。

void rtc_alarm_on (void)——打开 RTC 的闹铃功能。

void rtc _ get _ alarm (unsigned char * date, unsigned char * hour, unsigned char * min)——读取 RTC 的闹铃的日期和时间。指针 * date、* hour 和 * min 指向接收日期、小时、分钟的变量。

void rtc_set_alarm (unsigned char date, unsigned char hour, unsigned char min)——设置 RTC 的闹铃的日期和时间。参数 date、hour 和 min 对应日期、小时、分钟。如果 date 是 0,则这个参数将被忽略。调用这个函数后,闹铃被关闭。要调用 rtc_alarm_on 函数打开闹铃功能。

void rtc_set_timer (unsigned char val)——设置 PCF8563 定时器的值。

2. Philips PCF8583 Real Time Clock Functions(PCF8583 实时时钟函数)

只有商业版的 CodeVisionAVR C Compiler 才有这部分功能。

这些函数的原型放在"..\INC"目录的 pcf8583.h 头文件中。使用这些函数之前,必须用 #include 包含头文件。I²C 总线函数原型在 pcf8583.h 中自动包含。包含头文件之前,必须先声明哪些口线通过 I²C 总线与 PCF8583 通信。例如:

```
/* 使用 PORTB 作 I²C 总线 */
/* SDA 为 PB3 */
/* SCL 为 PB4 */
#asm
  .equ __i2c_port = 0x18
  .equ __sda_bit = 3
  .equ __scl_bit = 4
```

#endasm
/* 包含 PCF8583 头文件 */
#include <pcf8583.h>

void rtc_init(unsigned char chip, unsigned char dated_alarm)——初始化 PCF8563。调用这个函数之前,必须调用函数 i2c_init 初始化 I^2C 总线。调用其他的 PCF8583 函数之前,必须先调用此函数。如果 I^2C 总线上接有多个 PCF8583,则必须通过参数 chip 对每一个 PCF8583 都初始化。I^2C 总线上最多可以接 2 个 PCF8583,它们的地址是 0 或 1。

参数 dated_alarm 设定 RTC 闹铃是日期和时间同时起作用(dated_alarm=1),还是只有时间起作用(dated_alarm=0)。调用这个函数后 RTC 闹铃是关闭的。

unsigned char rtc_read(unsigned char chip, unsigned char address)——读 PCF8583 的 SRAM 中的一字节。

void rtc_write(unsigned char chip, unsigned char address, unsigned char data)——向 PCF8583 的 SRAM 中写一字节。在向 SRAM 中写数据时,地址 10h 和 11h 存放的是年份的值。

unsigned char rtc_get_status(unsigned char chip)——返回 PCF8583 的控制/状态寄存器的值。

调用这个函数时,全局变量 __rtc_status 和 __rtc_alarm 自动更新。变量 __rtc_status 存放着控制/状态寄存器的值。如果变量 __rtc_alarm 为 1,则表示有闹铃。

void rtc_get_time(unsigned char chip, unsigned char *hour, unsigned char *min, unsigned char *sec, unsigned char *hsec)——读出 RTC 的当前时间。指针 *hour、*min、*sec 和 *hsec 指向接收小时、分钟、秒和百分之一秒的变量。例如:

```
#asm
.equ __i2c_port = 0x18
.equ __sda_bit = 3
.equ __scl_bit = 4
#endasm
#include <pcf8583.h>
void main(void) {
unsigned char h,m,s,hs;
/* 初始化 I²C 总线 */
i2c_init();
/* 初始化 RTC0,闹铃只有时间起作用 */
rtc_init(0,0);
/* 读 RTC0 的时间 */
rtc_get_time(0,&h,&m,&s,&hs);
/* ........ */
}
```

第 4 章　CodeVisionAVR C 集成开发环境

　　void rtc_set_time(unsigned char chip, unsigned char hour, unsigned char min, unsigned char sec, unsigned char hsec)——设置 RTC 的时间。

　　参数 hour、min、sec 和 hsec 对应小时、分钟、秒和百分之一秒的值。

　　void rtc_get_date(unsigned char chip, unsigned char * date, unsigned char * month, unsigned * year)——读出 RTC 的当前日期。

　　指针 * date、* month、* year 指向接收日、月、年的变量。

　　void rtc_set_date(unsigned char chip, unsigned char date, unsigned char month, unsigned year)——设置 RTC 的日期。

　　void rtc_alarm_off(unsigned char chip)——关闭 RTC 的闹铃。

　　void rtc_alarm_on(unsigned char chip)——打开 RTC 的闹铃。

　　void rtc_get_alarm_time(unsigned char chip, unsigned char * hour, unsigned char * min, unsigned char * sec, unsigned char * hsec)——读出 RT 闹铃的时间设置值。

　　指针 * hour、* min、* se 和 * hse 指向接收小时、分钟、秒和百分之一秒的变量。

　　void rtc_set_alarm_time(unsigned char chip, unsigned char hour, unsigned char min, unsigned char sec, unsigned char hsec)——设置 RTC 的闹铃的时间值。

　　参数 hour、min、sec 和 hsec 对应小时、分钟、秒和百分之一秒的值。

　　void rtc _ get _ alarm _ date (unsigned char chip, unsigned char * date, unsigned char * month)——读出 RTC 的闹铃的日期设置值。

　　指针 * date、* month、* year 指向接收日、月、年的变量。

　　void rtc _ set _ alarm _ date (unsigned char chip, unsigned char date, unsigned char month)——设置 RTC 的闹铃的日期值。

3. Dallas Semiconductor DS1302 Real Time Clock Functions(DS1302 实时时钟函数)

　　只有商业版的 CodeVisionAVR C Compiler 才有这部分功能。

　　这些函数的原型放在"..\INC"目录下的 ds1302.h 头文件中。使用这些函数之前,必须用 #include 包含头文件。包含头文件之前,必须先声明哪些口线与 DS1302 通信。例如:

```
/* DS1302 接在 PORTB */
/* IO——PB 3 */
/* SCLK——PB 4 */
/* RST——PB 5 */
#asm
.equ __ds1302_port = 0x18
.equ __ds1302_io = 3
.equ __ds1302_sclk = 4
```

```
.equ __ds1302_rst=5
#endasm
/* 包含 DS1302 头文件 */
#include <ds1302.h>
```

void rtc_init(unsigned char tc_on, unsigned char diodes, unsigned char res)——初始化 DS1302。调用其他的 DS1302 函数之前必须先调用此函数。如果参数 tc_on 为 1, 则打开涓流充电。参数 diodes 设定了涓流充电时使用二极管的个数, 可以是 1 或 2。参数 res 指明了涓流充电时的电阻值: 0—没有电阻;1—2 kΩ;2—4 kΩ;3—8 kΩ。

unsigned char ds1302_read(unsigned char addr)——在 DS1302 的 SRAM 中的地址 addr 处读一字节。

void ds1302_write(unsigned char addr, unsigned char data)——在 DS1302 的 SRAM 中的地址 addr 处写一字节 data。

void rtc_get_time(unsigned char * hour, unsigned char * min, unsigned char * sec)——读出 RTC 的时间。指针 * hour、* min、* sec 指向接收小时、分钟、秒的变量。例如:

```
#asm
.equ __ds1302_port=0x18
.equ __ds1302_io=3
.equ __ds1302_sclk=4
.equ __ds1302_rst=5
#endasm
#include <ds1302.h>
void main(void) {
unsigned char h,m,s;
/* 初始化 DS1302: 使用涓流充电、一个二极管和 8 kΩ 的电阻 */
rtc_init(1,1,3);
/* 读 DS1302 时间 */
rtc_get_time(&h,&m,&s);
/* ........ */
}
```

void rtc_set_time(unsigned char hour, unsigned char min, unsigned char sec)——设置 RTC 的时间。参数 hour、min、sec 对应小时、分钟、秒的值。

void rtc_get_date(unsigned char * date, unsigned char * month, unsigned char * year)——读出 RTC 的当前日期。指针 * date、* month、* year 指向接收日、月、年的变量。

void rtc_set_date(unsigned char date, unsigned char month, unsigned char year)——设置 RTC 的日期。

4. Dallas Semiconductor DS1307 Real Time Clock Functions（DS1307 实时时钟函数）

只有商业版的 CodeVisionAVR C Compiler 才有这部分功能。

这些函数的原型放在"..\INC"目录的 ds1302.h 头文件中。使用这些函数之前，必须用 #include 包含头文件。I²C 总线函数原型在 ds1307.h 中自动包含。包含头文件之前，必须先声明哪些口线通过 I²C 总线与 PCF8583 通信。例如：

```
/* 使用 PORTB 作 I²C 总线 */
/* SDA 为 PB3 */
/* SCL 为 PB4 */
#asm
.equ __i2c_port = 0x18
.equ __sda_bit = 3
.equ __scl_bit = 4
#endasm
/* 包含 DS1307 头文件 */
#include <ds1307.h>
```

void rtc_init(unsigned char rs, unsigned char sqwe, unsigned char out)——初始化 DS1307。调用这个函数之前，必须调用函数 i2c_init 初始化 I²C 总线。调用其他的 DS1307 函数之前，必须先调用此函数。参数 rs 设定了 SQW/OUT 引脚上输出方波的频率：0—1 Hz；1—4096 Hz；2—8192 Hz；3—32768 Hz。

如果参数 sqwe 设为 1，则允许 SQW/OUT 引脚上的方波输出。

参数 out 设定了禁止 SQW/OUT 引脚上的方波输出时（sqwe=0）引脚上的逻辑电平。

void rtc_get_time(unsigned char * hour, unsigned char * min, unsigned char * sec)——读出 RTC 的当前时间。指针 * hour、* min、* sec 指向接收小时、分钟、秒的变量。例如：

```
/* I²C 总线接在 PORTB */
/* SDA——PB3 */
/* SCL——PB4 */
#asm
.equ __i2c_port = 0x18
.equ __sda_bit = 3
.equ __scl_bit = 4
#endasm
#include <ds1307.h>
void main(void) {
unsigned char h,m,s;
/* 初始化 I²C 总线 */
```

```
    i2c_init();
    /* 初始化 DS1307 */
    rtc_init(0,0,0);
    /* 读 DS1307 时间 */
    rtc_get_time(&h,&m,&s);
    /* ........ */
}
```

void rtc_set_time(unsigned char hour, unsigned char min, unsigned char sec)——设置 RTC 的时间。参数 hour、min、sec 对应小时、分钟、秒的值。

void rtc_get_date(unsigned char * date, unsigned char * month, unsigned char * year)——读出 RTC 的当前日期。指针 * date、* month、* year 指向接收日、月、年的变量。

void rtc_set_date(unsigned char date, unsigned char month, unsigned char year)——设置 RTC 的日期。

4.5.16 温度传感器函数

1. LM75 温度传感器函数

这些函数的原型放在"..\INC"目录的 lm75.h 头文件中。使用这些函数之前,必须用 #include 包含头文件。I²C 总线函数原型在 lm75.h 中自动包含。包含头文件之前,必须先声明哪些口线通过 I²C 总线与 LM75 通信。例如:

```
/* 使用 PORTB 作 I²C 总线 */
/* SDA 为 PB3 */
/* SCL 为 PB4 */
#asm
    .equ __i2c_port = 0x18
    .equ __sda_bit = 3
    .equ __scl_bit = 4
#endasm
/* 包含头文件 */
#include <lm75.h>
```

void lm75_init(unsigned char chip, signed char thyst, signed char tos, unsigned char pol)——初始化 LM75。调用这个函数之前,必须调用函数 i2c_init 初始化 I²C 总线。调用其他的 LM75 函数之前,必须先调用此函数。

如果有多个 LM75 接在同一个 I²C 总线上,则每个 LM75 都要初始化。在同一个 I²C 总线上最多可以接 8 个 LM75,地址为 0~7。

LM75 被设置为比较模式,就像一个恒温器。

OS输出引脚在温度高于tos时激活,低于thyst时恢复高阻。thyst和tos都是摄氏度(℃)。

pol设置LM75的OS输出引脚在激活时的极性。如果pol是0,则输出激活时为低;如果pol是1,则输出激活时为高。

int lm75_temperature_10(unsigned char chip)——读地址为chip的LM75的温度。温度是摄氏度,其值为返回值除以10。

以下为一个如何显示地址分别为0和1的两个LM75的温度的例子:

```
/* 使用PORTB作I²C总线 */
/* SDA为PB3 */
/* SCL为PB4 */
#asm
.equ __i2c_port = 0x18
.equ __sda_bit = 3
.equ __scl_bit = 4
#endasm
/* 包含LM75头文件 */
#include <lm75.h>
/* LCD模块在PORTC */
#asm
.equ __lcd_port = 0x15
#endasm
/* 包含LCD头文件 */
#include <lcd.h>
/* 包含sprintf的函数原型 */
#include <stdio.h>
/* 包含abs的函数原型 */
#include <math.h>
char display_buffer[33];
void main(void) {
    int t0,t1;
    /* 初始化LCD,2行16列 */
    lcd_init(16);
    /* 初始化I²C总线 */
    i2c_init();
    /* 初始化地址0的LM75 */
    /* thyst = 20 ℃ ,tos = 25 ℃ */
    lm75_init(0,20,25,0);
    /* 初始化地址1的LM75 */
```

```
/* thyst = 30 ℃ ,tos = 35 ℃ */
lm75_init(1,30,35,0);
/* 循环显示温度 */
while (1)
{
/* 读地址 0 的温度 */
t0 = lm75_temperature_10(0);
/* 读地址 1 的温度 */
t1 = lm75_temperature_10(1);
/* 准备要显示的温度在 display_buffer */
sprintf(display_buffer,"t0 = % - i.% - u%cC\nt1 = % - i.% - u%cC",
t0/10,abs(t0%10),0xdf,t1/10,abs(t1%10),0xdf);
/* 显示温度 */
lcd_clear();
lcd_puts(display_buffer);
};
}
```

2. DS1621 温度计函数

这些函数的原型放在"..\INC"目录的 ds1621.h 头文件中。使用这些函数之前,必须用 #include 包含头文件。I^2C 总线函数原型在 ds1621.h 中自动包含。包含头文件之前,必须先声明哪些口线通过 I^2C 总线与 ds1621 通信。例如:

```
/* 使用 PORTB 作 I²C 总线 */
/* SDA 为 PB3 */
/* SCL 为 PB4 */
#asm
.equ __i2c_port = 0x18
.equ __sda_bit = 3
.equ __scl_bit = 4
#endasm
/* 包含 DS1621 头文件 */
#include <ds1621.h>
```

void ds1621_init(unsigned char chip, signed char tlow, signed char thigh, unsigned char pol)——初始化 DS1621。调用这个函数之前,必须调用函数 i2c_init 初始化 I^2C 总线。调用其他的 DS1621 函数之前,必须先调用此函数。

如果有多个 DS1621 接在同一个 I^2C 总线上,则每个 DS1621 都要初始化。在同一个 I^2C 总线上最多可以接 8 只 DS1621,地址为 0~7。

除了测量温度,DS1621 函数也可以像恒温器一样工作。

Tout 输出引脚在温度高于 thigh 时激活,低于 tlow 时恢复高阻。tlow 和 thigh 都是摄氏度(℃)。

pol 设置 DS1621 的 Tout 输出引脚在激活时的极性。如果 pol 是 0,则输出激活时为低;如果 pol 是 1,则输出激活时为高。

unsigned char ds1621_get_status(unsigned char chip)——读出对应地址为 chip 的 DS1621 的配置/状态字节,其内容参看 DS1621 的数据手册。

void ds1621_set_status(unsigned char chip, unsigned char data)——设置对应地址为 chip 的 DS1621 的配置/状态字节,其内容参看 DS1621 的数手册。

void ds1621_start(unsigned char chip)——使地址为 chip 的 DS1621 从省电模式中退出,开始温度测量和比较。

void ds1621_stop(unsigned char chip)——使地址为 chip 的 DS1621 停止温度测量,并进入省电模式。

int ds1621_temperature_10(unsigned char chip)——读地址为 chip 的 DS1621 的温度。温度是摄氏度,其值为返回值除以 10。

3. DS1820/1822 温度传感器函数

只有商业版的 CodeVisionAVR C Compiler 才有这部分功能。

这些函数的原型放在"..\INC"目录的 ds1820.h 头文件中。使用这些函数之前,必须用 #include 包含头文件。单线总线的函数原型在 ds1820.h 中自动包含。包含头文件之前,必须先声明哪些口线使用单线通信协议与器件通信。例如:

```
/* 指定单线总线使用的口和口线 */
#asm
.equ __w1_port = 0x18 ;PORTB
.equ __w1_bit = 2
#endasm
/* 包含头文件 */
#include <ds1820.h>
```

int ds1820_temperature_10(unsigned char * addr)——返回 ROM 码存在地址 addr 处的数组中的 DS1820/DS1822 的温度。

如果温度是摄氏度,则其值为返回值除以 10。如果有错误,则返回值为 −9999。

如果只有 1 个 DS1820/DS1822,就不需要 ROM 码,指针 addr 要设为 NULL(0)。如果有多个器件,则要首先读 ROM 码对每一个器件进行识别,然后才能在调用 ds1820_temperature_10 时对需要的器件通过 ROM 码进行地址匹配。例如:

```c
#include <90s8515.h>
/* 指定用作单线总线的口和口线 */
#asm
.equ __w1_port = 0x18 ;PORTB
.equ __w1_bit = 2
#endasm
/* 包含单线总线的头文件 */
#include <1wire.h>
/* 包含有printf函数原型的头文件 */
#include <stdio.h>
/* 包含有abc函数原型的头文件 */
#include <math.h>
/* 单线总线上DS1820的最大个数 */
#define MAX_DEVICES 8
/* DS1820/DS1822的ROM码存储区,每个器件9字节,前8字节是ROM码,其余1字节是CRC */
unsigned char rom_codes[MAX_DEVICES,9];
main()
{unsigned char i,j,devices;int temp;
/* 初始化UART波特率 */
UBRR = xtal/16/baud-1;
/* 初始化UART控制寄存器 */
UCR = 8;
/* 检测有多少个DS1820/DS1822,并存放它们的ROM码到rom_codes数组 */
devices = w1_search(0xf0,rom_codes);
/* 显示个数 */
printf("%-u DEVICE(S) DETECTED\n\r",devices);
/* 如果没有器件,则系统挂起 */
if (devices == 0) while (1);
/* 测量并显示温度 */
while (1) { for (i = 0;i<devices;)
{temp = ds1820_temperature_10(&rom_codes[i,0]);
printf("t%-u= %-i.%-u\xf8C\n\r",++i,temp/10,
abs(temp%10));
};
};
}
```

unsigned char ds1820_set_alarm(unsigned char * addr,signed char temp_low,signed char temp_high)——设置DS1820/DS1822的低温、高温报警温度。

如果设置成功,则返回1;否则返回0。

第 4 章　CodeVisionAVR C 集成开发环境

报警温度存在 DS1820/DS1822 的暂存器 SRAM 和 E²PROM 中。
用来寻址器件的 ROM 码放在 addr 指向的数组。
如果只有 1 个 DS1820/DS1822，就不需要 ROM 码，指针 addr 要设为 NULL(0)。
DS1820/DS1822 的温度报警状态可以用 w1_search 函数发送报警搜索(0xEC)命令检测到。例如：

```c
#include <90s8515.h>
/* 指定用作单线总线的口和口线 */
#asm
.equ __w1_port = 0x18 ;PORTB
.equ __w1_bit = 2
#endasm
/* 包含单线总线的头文件 */

#include <ds1820.h>
/* 包含有 printf 函数原型的头文件 */
#include <stdio.h>
/* 包含有 abc 函数原型的头文件 */
#include <math.h>
/* 单线总线上 DS1820 的最大个数 */
#define MAX_DEVICES 8
/* DS1820/DS1822 的 ROM 码存储区，每个器件 9 字节，前 8 字节是 ROM 码，其余 1 字节是 CRC */
unsigned char rom_codes[MAX_DEVICES,9];
/* 给发生温度报警的器件分配 ROM 码存储空间 */
unsigned char alarm_rom_codes[MAX_DEVICES,9];
main()
{unsigned char i,j,devices;
int temp;
/* 初始化 UART 波特率 */
UBRR = xtal/16/baud - 1;
/* 初始化 UART 控制寄存器 */
UCR = 8;
/* 检测有多少个 DS1820/DS1822,并存放它们的 ROM 码到 rom_codes 数组 */
devices = w1_search(0xf0,rom_codes);
/* 显示个数 */
printf(" %-u DEVICE(S) DETECTED\n\r",devices);
/* 如果没有器件则系统挂起 */
if (devices == 0) while (1); /* loop forever */
/* 设置所有器件低温报警 25 ℃,高温报警 35 ℃ */
```

```
for (i = 0;i<devices;i++)
{printf("INITIALIZING DEVICE # %-u ",i+1);
if (ds1820_set_alarm(&rom_codes[i,0],25,35))
putsf("OK"); else putsf("ERROR");
};
while (1)
{/* 测量并显示温度 */
for (i = 0;i<devices;)
{temp = ds1820_temperature_10(&rom_codes[i,0]);
printf("t%-u = %-i.%-u\xf8C\n\r",++i,temp/10,
abs(temp%10));
};
/* 显示发生温度报警器件的号码 */
printf("ALARM GENERATED BY %-u DEVICE(S)\n\r",
w1_search(0xec,alarm_rom_codes));
};
}
```

4. Maxim/Dallas 半导体 DS18B20 温度传感器函数

这些函数为了便于 C 语言和 DS18B20 单线温度传感器实现接口。这些函数的原型放在"..\INC"目录下的 ds18b20.h 头文件中。使用这些函数之前,必须用#include 包含该头文件。单线总线函数原型自动地被包含在 ds18b20.h 中。在包含 ds18b20.h 头文件之前,必须先声明使用单片机的哪个端口或端口的哪个位通过单线与 DS18B20 进行通信。例如:

```
/* 指定用作单线总线的口线和位 */
#asm
    .equ __w1_port = 0x18 ;PORTB
    .equ __w1_bit = 2
#endasm
/* 包含 DS18B20 函数的头文件 */
#include <ds18b20.h>
```

unsigned char ds18b20_read_spd(unsigned char * addr)——读取 DS18B20 传感器中 SPD 的内容。如果成功,则返回 1;若出现错误,则返回 0。

SPD 的内容将被保存在由 ds18b20.h 头文件定义的结构体中:

```
struct __ds18b20_scratch_pad_struct
{
  unsigned char temp_lsb,temp_msb,temp_high,temp_low,conf_register,res1,res2,res3,crc;
} __ds18b20_scratch_pad;
```

unsigned char ds18b20_init(unsigned char * addr, signed char temp_low, signed char temp_high, usigned char resolution)——设置 DS18B20 的温度上下限报警值,并定义了温度测量位数。

- DS18B20_9BIT_RES 代表 9 位温度;
- DS18B20_10BIT_RES 代表 10 位温度;
- DS18B20_11BIT_RES 代表 11 位温度;
- DS18B20_12BIT_RES 代表 12 位温度。

如果执行上述命令成功,将返回 1;否则返回 0。

报警温度和测量位数将被同时保存到 DS18B20 的 SRAM 和 E^2PROM 存储器中。代表设备的序列码将以 8 字节存储在变量 addr 指定的地址单元中。

如果只使用 DS18B20 传感器,则不需要 ROM 码阵列,addr 指针必须为空。

调用带有报警搜索命令的 w1_search 函数后,在单总线上所有 DS18B20 设备的报警状态将由它来决定。

float ds18b20_temperature(unsigned char * addr)——返回与其序列码对应的 DS18B20 传感器的温度值。

如果温度是摄氏度,则其值为返回值除以 10。如果有错误,则返回值为 -9999。

如果使用一个 DS18B20 传感器,则不需要 ROM 码阵列,addr 指针必须为空。

在首次调用 ds18b20_temperature 函数前,必须使用 ds18b20_init 函数定义温度测量位数。

如果使用了多个传感器,则程序必须首先识别每个传感器的 ROM 码。例如:

```
#include <90s8515.h>
/*定义单线总线所用的端口和位线*/
#asm
   .equ __w1_port = 0x18 ;PORTB
   .equ __w1_bit = 2
#endasm
/*包含 DS18B20 函数原型*/
#include <ds18b20.h>
/*包含 printf 函数原型*/
#include <stdio.h>
/*晶振频率*/
#define xtal 4000000L
/*波特率*/
#define baud 9600
/*连接到总线上的 DS18B20 的最大数目*/
#define MAX_DEVICES 8
```

```c
/* 定义 DS18B20 设备 ROM 序列码的存储区,每个设备的序列码占用 9 字节 */
unsigned char rom_codes[MAX_DEVICES][9]
/* 为每个设备的 ROM 序列码分配空间 */
unsigned char alarm_rom_codes[MAX_DEVICES][9];
main()
{
unsigned char i,devices;
/* 初始化 UART 的波特率 */
UBRR = xtal/16/baud - 1;
/* 初始化 UART 的控制寄存器:使能、禁止中断、8 个数据位 */
UCR = 8;
/* 检测总线上 DS18B20 的数目,并把其对应的序列号存储到 rom_codes 序列 */
devices = w1_search(0xf0,rom_codes);
/* 显示检测到的 DS18B20 数量 */
printf("% - u DEVICE(S) DETECTED\n\r",devices);
/* 如果没有检测到设备,则挂起 */
if (devices == 0) while (1); /* 如果没有设备,则等待 */
/* 为每个 DS18B20 设置测量温度的报警值,下限为 25,上限为 35。转换位数为 12 位 */
for (i = 0;i<devices;i ++)
    {
    printf("INITIALIZING DEVICE # % - u ",i+1);
    if (ds18b20_init(&rom_codes[i][0],25,35,DS18B20_12BIT_RES))
       putsf("OK"); else putsf("ERROR");
    };
while (1)
    {
    /* 测量并显示温度 */
    for (i = 0;i<devices;)
        printf("t%u= % + .3f\xf8C\n\r",i+1,
        ds18b20_temperature(&rom_codes[i ++ ][0]));
    /* 显示产生报警的 DS18B20 的数量 */
    printf("ALARM GENERATED BY % - u DEVICE(S)\n\r",
      w1_search(0xec,alarm_rom_codes));
    };
}
```

4.5.17　E^2PROM 函数

1. DS2430 E^2PROM 函数

只有商业版的 CodeVisionAVR C Compiler 才有这部分功能。

这个函数主要用于 C 程序与 DS2430 单线 E^2PROM 接口。

这些函数的原型放在"..\INC"目录的 ds2430.h 头文件中。使用这些函数之前,必须用 #include 包含该头文件。单线总线的函数原型在 ds2430.h 中自动包含。包含头文件之前,必须先声明哪些口线使用单线通信协议与器件 DS2430 通信。例如:

```
/* 定义单总线的口线 */
#asm
    .equ __w1_port = 0x18 ;PORTB
    .equ __w1_bit = 2
#endasm
/* 包含 DS2430 函数原型 */
#include <ds2430.h>
```

unsigned char ds2430_read_block(unsigned char * romcode, unsigned char * dest, unsigned char addr, unsigned char size)——从 DS2430 的 E^2PROM 指定地址单元中读取 size 个字节,并把它存储在目标地址为 dest 的 SRAM 单元中。若成功,则返回 1;否则返回 0。

根据存储在地址 romcode 单元中的 8 字节序列号来选取 DS2430。

unsigned char ds2430_read(unsigned char * romcode, unsigned char addr, unsigned char * data)——从 DS2430 的 E^2PROM 指定地址单元中读取 1 字节,并把它存储在目标地址为 data 的 SRAM 单元。若成功,则返回 1;否则返回 0。

使用存储在地址 romcode 单元中的 8 字节序列号选取 DS2430。

unsigned char ds2430_write_block(unsigned char * romcode, unsigned char * source, unsigned char addr, unsigned char size)——把 SRAM 中起始地址为 source 的字符串中的 size 个字节写入 DS2430 的 E^2PROM 中起始地址为 addr 的目标地址单元。若写入成功,则返回 1;否则返回 0。

使用存储在地址 romcode 单元中的 8 字节序列号选取 DS2430。

unsigned char ds2430_write(unsigned char * romcode, unsigned char addr, unsigned char data)——把单字节数据写入 DS2430 中 E^2PROM 的 addr 单元。若写入成功,则返回 1;否则返回 0。

使用存储在地址 romcode 单元中的 8 字节序列号选取 DS2430。

unsigned char ds2430_read_appreg_block(unsigned char * romcode, unsigned char * dest, unsigned char addr, unsigned char size)——从 DS2430 用户寄存器指定的 addr 单元中读取 1 字节块,并存储在 SRAM 的目标字符串中。若成功,则返回 1;否则返回 0。

使用存储在地址 romcode 单元中的 8 字节序列号选取 DS2430。

如果只使用一个 DS2430,则不需要 ROM 码,指针 romcode 必须定义为 NULL(0)。

如果使用了多个单线设备,那么程序必须首先根据 ROM 码来识别设备。例如:

```c
/*假设使用AT90S8515的PORTA的6位与DS2430连接,那么先定义口线
    [DS2430]         [STK200 PORTA HEADER]
     1 GND              9  GND
     2 DATA             7  PA6
所有的设备都以并行的方式连接
  */
#asm
    .equ __w1_port = 0x1b
    .equ __w1_bit = 6
#endasm
//检测DS2430函数
#include <ds2430.h>
#include <90s8515.h>
#include <stdio.h>
/*定义DS2430序列码存储区域,每个DS2430的序列码占用9字节*/
#define MAX_DEVICES 8
unsigned char rom_code[MAX_DEVICES][9];
char text[] = "Hello world!";
char buffer[32];
#define START_ADDR 2
main() {
unsigned char i,devices;
//初始化UART
UCR = 8;
UBRR = 25; // Baud = 9600 @ 4MHz
//检测当前总线上有多少个单线设备
devices = w1_search(0xF0,&rom_code[0][0]);
printf("%-u 1 Wire devices found\n\r",devices);
for (i = 0;i<devices;i++)
    //确保要选择的仅仅是DS2430类型的
    // 0x14是DS2430的系列号
    if (rom_code[i][0] == DS2430_FAMILY_CODE)
      {
      printf("\n\r");
      //在每个DS2430的START_ADDR写入字符
      if (ds2430_write_block(&rom_code[i][0],
         text,START_ADDR,sizeof(text)))
         {
         printf("Data written OK in DS2430 #%-u! \n\r",i+1);
         //显示写入的文本
         if (ds2430_read_block(&rom_code[i][0],
```

```
                buffer,START_ADDR,sizeof(text)))
              printf("Data read OK! \n\rDS2430 # %-u text: %s\n\r",i+1,buffer);
            else printf("Error reading data from DS2430 # %-u! \n\r",i+1);
            }
       else printf("Error writing data to DS2430 # %-u! \n\r",i+1);
       };//停止
while(1);
}
```

2. DS2433 E²PROM 函数

只有商业版的 CodeVisionAVR C Compiler 才有这部分功能。

这个函数主要用于 C 程序与 DS2433 单线 E²PROM 接口。

这些函数的原型放在"..\INC"目录的 ds2433h 头文件中。使用这些函数之前,必须用 #include 包含该头文件。单线总线的函数原型在 ds1820.h 中自动包含。包含头文件之前,必须先声明哪些口线使用单线通信协议与器件 DS2430 通信。例如:

```
/* 为每个单线总线定义口线 */
#asm
   .equ __w1_port = 0x18 ;PORTB
   .equ __w1_bit = 2
#endasm
/* 包含 DS2433 函数原型 */
#include <ds2433.h>
```

unsigned char ds2433_read_block(unsigned char * romcode, unsigned char * dest, unsigned int addr, unsigned int size)——从 DS2433 的 E²PROM 中由 addr 变量指定的地址单元读取 size 个字节块,并存储到 SRAM 中起始地址为 dest 的目标单元。如果成功,则返回 1;否则返回 0。

使用存储在地址 romcode 单元中的 8 字节序列号来选取 DS2433。

unsigned char ds2433_read(unsigned char * romcode, unsigned int addr, unsigned char * data)——从 DS2433 的 E²PROM 中由 addr 变量指定的地址单元读取 1 字节,并把它存储在 SRAM 中由 data 变量指定的目标单元。如果成功,则返回 1;否则返回 0。

使用存储在地址 romcode 单元中的 8 字节序列号选取 DS2433。

unsigned char ds2433_write_block(unsigned char * romcode, unsigned char * source, unsigned int addr, unsigned int size)——从 SRAM 中起始地址为 source 的字符串读取 size 个字节,写入到 DS2433 的 E²PROM 中起始地址为 addr 的目标地址单元。如果写入成功,则返回 1;否则返回 0。

使用存储在地址 romcode 单元中的 8 字节序列号来选取 DS2430。

unsigned char ds2433_write(unsigned char * romcode, unsigned int addr, unsigned char data)——把 SRAM 中起始地址为 source 的字符串中的 1 个字符写入 DS2430 的 E^2PROM 中地址为 addr 的目标单元。如果写入成功,则返回 1;否则返回 0。

使用存储在地址 romcode 单元中的 8 字节序列号来选取 DS2430。

如果使用了多个单线设备,那么程序必须首先根据 ROM 码来识别设备。例如:

```
/* 假设使用 AT90S8515 的 PORTA 的 6 位与 DS2433 以如下方式连接
   [DS2433]          [STK200 PORTA HEADER]
    1 GND             9 GND
    2 DATA            7 PA6
所有设备以并行方式连接,并在 PA6 和+5 V 之间连接一个 4.7 kΩ 的上拉电阻 */
#asm
    .equ __w1_port = 0x1b
    .equ __w1_bit = 6
#endasm
// 检测 DS2433 函数
#include <ds2433.h>
#include <90s8515.h>
#include <stdio.h>
/* 定义 DS2433 设备的 9 字节的序列号存储区域 */
#define MAX_DEVICES 8
unsigned char rom_code[MAX_DEVICES][9];
char text[] = "This is a long text to \
be able to test writing across the \
scratchpad boundary";
char buffer[100];
#define START_ADDR 2
main() {
unsigned char i,devices;
// 初始化 UART
UCR = 8;
UBRR = 25; // Baud = 9600 @ 4 MHz
// 检测当前在单线总线上连接了多少单线设备
devices = w1_search(0xF0,&rom_code[0][0]);
printf("%-u 1 Wire devices found\n\r",devices);
for (i = 0;i<devices;i++)
    // 确认选择的仅仅是 DS2433
    // 0x23 是 DS2433 的序列码
    if (rom_code[i][0] == DS2433_FAMILY_CODE)
        {
```

```
        printf("\n\r");
        // 在每个 DS2433 的 START_ADDR 中写入文本
        if (ds2433_write_block(&rom_code[i][0],
            text,START_ADDR,sizeof(text)))
            {
            printf("Data written OK in DS2433 #%-u!\n\r",i+1);
            // 显示在每个 DS2433 中写入的文本
            if (ds2433_read_block(&rom_code[i][0],
                buffer,START_ADDR,sizeof(text)))
                printf("Data read OK!\n\rDS2433 #%-u text: %s\n\r",
                    i+1,buffer);
            else printf("Error reading data from DS2433 #%-u!\n\r",i+1);
            }
        else printf("Error writing data to DS2433 #%-u!\n\r",i+1);
        };
// 停止
while (1);
}
```

4.5.18 电源管理函数

这些函数的原型放在"..\INC"目录的 sleep.h 头文件中。使用这些函数之前,必须用 #include 包含头文件。

void sleep_enable(void)——允许进入低功耗模式。

void sleep_disable(void)——禁止进入低功耗模式。这用于防止意外地进入低功耗模式。

void idle(void)——进入空闲模式。调用这个函数之前,必须先调用 sleep_enable 函数,以允许进入低功耗模式。在这种模式下,CPU 停止工作,但定时器、看门狗和中断系统继续工作。MCU 可以由使能的中断唤醒。

void powerdown(void)——进入掉电模式。调用这个函数之前,必须先调用 sleep_enable 函数,以允许进入低功耗模式。在这种模式下,外部晶振停振,看门狗和外部中断继续工作。只有外部复位、看门狗复位和外部中断可以唤醒 MCU。

void powersave(void)——进入省电模式。调用这个函数之前,必须先调用 sleep_enable 函数,以允许进入低功耗模式。这种模式与掉电模式类似,但略有不同。

void standby(void)——进入等待模式。

void extended_standby(void)——进入扩展等待模式。

在使用这两个函数之前,必须先调用 sleep_enable 函数,以允许进入低功耗模式。这种模式与进入掉电模式基本类似,只是其外部时钟晶振一直处于运行状态。

第 5 章

AVR Studio 集成开发环境

5.1 AVR Studio 介绍与安装

AVR Studio 软件是一款用于开发 AVR 单片机的集成开发环境(IDE)。它是一款免费软件,由 Atmel 公司开发并免费提供给用户,基本上完全支持 AVR 全系列单片机的开发。用户可以在 Atmel 公司的官方网站(http://www.atmel.com)上自由下载。AVR Studio 内含了项目管理器、源代码编辑器、AVR 汇编语言编译器、软件模拟和实时仿真功能,借助于仿真器,还可以实现 JTAG ICE 实时仿真功能,以及 AVR Prog 串行程序下载、STK500/JTAG ICE 串行程序下载。但是,AVR Studio 不能进行 C 语言程序的编译。虽然如此,它仍然是瑕不掩瑜,借助于其强大的软件仿真功能,基本上所有的第三方 AVR 高级语言开发软件,如 ICCAVR、CodeVersion AVR 等均以内置或者外挂的形式,支持使用 AVR Studio 进行仿真。

Atmel 公司的 AVR Studio 软件同时有两种版本存在,分别是 4.x 和 3.x。AVR Studio-o3.x 集成了 AVR Studio 之前版本的一贯风格,而 AVR Studio 4.x 的内核被重新设计过,采用了 XML 技术,更利于对 Atmel 公司的新器件与开发工具的支持,所以对于 Atmel 公司的新产品,往往首先被 AVR Studio 4.x 支持。

安装 AVR Studio 软件,系统需要满足以下要求:
- 486 以上处理器(建议使用奔腾);
- 16 MB 内存;
- 16 MB 硬盘空间;
- Windows 95、Windows 98、Windows NT4.0、Windows 2000、Windows XP;
- 115 200 b/s 波特率的 RS-232 端口或 USB 端口。

AVR Studio 的安装方式可以从光盘安装,也可以从硬盘安装。但是不管采用哪种安装方式,安装的方法都一样。其步骤如下:
① 打开 AVR Studio 软件包所在的文件夹;
② 双击 Setup.exe 文件;
③ 按照屏幕提示,为要安装的软件制定一个安装路径后进行安装。

第 5 章　AVR Studio 集成开发环境

由于 AVR Studio 是 Atmel 公司提供的免费软件,安装完毕后,可以直接使用,无须注册。要使用 AVR Studio,只需按照以下步骤来完成:"开始"→"程序"→Atmel AVR Tools→AVR Studio4。打开后的界面如图 5.1 所示。

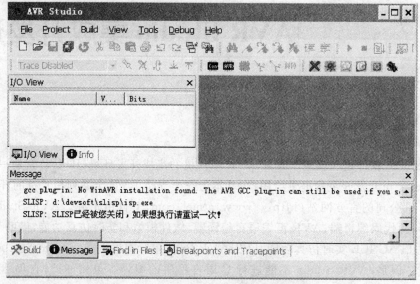

图 5.1　AVR Studio 程序界面

5.2　使用 AVR Studio 进行汇编语言编程

在 AVR Studio 中,可以建立项目,建立和编辑汇编程序代码,对汇编程序进行编译、调试和下载,几乎可以完成所有的操作,十分方便。

1. 建立新项目

① 从 Project 菜单下选择 New Project 命令,弹出如图 5.2 所示的对话框。
② 选中 Atmel AVR Assembler。
③ 输入项目的名字。
④ 选择项目的保存路径。
⑤ 选中 Create initial 和 Create folder 选项,单击 Next 按钮,弹出如图 5.3 所示对话框。
⑥ 选中 AVR Simulator 和 ATmega8。这一步主要是为调试程序用的,也可以暂时不选,等到调试程序时,通过 Debug 菜单下的 Select Platform and Device 命令来选择。选择完毕后,单击 Finish 按钮。

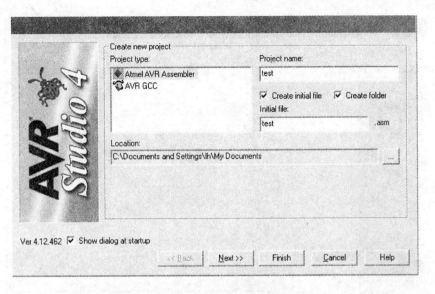

图 5.2　新建项目对话框

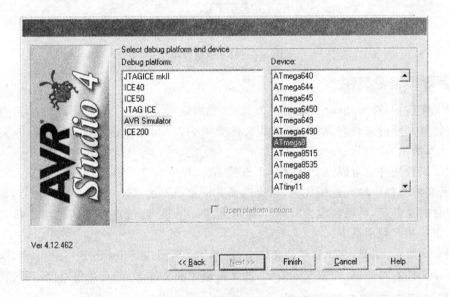

图 5.3　调试平台和器件选择对话框

2. 打开已存在的项目

从 Project 菜单下选择 Open Project 命令，会弹出一个打开文件的对话框，选择要打开的项目名称，单击"打开"按钮，就可以打开已经存在的项目，如图 5.4 所示。

图 5.4　打开项目界面

3. 新建汇编源文件

如图 5.5 所示，在 Project 导航栏单击右键，然后选择 Create New File 命令，这时会弹出一个保存将要创建的文件对话框，选择其文件类型为".asm"，选择保存路径，输入文件名即可，如图 5.6 所示。

新建汇编源文件也可以在 File 菜单下选择 New File 命令，就会出现一个新的文件编辑串行口，在新文件窗口中输入汇编代码，然后选择 File 菜单下的 Save 命令，在弹出的对话框中输入将要保存的文件名，后缀名改为".asm"即可完成。但是，通过这种方式创建的新文件需要通过以下方式加入到项目中。

如图 5.7 所示，在 Project 导航栏单击右键，然后选择 Add Files to Project 命令，这时会弹出一个打开文件的对话框，如图 5.8 所示，选择新创建的文件名，然后单击"打开"按钮即可。

4. 打开已存在的汇编源文件

从 File 菜单下选择 Open File 命令，再选择要打开的".asm"文件，单击"打开"按钮，即可在 AVR Studio 中打开已经存在的文件，如图 5.8 所示。

5. 项目编译条件设定

从 Project 菜单下选择 Assembler Option 命令，会弹出一个设置编译条件的对话框。

在 Hex Output Format 下的复选框中选择可下载的目标文件的类型,有 Intel hex 格式、Motolora 的 s-record 格式和 generic 格式可供选择,一般只需选择 Intel hex 格式,如图 5.9 所示。

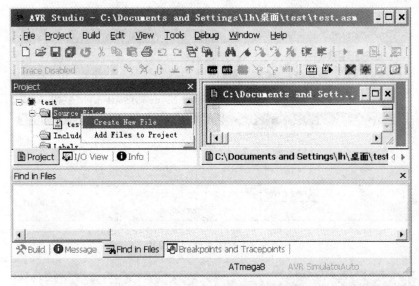

图 5.5　从 Project 导航栏创建新文件

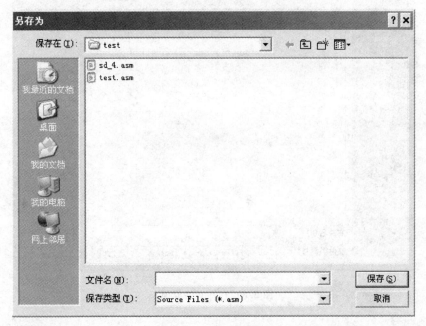

图 5.6　保存新文件

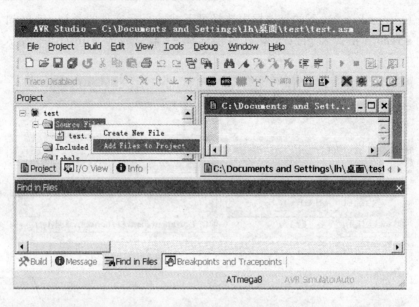

图 5.7 添加文件到项目中

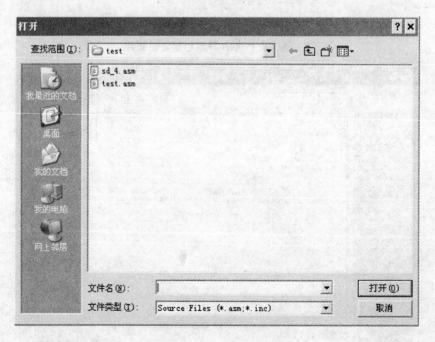

图 5.8 打开文件界面

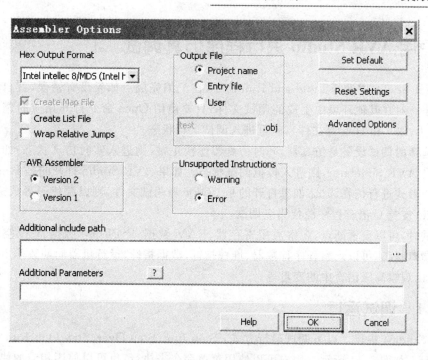

图 5.9　编译条件设定对话框

6. 编译和运行

从 Project 菜单下选择 Build 或者 Bulid and Run 命令,就可以对工程中的汇编程序进行编译了。程序编译后,会在 AVR Studio 的 Output 栏中输出编译信息,包括是否存在错误、存储器使用情况等。一个编译输出的界面如图 5.10 所示。

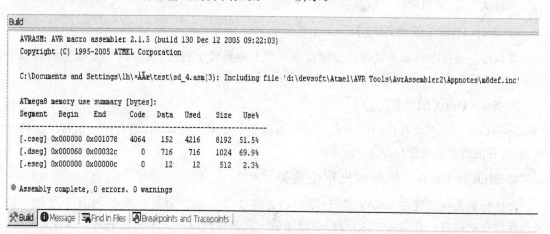

图 5.10　编译后的 Output 输出界面

5.3 使用 AVR Studio 进行程序仿真调试

在 AVR Studio 中选择 Build and Run 命令,在汇编完成后如果没有错误,就自动进入调试运行状态。对在其他环境中生成的调试文件,只要使用 Open 命令打开相应的调试程序文件(如 COFF、D90 和 Hex 等文件),就可进入调试运行状态。

如果选择的调试设备是仿真器,同时仿真器连接正常,则进入实时仿真状态;如果选择的调试设备是 AVR Simulator,则进入模拟调试状态。如果 AVR Studio 打开的是 Hex 文件,则以反汇编的形式进行仿真调试;如果打开的是 COFF 等调试文件,则以源代码形式进行调试。AVR Studio 支持 C 语言程序源代码级调试。

在调试时,可以设置断点,观察通用寄存器、RAM 数据、E^2PROM 数据、I/O 空间的寄存器状态和端口状态,可以观察程序计数器、堆栈指针、数据指针、运行机器周期数等重要处理器状态,也可以观察高级语言中的变量等。

5.3.1 调试运行

AVR Studio4 提供了以下调试运行方式:Step Into、Step Over、Step Out、Run to Cursor 和 Auto Step,如图 5.11 所示。用户可以使用菜单命令来执行,也可以使用相应的快捷键来执行。同样,用户也可以通过单击工具条上相应的图标来执行命令,如图 5.12 所示。

1. Step Into(单步进入)

仅执行一条指令。如果当前处于 source 方式时(即 C 语言窗口显示方式),一条 C 指令会被执行。如果处于 disassembly 方式(即显示为汇编指令方式),一条汇编指令会被执行。每条指令被执行后,窗口的所有信息会更新。

2. Step Over (单步越过)

仅执行一条指令。如果这条指令包含或调用了函数或子程序,也会执行完这个函数或子程序。如果存在断点,则会停止执行。执行完成,信息会在窗口里显示。

3. Step Out (单步跳出)

Step Out 一直会执行到当前的 C 指令结束为止。如果存在断点,则会停止执行。运行结束后,所有的信息会在窗口显示。

4. Run to Cursor(执行到光标位置)

会执行到光标放置在 source 窗口(即 C 语言窗口)的位置。就算有断点,也不会中断。如果光标所在的位置一直都无法执行到,则程序会一直执行到用户手工将它中断。执行完成后,所有信息会显示在窗口中。由于这种方式依赖光标放置的位置,因此只能在 source(C 语言窗

第 5 章　AVR Studio 集成开发环境

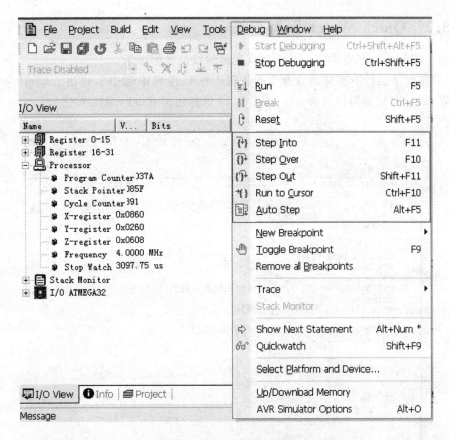

图 5.11　Debug 命令菜单

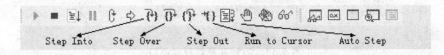

图 5.12　Debug 运行工具条

口)方式时才能使用。

5. Auto Step（自动执行）

它能重复地执行指令。如果当前处于 source 方式(即 C 语言窗口显示方式)，则一条 C 指令会被执行。如果处于 disassembly 方式（即显示为汇编指令方式)，则一条汇编指令会被执行。每条指令被执行后，窗口的所有信息会更新。每条指令执行后在延时设定的时间后自动执行下一条指令。延时时间可以在 debug-option 里选择。当用户按下停止或有断点(breakpoint)时，将停止自动执行。

5.3.2 Quick Watch 观察变量

在程序模拟运行时,立即将一些端口或变量的数值显示出来。

例如:在程序运行中想知道变量 i 的数值。在 C 源码中选中 i,弹出 pop-up 菜单,选择 Add to Watch:i(或者可以选择 i 后,按图 5.13 框标出的 quickwatch 按钮)。

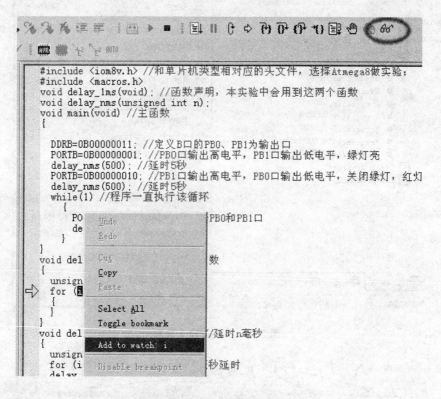

图 5.13 添加变量到观察窗口

用类似的方法,将 PORTB 也加进 watch 窗口,执行 Auto Step 或 Step Into,就能在程序运行时显示出这两个变量的数值,如图 5.14 所示。

5.3.3 观察寄存器状态

通过打开寄存器显示窗口,可以观察通用寄存器的值,如图 5.15 所示。也可以通过 I/O View 窗口来观察所有内部特殊寄存器的值,如图 5.16 所示。

第 5 章 AVR Studio 集成开发环境

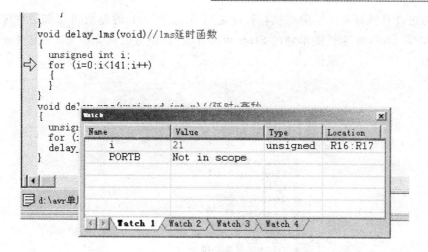

图 5.14 Watch 窗口

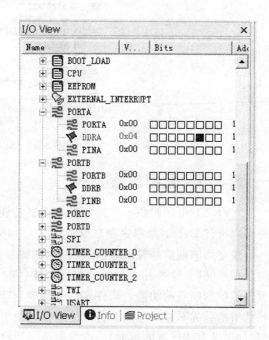

图 5.15 通用寄存器观察窗口 图 5.16 I/O View 窗口

5.3.4 观察处理器状态

有时需要观察处理器的状态,特别是在调试延时程序时,需要知道实际的延时时间和设定的延时时间是否一致。这时,可以通过 AVR Studio4 提供的 Stop Watch(通常称为秒表)功能来观察。通过计算执行程序之前和执行程序之后 Stop Watch 的差值可以知道程序运行的实际时间。AVR Studio4 未提供单独的 Stop Watch 窗口,但可以在 I/O View 窗口观察到 Stop Watch 的值,如图 5.17 所示。

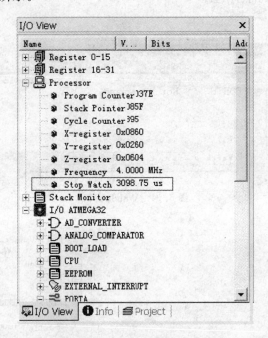

图 5.17　Stop Watch 观察

5.3.5　断点设置

AVR Studio4 提供了强大的断点调试功能,以帮助用户方便地进行程序调试。断点的设置可以通过 Debug 菜单命令来设置(见图 5.18),也可以通过快捷键 F9 来设置和取消。

最常用的断点是普通的位置断点,在源程序的某一行按 F9 就设置了一个位置断点。但对于很多问题,这种普通的断点作用有限。除了普通的程序断点设置以外,AVR Studio4 还提供了数据断点的功能。软件调试过程中,有时会发现一些数据会莫名其妙地被修改掉(如一些数组的越界写导致覆盖了另外的变量),找出何处代码导致这块内存被更改是一件棘手的事情(如果没有调试器的帮助)。恰当地运用数据断点,可以快速帮助定位何时何处这个数据被修改。数据断点的设置如图 5.19 所示。

在程序调试过程中,通过合理地设置断点,仔细观察变量、寄存器、I/O 端口、处理器状态等,将有助于用户迅速地找出程序中存在的问题。但需要注意的是,通过模拟调试器调试通过的程序,在实际运行时有时会出现与调试结果不符的情况,这种情况往往是由于模拟调试的时序和全速运行的时序的差别所引起的。

第 5 章　AVR Studio 集成开发环境

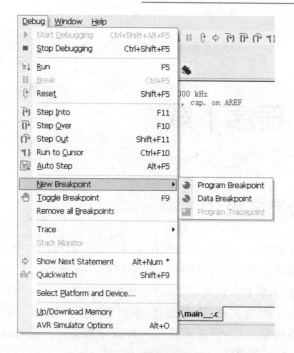

图 5.18　断点设置

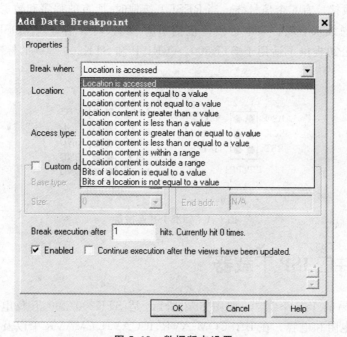

图 5.19　数据断点设置

第 6 章
ATmega8 程序下载

6.1 程序下载方式简介

对 AVR 单片机存储器的下载程序操作有 4 种方式：利用计算机 RS-232 串行口/USB 口实行 ISP 下载；利用计算机并口（打印口）实行 ISP 下载；利用 JTAG 接口；利用通用编程器。最常用的是用 ISP 下载方式进行，可以把芯片焊接好以后进行程序写入，这极大地方便了程序的修改，方便产品升级，尤其是 SMD 封装，更利于产品微型化。JTAG 方式与 ISP 方式类似，而且可以提供在系统的调试，但并不是每一种型号都支持。通用编程器的缺点在于价格高，而且对于型号的支持不是很好。

ISP 串行下载接口有 6 个信号线。当 RESET 接地时，所有的程序和数据存储器阵列都可以通过串行 SPI 总线来下载。该串行接口包括引脚 SCK（时钟信号）、MOSI（输入）和 MISO（输出）。Atmel 公司提供了适用于 STK500、AVRISP 和 STK200/300 的标准连接，如图 6.1 所示。

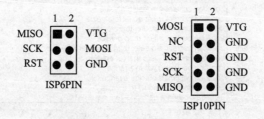

图 6.1 标准 ISP 连接器

6.2 自制并口 ISP 下载器

这是一个简易的 ISP 下载器，如图 6.2 所示，是 STK200/300 下载电路，仅使用一片 74LS244 加几个电阻和电容。在 BASCOM-AVR、ICCAVR、CVAVR 中以及下面介绍的下载软件中都支持该 AVR 下载线，安全可靠。

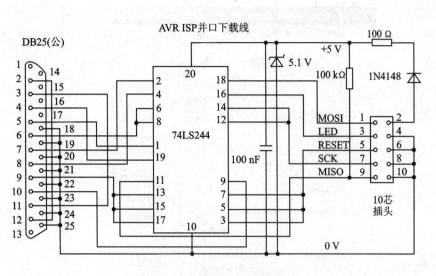

图 6.2 自制 ISP 下载器电路图

6.3 ISP 下载软件介绍

CodeVisionAVR、AVR Studio 等集成开发环境本身提供了芯片编程的功能,同时还有一些第三方厂商业提供了专门的程序下载工具。

6.3.1 CodeVisionAVR 芯片编程

在 Tools 菜单下执行 Chip Programmer 命令,会弹出以下窗口,如图 6.3 所示。

在 File 菜单下分别执行 Load Flash 和 Load E^2PROM 命令,把所需的程序和 E^2PROM 数据读入。

在 chip 复选框中选择正确的芯片类型,在 Chip Clock 框中输入正确的时钟频率。然后进行正确的熔丝位和保密位设定,具体可以参阅"熔丝位和保密位设置"部分的内容。设置完毕,单击 Program All 按钮,即可执行程序下载。

注意:在进行芯片编程前,需要对编程器进行设定。

通过执行 Setting 菜单下的 Programmer 命令,会弹出如图 6.4 所示菜单。如果使用上述介绍的自制 ISP 下载器,则芯片编程器类型选择 STK200+/300,同时正确设置打印口即可。

第 6 章　ATmega8 程序下载

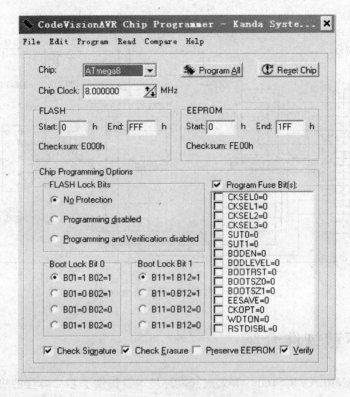

图 6.3　芯片编程窗口

图 6.4　编程器设定窗口

6.3.2　AVR Studio 下载程序

AVRStudio 并不支持上述自制 ISP 下载器，通常使用 STK500 或 AVRISP 下载方式。执行 Tools→Program AVR→Auto Connect 命令，连接好编程器后，会弹出如图 6.5 所示窗口。

图 6.5　AVR Studio 芯片编程窗口

首先在 Device 选择框内选择正确的芯片类型,然后选择菜单 Fuse 进入熔丝位编程窗口,如图 6.6 所示。

进行正确的熔丝位设置后,单击 Program 按钮,即可进行熔丝位的编程。熔丝位正确编程以后,选择菜单 Program,返回如图 6.5 所示编程窗口。

在 Flash 对话框内,选择正确的 Flash 程序文件,然后单击 Flash 对话框的 Program 按钮完成程序的下载。如果需要下载 $E^2 PROM$ 数据,则在 $E^2 PROM$ 对话框内选择正确的 $E^2 PROM$ 数据文件,然后单击 $E^2 PROM$ 对话框内的 Program 按钮完成程序的下载。

6.3.3　双龙公司 SL – AVR 在系统编程软件

该软件可以在双龙公司网站(http://www.sl.com.cn)上免费下载,支持上述自制 ISP 下载器。

- 支持的器件为 Atmel 公司的 AT89S 系列(包含 AT89S51/52)和 AVR 系列。
- 支持的烧录文件格式为 Intel 格式的 HEX 文件、EEP 文件、二进制 BIN 文件。
- 支持缓冲区数据修改和保存,缓冲区中的数据可以保存为二进制 BIN 文件、Intel 格式的 HEX 或 EEP 文件。当用户保存单独的 $E^2 PROM$ 数据文件时,应当选择 EEP 文件。

第 6 章 ATmega8 程序下载

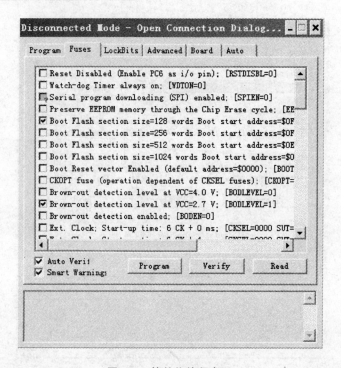

图 6.6 熔丝位编程窗口

- 缓冲区中的数据还可以保存为 C 程序中的 char 或 unsigned char 类型数组文件,以方便程序开发者处理某些特殊应用。
- 软件通过串口和下载线相连接,支持 USB 转换成的串口通信,适合一些使用没有串口的 NOTE BOOK 的用户。
- 本软件的 OS 平台可以是 WIN98SE、WIN2K 和 WINXP。
- 增加了项目管理,在项目文件中可以保存用户设置的所有的编程参数,如熔丝设置、Flash 和 E^2PROM 中的数据以及 RC 校准、序列号设置等一些参数。
- 缓冲区数据编辑窗口中可以显示校验和。
- 在 FUSE 编程设置窗口中,可以看到对应熔丝编程状态的十六进制数字,更直观,方便记忆和对比。
- 在使用并行下载线编程时,编程速度是可以调节的,分 TURBO、FAST、NORMAL 和 SLOW 四档,请根据自己系统的时钟频率进行选择。

该软件执行后的界面如图 6.7 所示,由于是纯中文软件,所以对于英文不好的使用者来说比较方便。

使用该软件进行 AVR 芯片编程的一般步骤如下:
① 选择通信口。可根据使用的编程器的不同选择串口、并口和 USB 口。

第 6 章　ATmega8 程序下载

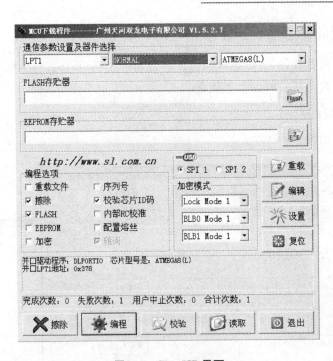

图 6.7　SL – ISP 界面

② 选择编程速度。
● 如果选择连接方式为串口,则可以选择波特率为 1 200～115 200。
● 如果选择连接方式为并口或 USB 口,则一般情况下可以参照以下进行选择:
TURBO 模式——SPI 时钟没有任何延时。
FAST 模式——SPI 时钟大约在 100 kHz。
NORMAL 模式——SPI 时钟大约在 50 kHz。
SLOW 模式——SPI 时钟大约在 5 kHz,适于 32.768 kHz 超低频系统。
TURBO SLOW 模式——SPI 时钟大约在 1 kHz,支持 16 kHz 以下的时钟频率。
③ 选择器件。根据实际使用的器件进行选择,支持 Atmel 公司的 AT89S 系列(包含 AT89S51/52)和 AVR 系列芯片。
④ 单击按钮 ,弹出打开文件框,选择所要烧写的程序存储器文件。
⑤ 单击按钮 ,弹出打开文件框,选择所要烧写的 E^2PROM 数据文件。如果不需要烧写 E^2PROM 数据文件,则这一步可以省略。
⑥ 设置编程选项,在需要的操作前打勾。
⑦ 单击 按钮,擦除芯片。
⑧ 单击 按钮,执行芯片编程。

6.3.4 深圳富友勒公司 AVR_Pro 烧录程序

该软件同样是免费软件,可以在深圳富友勒公司的主页(http://www.tlg.com.hk)上免费下载。该软件支持上述自制 ISP 下载器。

1. 软件操作介面

软件运行界面如图 6.8 所示。

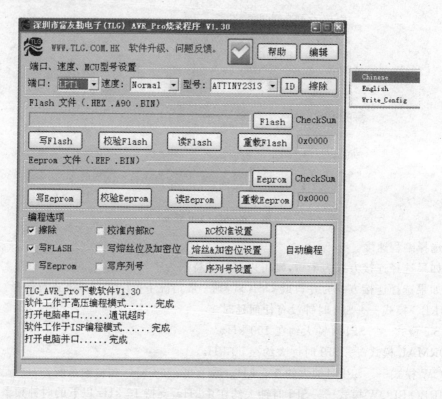

图 6.8 AVR_Pro 烧录程序界面

☑表示编程成功;☒表示编程失败;⚙表示正在编程。

单击鼠标右键,弹出关联菜单,用户可选取不同的语言(如 English(英语)、Chinese(汉语))。

2. 设 置

(1) 从端口列表框 端口: LPT1 中选择通信端口。

不同的通信端口连接不同的烧录工具(TLG_ISP 下载线或 AVR_Pro 编程器)。其中:
- LPT1(0x378)、LPT2(0x278)、LPT3(0x3BC)连接 TLG_ISP 下载线或者上述介绍的

自制 ISP 下载线,可对 AVR 单片机进行 ISP 编程。
- COM1～COM16 连接 AVR_Pro 编程器,可对 AVR 单片机进行高压编程,也可实现 ISP 编程。

(2) 从编程速度列表框 速度:Normal 中选择编程速度。其中:
- 当用 TLG_ISP 下载线对 MCU 编程时,可根据 MCU 的工作频率设定合适的编程速度,编程速度分为 7 级,分别为 Fastest(最快)、Faster(更快)、Fast(快)、Normal(正常)、Slow(慢)、Slower(更慢)、Slowest(最慢)。
- 当用 AVR_Pro 编程器时,此选项无效,编程速度由 AVR_Pro 编程器自动设置。

(3) 从 MCU 型号列表表框 型号:ATMEGA8 中选择型号。
本软件目前只支持 Atmel 公司的 AVR 系列单片机。

(4) 单击 擦除 ,擦除芯片。
当芯片的 EESAVE 熔丝位被编程时,擦除命令只能擦除 Flash 中数据及加密位;反之,擦除命令能擦除 Flash 及 E^2PROM 中的所有数据及加密位。

3. Flash 编程

(1) 单击 Flash ,打开 Flash 文件(hex 或 bin)。
(2) 单击 写Flash ,将 Flash 文件写入芯片 Flash 区。
(3) 单击 校验Flash ,校验写入 Flash 数据是否正确。
(4) 单击 读Flash ,读取 Flash 中的数据,并保存为 hex 或 bin 文件。
(5) 单击 重载Flash ,重新打开 Flash 文件,更新 Flash 缓冲区数据。

4. E^2PROM 编程

(1) 单击 Eeprom ,打开 E^2PROM 文件(eep 或 bin)。
(2) 单击 写Eeprom ,将 E^2PROM 文件写入芯片 E^2PROM 区。
(3) 单击 校验Eeprom ,校验写入 E^2PROM 数据是否正确。
(4) 单击 读Eeprom ,读取 E^2PROM 中的数据,并保存为 hex 或 bin 文件。
(5) 单击 读Eeprom ,重新打开 E^2PROM 文件,更新 E^2PROM 缓冲区数据。

5. 自动编程

(1) 如上述步骤打开 Flash 文件和 E^2PROM 文件。
(2) 正确设定编程选项。
① 选取 ☑ 擦除 编程项,编程时可对芯片进行擦除。
② 选取 ☑ 写FLASH 编程项,编程时可对芯片 Flash 进行编程及校验。
③ 选取 ☑ 写Eeprom 编程项,编程时可对芯片 E^2PROM 进行编程及校验。
④ 选取 ☑ 校准内部RC 编程项,编程时可将 RC 校准值写入指定的区域。

第 6 章 ATmega8 程序下载

⑤ 选取 ☑写熔丝位及加密位 编程项,编程时可配置芯片的熔丝位及加密位。

⑥ 选取 ☑写序列号 编程项,编程时可将产品序列号写入指定的区域。

(3) 设置熔丝位和保密位。

单击 熔丝&加密位设置 ,弹出熔丝位和加密位设置对话框。熔丝和加密位设置对话框有 TLG、SKT500 两种模式(见图 6.9 和图 6.10),这两种模式可通过对应按钮切换。

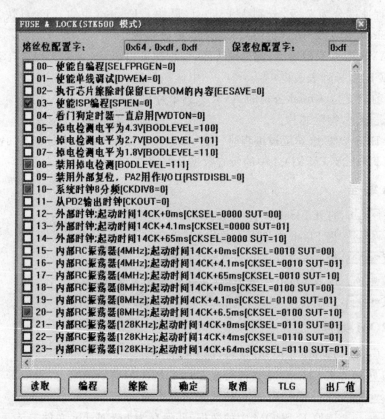

图 6.9　STK500 模式熔丝位设置对话框

① 单击 读取 ,读取芯片的熔丝位及加密位。

② 单击 编程 ,对芯片的熔丝位及加密位进行编程。

③ 单击 擦除 ,擦除芯片,同时擦除加密位。

④ 单击 出厂值 ,将熔丝位及加密位配置为出厂值。

⑤ 单击 确定 ,保存熔丝位及加密位配置并退出设置对话框。

⑥ 单击 取消 ,取消熔丝位及加密位配置并退出设置对话框。

⑦ 单击 TLG ,切换到 TLG 模式设置对话框。

⑧ 单击 STK500 ,切换到 STK500 模式设置对话框。

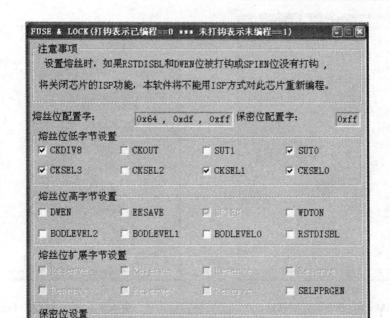

图 6.10　TLG 模式熔丝位设置对话框

(4) 设置 RC 校准。

单击 [RC校准设置]，弹出 RC 校准设置对话框，如图 6.11 所示。

在对系统时钟要求不高的应用中，可采用内部的 RC 振荡器。AVR 单片机内部 RC 一般有几个可选的时钟，可通过设置熔丝位来选取。AVR 单片机出厂时，对每个 RC 时钟进行校准，并写入一个特定位置。当用户使用 RC 时钟时，需要对 RC 时钟进行校准。

单击 [序列号设置]，弹出序列号设置对话框，如图 6.12 所示。

用本软件可对每片 MCU 设置一个序列号，序列号可设置为 1、2、3 或 4 字节，并写入指定的区域地址(Flash 或 E^2PROM)。

(5) 单击 [ ]，下载程序根据编程选项对芯片进行编程。

6. 数据编辑

单击 [编辑]，弹出数据缓冲区数据编辑对话框，如图 6.13 所示。

在编辑对话框中，可以查看 Flash 及 E^2PROM 缓冲区的数据，并可进行修改，可将指定区域的数据保存为 hex 或 bin 文件(编辑框均为十进制格式)。

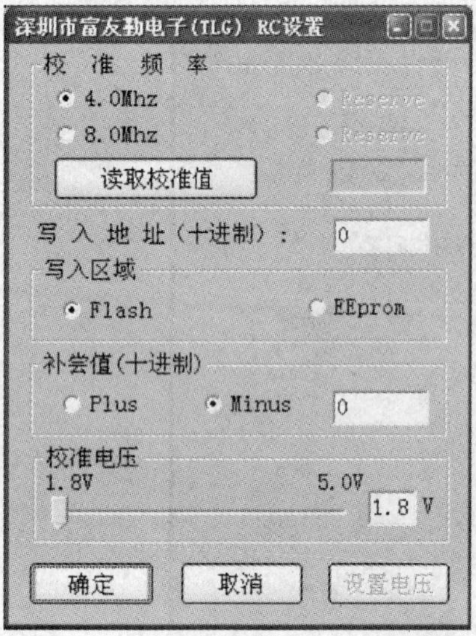

第 6 章　ATmega8 程序下载

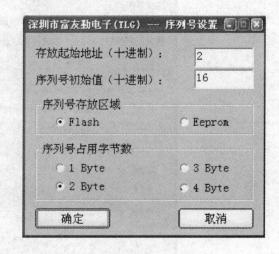

图 6.11　RC 校准设置对话框

图 6.12　序列号设置对话框

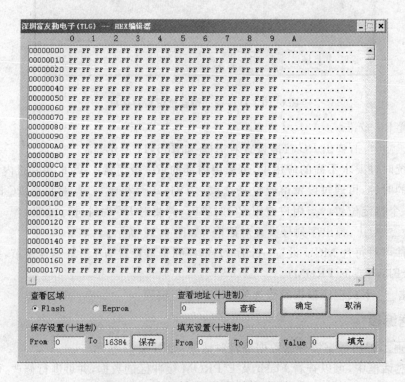

图 6.13　数据缓冲区数据编辑对话框

6.4 ATmega8 熔丝位及保密位设置

AVR 系列 MCU 的熔丝全部是可多次编程的,不是 OTP(一次可编程)熔丝。

1. 功能熔丝说明

功能熔丝说明见表 6.1。

表 6.1 功能熔丝说明

熔 丝	1	0	默认设置
RSTDISBL	PIN1 用作复位引脚	PIN1 用作 I/O 口,复位为内部复位	1
WDTON	看门狗完全由软件控制	看门狗始终工作,软件只可以调节溢出时间	1
SPIEN	禁止串行编程	允许串行编程	0
EESAVE	擦除时不保留 E^2PROM 数据	擦除时保留 E^2PROM 数据	1
BODEN	BOD 功能禁止	BOD 功能允许	1
BODLEVEL	BOD 门槛电平 2.7 V	BOD 门槛电平 4.0 V	1
BOOTRST	复位后从 0 地址执行	复位后从 BOOT 区执行(参考 BOOTSZ0/1)	1

2. BOOT 区配置熔丝

BOOT 区熔丝配置说明见表 6.2。

表 6.2 BOOT 区熔丝配置说明

BOOTSZ1	BOOTSZ0	BOOT 区大小	BOOT 区地址	默 认
0	0	1024 字	0x0C00	默认
0	1	512 字	0x0E00	
1	0	256 字	0x0F00	
1	1	128 字	0x0F80	

3. 时钟源选择

时钟源选择说明见表 6.3。

表 6.3 时钟源选择说明

系统时钟源	CKSEL[3:0]
外部石英/陶瓷振荡器	1111~1010
外部低频晶振(32.768 kHz)	1001
外部 RC 振荡	1000~0101
可校准的内部 RC 振荡	0100~0001
外部时钟	0000

4. 外部振荡器

外部振荡器的不同工作模式见表6.4。

表6.4 外部振荡器的不同工作模式

熔丝位		工作频率范围 /MHz	C_1、C_2 容量/pF（仅适用石英晶振）
CKOPT2	CKSEL[3:1]		
1	101	0.4~0.9	仅适合陶瓷振荡器*
1	110	0.9~3.0	12~22
1	111	3.0~8.0	12~22
0	101、110、111	1.0	12~22

注：当CKOPT=0（编程）时，振荡器的输出振幅较大，适用于干扰大的场合；振荡器的输出振幅较小，可以减少功耗，对外电磁辐射也较小。

＊对陶瓷振荡器所配的电容按陶振厂家说明。

使用外部振荡器时的启动时间选择见表6.5。

表6.5 使用外部振荡器时的启动时间选择

熔丝位		从掉电模式开始的启动时间	从复位开始的附加延时/ms（V_{CC}=5.0 V）	推荐使用场合
CKSEL0	SUT[1:0]			
0	00	258 CLK	4.1	陶瓷振荡器，电源快速上升
0	01	258 CLK	65	陶瓷振荡器，电源慢速上升
0	10	1K CLK	—	陶瓷振荡器，BOD方式
0	11	1K CLK	4.1	陶瓷振荡器，电源快速上升
1	00	1K CLK	65	陶瓷振荡器，电源慢速上升
1	01	16K CLK	—	石英振荡器，BOD方式
1	10	16K CLK	4.1	石英振荡器，电源快速上升
1	11	16K CLK	65	石英振荡器，电源慢速上升

5. 外部低频晶振

可以使用32.768 kHz的手表晶振作为MCU时钟源。此时CKSEL应当编程为1001，CKOPT=0（编程）时，选择使用内部和XTAL1/XTAL2相连的电容，没有必要再外接电容。内部电容是36 pF，应用时可以参考32.768 kHz晶振的使用手册来选择C_1、C_2电容。使用外部低频晶振时的启动时间选择见表6.6。

表 6.6　使用外部低频晶振时的启动时间选择

熔丝位		从掉电模式开始的启动时间	从复位开始的附加延时/ms ($V_{CC}=5.0$ V)	推荐使用场合
CKSEL[1:0]	SUT[1:0]			
1001	00	1K CLK	4.1	电源快速上升或 BOD*
1001	01	1K CLK	65	电源慢速上升
1001	10	32K CLK	65	要求振荡频率稳定的场合
1001	11			保留

* 这个选项只能用于启动时晶振频率稳定且不是很重要的应用场合。

6. 外部 RC 振荡器

外部 RC 振荡器工作频率范围见表 6.7。

表 6.7　外部 RC 振荡器工作频率范围

熔丝位（CKSEL[3:1]）	工作频率范围/MHz	熔丝位（CKSEL[3:1]）	工作频率范围/MHz
0101	0.9	0111	3.0～8.0
0110	0.9～3.0	1000	8.0～12.0

- 频率的估算公式是 $f=1/(3RC)$；
- 电容 C 至少为 22 pF；
- 当 CKOPT＝0（编程）时，可以使用片内的 36 pF 电容，此时不需要外接电容 C。

使用外部 RC 振荡器时的启动时间选择见表 6.8。

表 6.8　使用外部 RC 振荡器时的启动时间选择

熔丝位（SUT[1:0]）	从掉电模式开始的启动时间	从复位开始的附加延时/ms ($V_{CC}=5.0$ V)	推荐使用场合
00	18 CLK	—	BOD 方式
01	18 CLK	4.1	电源快速上升
10	18 CLK	65	电源慢速上升
11	6 CLK	4.1	电源快速上升或 BOD 方式

7. 可校准的内部 RC 振荡器

被校准的内部 RC 振荡器提供固定的 1/2/4/8 MHz 的时钟，这些工作频率是在 5 V、25 ℃下校准的。CKSEL 熔丝按表 6.9 编程，可以选择内部 RC 时钟。此时将不需要外部元件，而使用这些时钟选项时，CKOPT 应当是未编程的，即 CKOPT＝1。当 MCU 完成复位后，硬件将自动地装载校准值到 OSCCAL 寄存器中,从而完成对内部 RC 振荡器的频率校准。

表 6.9 使用内部 RC 振荡器的不同工作模式

熔丝位(CKSEL[3:1])	工作频率范围/MHz	熔丝位(CKSEL[3:1])	工作频率范围/MHz
0001*	1.0	0011	4.0
0010	2.0	0100	8.0

* 芯片出厂设置。

使用内部 RC 振荡器时的启动时间选择见表 6.10。

表 6.10 使用内部 RC 振荡器时的启动时间选择

熔丝位(SUT[1:0])	从掉电模式开始的启动时间	从复位开始的附加延时/ms ($V_{CC}=5.0$ V)	推荐使用场合
00	6 CLK	—	BOD 方式
01	6 CLK	4.1	电源快速上升
10*	6 CLK	65	电源慢速上升
11		保留	

* 芯片出厂设置。

8. 外部时钟源

当 CKSEL 编程为 0000 时,使用外部时钟源作为系统时钟。外部时钟信号从 XTAL1 输入。如果 CKOPT=0(编程),则 XTAL1 和 GND 之间的片内 36 pF 电容被使用。使用外部时钟源时的启动时间选择见表 6.11。

表 6.11 使用外部时钟源时的启动时间选择

熔丝位(SUT[1:0])	从掉电模式开始的启动时间	从复位开始的附加延时/ms ($V_{CC}=5.0$ V)	推荐使用场合
00	6 CLK	—	BOD 方式
01	6 CLK	4.1	电源快速上升
10	6 CLK	65	电源慢速上升
11		保留	

注意:为保证 MCU 稳定工作,不能突然改变外部时钟的频率。当频率突然变化超过 2% 时,将导致 MCU 工作异常。建议在 MCU 处于复位状态时改变外部时钟的频率。

9. 系统时钟选择一览表

系统时钟选择一览表见表 6.12。

表 6.12 系统时钟选择一览表

时钟源	启动延时	熔丝
外部时钟	6 CLK+0 ms	CKSEL=0000,SUT=00
外部时钟	6 CLK+4.1 ms	CKSEL=0000,SUT=01
外部时钟	6 CLK+65 ms	CKSEL=0000,SUT=10
内部 RC 振荡 1 MHz	6 CLK+0 ms	CKSEL=0001,SUT=00
内部 RC 振荡 1 MHz	6 CLK+4.1 ms	CKSEL=0001,SUT=01
内部 RC 振荡 1 MHz*	6 CLK+65 ms	CKSEL=0001,SUT=10
内部 RC 振荡 2 MHz	6 CLK+0 ms	CKSEL=0010,SUT=00
内部 RC 振荡 2 MHz	6 CLK+4.1 ms	CKSEL=0010,SUT=01
内部 RC 振荡 2 MHz	6 CLK+65 ms	CKSEL=0010,SUT=10
内部 RC 振荡 4 MHz	6 CLK+0 ms	CKSEL=0011,SUT=00
内部 RC 振荡 4 MHz	6 CLK+4.1 ms	CKSEL=0011,SUT=01
内部 RC 振荡 4 MHz	6 CLK+65 ms	CKSEL=0011,SUT=10
内部 RC 振荡 8 MHz	6 CLK+0 ms	CKSEL=0100,SUT=00
内部 RC 振荡 8 MHz	6 CLK+4.1 ms	CKSEL=0100,SUT=01
内部 RC 振荡 8 MHz	6 CLK+65 ms	CKSEL=0100,SUT=10
外部 RC 振荡 0.9 MHz	18 CLK+0 ms	CKSEL=0101,SUT=00
外部 RC 振荡 0.9 MHz	18 CLK+4.1 ms	CKSEL=0101,SUT=01
外部 RC 振荡 0.9 MHz	18 CLK+65 ms	CKSEL=0101,SUT=10
外部 RC 振荡 0.9 MHz	6 CLK+4.1 ms	CKSEL=0101,SUT=11
外部 RC 振荡 0.9~3.0 MHz	18 CLK+0 ms	CKSEL=0110,SUT=00
外部 RC 振荡 0.9~3.0 MHz	18 CLK+4.1 ms	CKSEL=0110,SUT=01
外部 RC 振荡 0.9~3.0 MHz	18 CLK+65 ms	CKSEL=0110,SUT=10
外部 RC 振荡 0.9~3.0 MHz	6 CLK+4.1 ms	CKSEL=0110,SUT=11
外部 RC 振荡 3.0~8.0 MHz	18 CLK+0 ms	CKSEL=0111,SUT=00
外部 RC 振荡 3.0~8.0 MHz	18 CLK+4.1 ms	CKSEL=0111,SUT=01
外部 RC 振荡 3.0~8.0 MHz	18 CLK+65 ms	CKSEL=0111,SUT=10
外部 RC 振荡 3.0~8.0 MHz	6 CLK+4.1 ms	CKSEL=0111,SUT=11
外部 RC 振荡 8.0~12.0 MHz	18 CLK+0 ms	CKSEL=1000,SUT=00
外部 RC 振荡 8.0~12.0 MHz	18 CLK+4.1 ms	CKSEL=1000,SUT=01

续表 6.12

时钟源	启动延时	熔丝
外部 RC 振荡 8.0~12.0 MHz	18 CLK+65 ms	CKSEL=1000,SUT=10
外部 RC 振荡 8.0~12.0 MHz	6 CLK+4.1 ms	CKSEL=1000,SUT=11
低频晶振(32.768 kHz)	1K CLK+4.1 ms	CKSEL=1001,SUT=00
低频晶振(32.768 kHz)	1K CLK+65 ms	CKSEL=1001,SUT=01
低频晶振(32.768 kHz)	32K CLK+65 ms	CKSEL=1001,SUT=10
低频石英/陶瓷振荡器(0.4~0.9 MHz)	258 CLK+4.1 ms	CKSEL=1010,SUT=00
低频石英/陶瓷振荡器(0.4~0.9 MHz)	258 CLK+65 ms	CKSEL=1010,SUT=01
低频石英/陶瓷振荡器(0.4~0.9 MHz)	1K CLK+0 ms	CKSEL=1010,SUT=10
低频石英/陶瓷振荡器(0.4~0.9 MHz)	1K CLK+4.1 ms	CKSEL=1010,SUT=11
低频石英/陶瓷振荡器(0.4~0.9 MHz)	1K CLK+65 ms	CKSEL=1011,SUT=00
低频石英/陶瓷振荡器(0.4~0.9 MHz)	16K CLK+0 ms	CKSEL=1011,SUT=01
低频石英/陶瓷振荡器(0.4~0.9 MHz)	16K CLK+4.1 ms	CKSEL=1011,SUT=10
低频石英/陶瓷振荡器(0.4~0.9 MHz)	16K CLK+65 ms	CKSEL=1011,SUT=11
中频石英/陶瓷振荡器(0.9~3.0 MHz)	258 CLK+4.1 ms	CKSEL=1100,SUT=00
中频石英/陶瓷振荡器(0.9~3.0 MHz)	258 CLK+65 ms	CKSEL=1100,SUT=01
中频石英/陶瓷振荡器(0.9~3.0 MHz)	1K CLK+0 ms	CKSEL=1100,SUT=10
中频石英/陶瓷振荡器(0.9~3.0 MHz)	1K CLK+4.1 ms	CKSEL=1100,SUT=11
中频石英/陶瓷振荡器(0.9~3.0 MHz)	1K CLK+65 ms	CKSEL=1101,SUT=00
中频石英/陶瓷振荡器(0.9~3.0 MHz)	16K CLK+0 ms	CKSEL=1101,SUT=01
中频石英/陶瓷振荡器(0.9~3.0 MHz)	16K CLK+4.1 ms	CKSEL=1101,SUT=10
中频石英/陶瓷振荡器(0.9~3.0 MHz)	16K CLK+65 ms	CKSEL=1101,SUT=11
高频石英/陶瓷振荡器(3.0~8.0 MHz)	258 CLK+4.1 ms	CKSEL=1110,SUT=00
高频石英/陶瓷振荡器(3.0~8.0 MHz)	258 CLK+65 ms	CKSEL=1110,SUT=01
高频石英/陶瓷振荡器(3.0~8.0 MHz)	1K CLK+0 ms	CKSEL=1110,SUT=10
高频石英/陶瓷振荡器(3.0~8.0 MHz)	1K CLK+4.1 ms	CKSEL=1110,SUT=11
高频石英/陶瓷振荡器(3.0~8.0 MHz)	1K CLK+65 ms	CKSEL=1111,SUT=00
高频石英/陶瓷振荡器(3.0~8.0 MHz)	16K CLK+0 ms	CKSEL=1111,SUT=01
高频石英/陶瓷振荡器(3.0~8.0 MHz)	16K CLK+4.1 ms	CKSEL=1111,SUT=10
高频石英/陶瓷振荡器(3.0~8.0 MHz)	16K CLK+65 ms	CKSEL=1111,SUT=11

* 出厂默认设置。

注意：CKOPT=1（未编程）时，最大工作频率为 8 MHz。CKOPT=0（编程）时，对频率大于 1 MHz 的振荡器，CKSEL[3:1]可以编程为 101/110/111 中的任意一个。

10. 加密熔丝

ATmega8 的加密熔丝分两组 LB1/LB2 及 BLB01/BLB02/BLB11/BLB12。通过对 LB1/LB2 熔丝编程，可以禁止外部编程器对 MCU 进行编程和校验，如表 6.13 所列。

表 6.13 LB1/LB2 熔丝保护模式

存储器锁定位			保护类型
加密模式	LB2	LB1	
1	1	1	没有存储器保护（未加密）
2	1	0	禁止对 Flash 和 E^2PROM 存储器的再编程 禁止对熔丝位的编程
3	0	0	禁止对 Flash 和 E^2PROM 存储器的再编程和校验 禁止对熔丝位的编程

通过对 BLB01/02/11/12 熔丝编程，可以禁止 IAP 应用中片内存储器的应用区和 BOOT 区之间的编程和校验，如表 6.14、表 6.15 所列。

表 6.14 BLB0 熔丝保护模式

加密模式	BLB02	BLB01	保护类型
1	1	1	允许对应用区进行 LPM、SPM 操作
2	1	0	禁止对应用区进行 SPM 操作
3	0	0	禁止对应用区进行 LPM、SPM 操作
4	0	1	禁止对应用区进行 LPM 操作

表 6.15 BLB1 熔丝保护模式

加密模式	BLB12	BLB11	保护类型
1	1	1	允许对 BOOT 区进行 LPM、SPM 操作
2	1	0	禁止对 BOOT 区进行 SPM 操作
3	0	0	禁止对 BOOT 区进行 LPM、SPM 操作
4	0	1	禁止对 BOOT 区进行 LPM 操作

第 7 章

ATmega8 应用实例

7.1 一个简单项目的建立和调试实例

1. 要 求

在这里以一个最简单的系统为例来介绍开发的流程。要求组建一个最小系统,可以用 ISP 方式下载程序代码;要控制一个发光二极管以 1 s 的频率闪烁。

2. 硬件电路组成

硬件电路按照 ATmega8 芯片的说明进行组建,如图 7.1 所示。

发光二极管 D1 由 PORTC.3 控制。ISP 下载通过 ISP 插座 J2 连接到相应的 ISP 控制引脚 MOSI、MISO、SCK 和 RST 来进行。这些引脚仅在 ISP 下载过程中起控制作用,在 ISP 下载完毕后自动释放给用户使用。

ATmega8 具有内部上电复位电路,使用时可以省略外部复位电路。在这个例子中,依然提供了外部复位功能,由 S1、R_1 和 C_7 组成。

ATmega8 可以使用内部 RC 振荡器来工作,默认时钟频率为 1 MHz,但在对时钟频率精度、稳定度比较高的场合,建议使用外部晶体振荡器。振荡器的选择在进行 ISP 下载时通过对熔丝位的编程来设置,具体可以参考相关章节的内容。

若 AVR 单片机需要使用模拟功能,如模/数转换器、比较器等外围功能,则模拟电源和数字电源必须通过一个 LC 滤波器连接,以避免数字电路对模拟电路部分的影响。在本例中,虽然未使用模拟部分外围功能,但是为了使读者有比较直观的了解,所以在此依然加上了由 L_1 和 C_5、C_2 组成的电源滤波电路。**注意:**L_1 需要使用低损耗电阻及允许通过足够大电流的电感。

由 J1 提供的 +5 V 稳压电源作为系统的工作电源。

3. 使用 CodeVisionAVR 建立项目

利用项目向导可以很方便地建立项目,首先选择合适的芯片和时钟频率,如图 7.2 所示。然后根据要求设定 PC3 为输出,以控制发光二极管,如图 7.3 所示。

第 7 章 ATmega8 应用实例

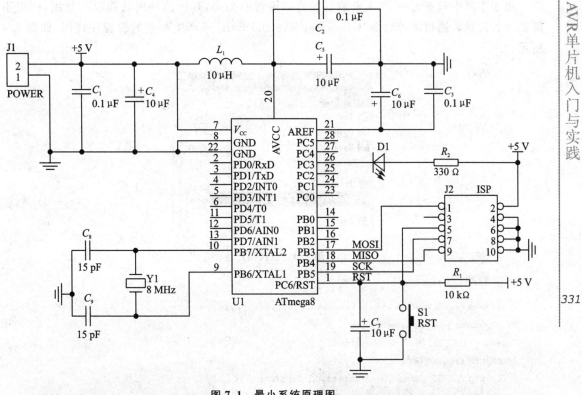

图 7.1 最小系统原理图

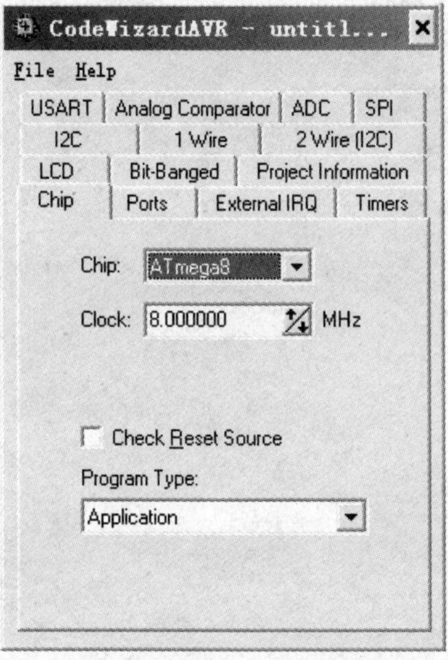

图 7.2 芯片选择和频率设定

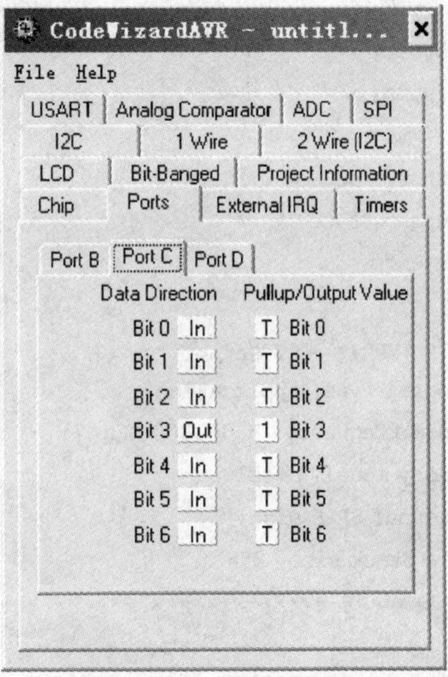

图 7.3 端口设定

第 7 章　ATmega8 应用实例

由于本例中只要通过 PC3 来控制发光二极管的亮灭，其他的外围功能没有使用，所以不需要进行设置。通过菜单命令"Generate,Save and Exit"来产生相应的源程序代码，如图 7.4 所示。

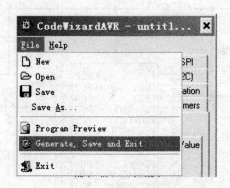

图 7.4　源代码产生

产生的源代码如下：

```
/*****************************************************
This program was produced by the
CodeWizardAVR V1.25.3 Professional
Automatic Program Generator
? Copyright 1998 - 2006 Pavel Haiduc, HP InfoTech s.r.l.
http://www.hpinfotech.com


Project:
Version:

Author: F4CG
Company: F4CG
Comments:


Chip type: ATmega8
Program type: Application
Clock frequency: 8.000000 MHz
Memory model: Small
External SRAM size: 0
Data Stack size: 256
*****************************************************/

#include <mega8.h>
```

```c
// Declare your global variables here

void main(void)
{
// Declare your local variables here

// Input/Output Ports initialization
// Port B initialization
// Func7 = In Func6 = In Func5 = In Func4 = In Func3 = In Func2 = In Func1 = In Func0 = In
// State7 = T State6 = T State5 = T State4 = T State3 = T State2 = T State1 = T State0 = T
PORTB = 0x00;
DDRB = 0x00;

// Port C initialization
// Func6 = In Func5 = In Func4 = In Func3 = Out Func2 = In Func1 = In Func0 = In
// State6 = T State5 = T State4 = T State3 = 1 State2 = T State1 = T State0 = T
PORTC = 0x08;
DDRC = 0x08;

// Port D initialization
// Func7 = In Func6 = In Func5 = In Func4 = In Func3 = In Func2 = In Func1 = In Func0 = In
// State7 = T State6 = T State5 = T State4 = T State3 = T State2 = T State1 = T State0 = T
PORTD = 0x00;
DDRD = 0x00;

// Timer/Counter 0 initialization
// Clock source: System Clock
// Clock value: Timer 0 Stopped
TCCR0 = 0x00;
TCNT0 = 0x00;

// Timer/Counter 1 initialization
// Clock source: System Clock
// Clock value: Timer 1 Stopped
// Mode: Normal top = FFFFh
// OC1A output: Discon.
// OC1B output: Discon.
// Noise Canceler: Off
```

```c
// Input Capture on Falling Edge
// Timer 1 Overflow Interrupt: Off
// Input Capture Interrupt: Off
// Compare A Match Interrupt: Off
// Compare B Match Interrupt: Off
TCCR1A = 0x00;
TCCR1B = 0x00;
TCNT1H = 0x00;
TCNT1L = 0x00;
ICR1H = 0x00;
ICR1L = 0x00;
OCR1AH = 0x00;
OCR1AL = 0x00;
OCR1BH = 0x00;
OCR1BL = 0x00;

// Timer/Counter 2 initialization
// Clock source: System Clock
// Clock value: Timer 2 Stopped
// Mode: Normal top = FFh
// OC2 output: Disconnected
ASSR = 0x00;
TCCR2 = 0x00;
TCNT2 = 0x00;
OCR2 = 0x00;

// External Interrupt(s) initialization
// INT0: Off
// INT1: Off
MCUCR = 0x00;

// Timer(s)/Counter(s) Interrupt(s) initialization
TIMSK = 0x00;

// Analog Comparator initialization
// Analog Comparator: Off
// Analog Comparator Input Capture by Timer/Counter 1: Off
ACSR = 0x80;
SFIOR = 0x00;
```

```
while (1)
    {
    // Place your code here

    };
}
```

在主程序段,添加所需的用户代码,即可构成所需的完整程序。在本例中加上控制 LED 闪烁的代码如下:

```
while (1)
    {
    // Place your code here
    PORTC.3 = ~PORTC.3 ;
    delay_ms(500);

    };
```

4. 在 CodeVisionAVR C 集成开发环境中编译项目

程序编写完成后,可以通过菜单命令进行程序的编译,也可以使用相应的快捷键来进行编译,如图 7.5 所示。

要注意的是,Compile 命令和 Make 命令是不同的:Compile 命令仅仅进行源代码的编译,但不生成二进制目标代码文件,只有使用 Make 命令才能生成相应的二进制代码。

5. 导出到 AVRStudio 进行项目调试

程序编译通过后,只能说明程序无语法错误,但是实际运行结果如何呢?这可以通过两种方法来检验。最直接的检验方法就是,把生成的二进制代码下载到目标板中运行,通过实际的运行来检验是否正确。这种方法虽然最为正确,但其缺点是无法知道错误是由什么引起的,尤其对于经验不足的开发者来说,不容易找出问题。另外一种方法就是,使用仿真或者模拟的方法来进行程序的调试。CodeVisionAVR 未提供仿真和模拟调试支持,所以需要第三方调试工具来进行程序的调试。通常硬件仿真的价格都是比较高的,所以在很多时候可以通过软件模拟器来进行程序调试。AVRStudio4 中提供了软件模拟器来进行源代码级的程序调试。虽然这种调试方式和实际的运行还有所差别,但是足以找出大多数的错误。以下就简单介绍一下如何把

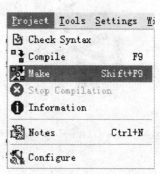

图 7.5 程序编译

第7章　ATmega8 应用实例

CodeVision AVR 项目调入 AVR Studio4 中进行调试。

编译好程序以后(使用 Make 命令),执行相应的菜单命令,使用相应的快捷键(Shift+F3)或单击工具栏上相应的图标,即可使用 AVR Studio4 进行程序调试,如图 7.6 所示。

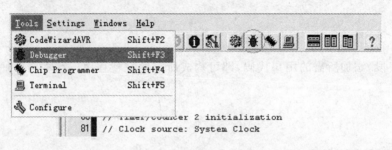

图 7.6　使用 Debug 工具

执行后,弹出如图 7.7 所示窗口。

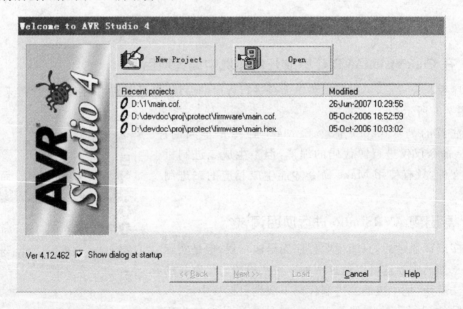

图 7.7　进入 AVR Studio 调试

若是首次进入项目调试,则单击 Open 按钮,将弹出 Open Project File or Object File 打开文件窗口,选择生成的调试文件(后缀为.cof),然后单击"打开"按钮;将进入 Save AVR Studio File 窗口,输入保存的文件名,单击"保存"按钮;进入如图 7.8 所示调试器选择和芯片选择窗口,在左边窗口选择调试使用 AVR Simulator 即软件模拟器,在右边窗口选择相应的器件(在本例中为 ATmega8),然后单击 Finish 按钮;AVR Studio4 运行并把相应的调试文件调入(Coff 文件),进入调试状态。

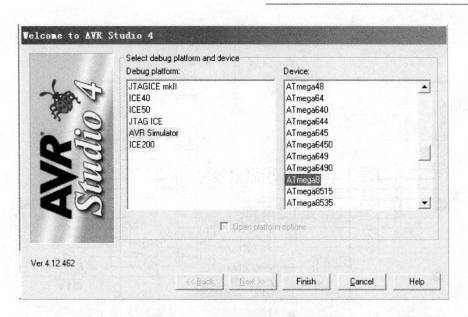

图 7.8　调试器选择和芯片选择

若是再次进入同一项目调试,则直接选择相应的项目文件(见图 7.7),然后单击 Load 按钮,即可进入 AVR Studio4 进行调试。

在 AVR Studio 中,可以通过单步执行程序并观察 PORTC 寄存器的值来了解控制引脚 PORTC.3 的状态,从而了解发光二极管的亮灭状态是否与要求的一致。若程序运行结果与要求的一致,即可把二进制目标代码下载到芯片内进行实际运行状况的检查。

7.2　键盘检测和 LED 显示

1. 要　求

以 ATmega8 为核心,对 3×3 行列式键盘进行扫描。如果有按键,则在数码管上显示所按按键的值。

2. 硬件电路组成

硬件电路如图 7.9 所示,以 ATmega8 最小系统为基础,使用 PortC 口来对行列式键盘进行扫描,使用 PortD 口驱动数码管 D1 来显示键值。

3×3 行列式键盘可以检测的按键数为 9 个,若以数字 1~9 来代表不同的按键,则用一位数码管显示即可,故在此选用了一位共阴极数码管来显示不同按键的值。

由于 AVR 单片机的驱动能力较强,可以直接驱动数码管,而无须外接驱动电路。为了限

第7章 ATmega8 应用实例

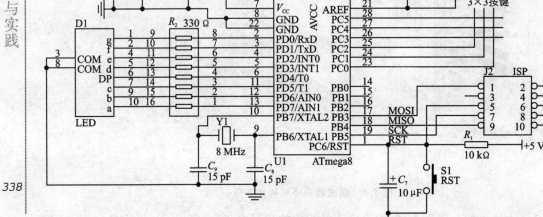

图 7.9 按键检测和 LED 显示

制数码管中的电流,所以在数码管回路中加入了 330 Ω 的限流电阻 R_2,使数码管每段点亮时的电流为(假定数码管的压降为 1.8 V):

$$\frac{5 \text{ V} - 1.8 \text{ V}}{330 \text{ Ω}} \approx 9.7 \text{ mA}$$

3. 程序组成

程序部分主要是检测键盘的值,并根据所按按键的不同,把不同的数值转换成数码管显示所需要的七段码,从 PortD 口送出。

行列式键盘的扫描方法通常有逐行(列)扫描法和反转法两种。

所谓扫描法,就是在判定有键按下后,逐列(行)置低电平,同时读入行(或列)状态,如果行(或列)出现非全 1 状态,这时 0 状态的行、列交点的键就是所按下的键。

扫描法要逐行(列)扫描查询,当所按下的键在最后行(列),则要经过多次扫描才能获得键值/键号。而采用反转法时,只要经过两个步骤即可获得键值。在本例中使用了反转法来进行键盘的检测。

程序流程图如图 7.10 所示。

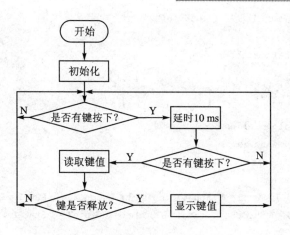

图 7.10 按键检测和数码管显示流程图

程序清单如下：

```
/********************************************************
This program was produced by the
CodeWizardAVR V1.25.3 Professional
Automatic Program Generator
? Copyright 1998 - 2007 Pavel Haiduc, HP InfoTech s.r.l.
http://www.hpinfotech.com


Project:
Version:

Author: F4CG
Company: F4CG
Comments:



Chip type: ATmega8
Program type: Application
Clock frequency: 8.000000 MHz
Memory model: Small
External SRAM size: 0
Data Stack size: 256
********************************************************/

#include <mega8.h>
```

```c
#include <delay.h>

// Declare your global variables here

void main(void)
{
// Declare your local variables here
    unsigned char keyvalue,temp;
// Input/Output Ports initialization
// Port B initialization
// Func7 = In Func6 = In Func5 = In Func4 = In Func3 = In Func2 = In Func1 = In Func0 = In
// State7 = T State6 = T State5 = T State4 = T State3 = T State2 = T State1 = T State0 = T
PORTB = 0x00;
DDRB = 0x00;

// Port C initialization
// Func6 = In Func5 = In Func4 = In Func3 = In Func2 = Out Func1 = Out Func0 = Out
// State6 = T State5 = P State4 = P State3 = P State2 = 1 State1 = 1 State0 = 1
PORTC = 0x3F;
DDRC = 0x07;

// Port D initialization
// Func7 = Out Func6 = Out Func5 = Out Func4 = Out Func3 = Out Func2 = Out Func1 = Out Func0 = Out
// State7 = 0 State6 = 0 State5 = 0 State4 = 0 State3 = 0 State2 = 0 State1 = 0 State0 = 0
PORTD = 0x00;
DDRD = 0xFF;

// Timer/Counter 0 initialization
// Clock source: System Clock
// Clock value: Timer 0 Stopped
TCCR0 = 0x00;
TCNT0 = 0x00;

// Timer/Counter 1 initialization
// Clock source: System Clock
// Clock value: Timer 1 Stopped
// Mode: Normal top = FFFFh
// OC1A output: Discon.
// OC1B output: Discon.
// Noise Canceler: Off
```

```
// Input Capture on Falling Edge
// Timer 1 Overflow Interrupt: Off
// Input Capture Interrupt: Off
// Compare A Match Interrupt: Off
// Compare B Match Interrupt: Off
TCCR1A = 0x00;
TCCR1B = 0x00;
TCNT1H = 0x00;
TCNT1L = 0x00;
ICR1H = 0x00;
ICR1L = 0x00;
OCR1AH = 0x00;
OCR1AL = 0x00;
OCR1BH = 0x00;
OCR1BL = 0x00;

// Timer/Counter 2 initialization
// Clock source: System Clock
// Clock value: Timer 2 Stopped
// Mode: Normal top = FFh
// OC2 output: Disconnected
ASSR = 0x00;
TCCR2 = 0x00;
TCNT2 = 0x00;
OCR2 = 0x00;

// External Interrupt(s) initialization
// INT0: Off
// INT1: Off
MCUCR = 0x00;

// Timer(s)/Counter(s) Interrupt(s) initialization
TIMSK = 0x00;

// Analog Comparator initialization
// Analog Comparator: Off
// Analog Comparator Input Capture by Timer/Counter 1: Off
ACSR = 0x80;
SFIOR = 0x00;
```

```c
while (1)
    {
    // Place your code here
    //PortC0~2 设置为输出,PortC3~5 设置为输入
    PORTC = 0x3F;
    DDRC = 0x07;
    keyvalue = PINC;
    keyvalue| = 0b11000111;
    if(keyvalue! = 0xFF)              //有按键
       {delay_ms(10);                 //延时 10 ms
        keyvalue = PINC;
        keyvalue| = 0b11000111;
        if(keyvalue! = 0xFF)          //有按键
          { PORTC = 0x07;             //PortC3~5 设置为输出,PortC0~2 设置为输入
            DDRC = 0x38;
            temp = PINC;
            temp| = 0b11111000;
            keyvalue& = temp;         //取键值
            keyvalue& = 0b00111111;
            switch(keyvalue)
               {case 0x1B:            //按键 1
                    PORTD = 0x60;     //显示"1"
                     break;
                case 0x1D:            //按键 2
                    PORTD = 0xCD;     //显示"2"
                     break;
                case 0x1E:            //按键 3
                    PORTD = 0xE9;     //显示"3"
                     break;
                case 0x2B:            //按键 4
                    PORTD = 0x63;     //显示"4"
                     break;
                case 0x2D:            //按键 5
                    PORTD = 0xAB;     //显示"5"
                     break;
                case 0x2E:            //按键 6
                    PORTD = 0xAF;     //显示"6"
                     break;
                case 0x3B:            //按键 7
                    PORTD = 0xE0;     //显示"7"
```

```
                    break;
            case 0x3D:              //按键 8
                    PORTD = 0xEF;   //显示"8"
                    break;
            case 0x3E:              //按键 9
                    PORTD = 0xE3;   //显示"9"
                    break;
            default:
                    break;
            }
        }
    };
}
```

7.3 LCD 应用

1. 要 求

以 ATmega8 为核心,调用 CVAVR 的 LCD 库,驱动 TC1602 字符液晶,显示"Hello,welcome!"。

2. 硬件电路组成

硬件电路以最小系统为基础,采用 TC1602EL 字符型液晶来进行显示。

字符型液晶是一种用 5×7 点阵图形来显示字符的液晶显示器,根据显示的容量可以分为 1 行 16 个字、2 行 16 个字、2 行 20 个字等。其中,最常用的为 2 行 16 个字,即本例中使用的 TC1602EL 液晶模块,TC1602EL 液晶模块的正面和反面照片如图 7.11 所示。

图 7.11 TC1602EL 液晶模块实物照片

TC1602EL 采用标准的 16 引脚接口。其引脚功能如下:

第 7 章 ATmega8 应用实例

第 1 引脚：V_{SS} 为电源地，接 GND。

第 2 引脚：V_{DD} 接 5 V 正电源。

第 3 引脚：VL 为液晶显示器对比度调整端。接正电源时对比度最弱；接地电源时对比度最高；对比度过高时会产生"鬼影"，使用时可以通过一个 10 kΩ 的电位器调整对比度。

第 4 引脚：RS 为寄存器选择，高电平时选择数据寄存器，低电平时选择指令寄存器。

第 5 引脚：RW 为读/写信号线，高电平时进行读操作，低电平时进行写操作。当 RS 和 RW 共同为低电平时，可以写入指令或者显示地址；当 RS 为低电平 RW 为高电平时，可以读忙信号；当 RS 为高电平 RW 为低电平时，可以写入数据。

第 6 引脚：E 端为使能端。当 E 端由高电平跳变成低电平时，液晶模块执行命令。

第 7～14 引脚：D0～D7 为 8 位双向数据线。

第 15 引脚：BLA 背光电源正极输入引脚。

第 16 引脚：BLK 背光电源负极，接 GND。

本例中按照 CodeVisionAVR 所规定的接法进行连接，以便调用 CodeVisionAVR 的标准库函数，如图 7.12 所示。

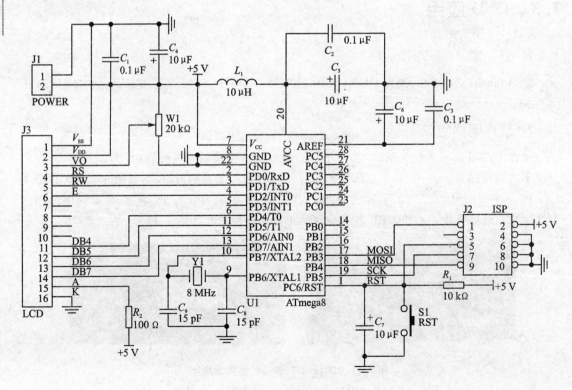

图 7.12　LCD 应用原理图

3. 程序组成

调用 CodeVisionAVR 所提供的库函数，就可以很方便地进行字符的显示。程序清单如下：

```
/*********************************************************
This program was produced by the
CodeWizardAVR V1.25.3 Professional
Automatic Program Generator
? Copyright 1998 – 2007 Pavel Haiduc, HP InfoTech s.r.l.
http://www.hpinfotech.com

Project :
Version :
Author : F4CG
Company : F4CG
Comments:


Chip type: ATmega8
Program type: Application
Clock frequency: 8.000000 MHz
Memory model: Small
External SRAM size: 0
Data Stack size: 256
*********************************************************/
#include <mega8.h>
// Alphanumeric LCD Module functions
#asm
    .equ __lcd_port = 0x12 ;PORTD
#endasm
#include <lcd.h>
// Declare your global variables here

void main(void)
{// Declare your local variables here

// Input/Output Ports initialization
// Port B initialization
// Func7 = In Func6 = In Func5 = In Func4 = In Func3 = In Func2 = In Func1 = In Func0 = In
```

```c
// State7 = T State6 = T State5 = T State4 = T State3 = T State2 = T State1 = T State0 = T
PORTB = 0x00;
DDRB = 0x00;

// Port C initialization
// Func6 = In Func5 = In Func4 = In Func3 = In Func2 = In Func1 = In Func0 = In
// State6 = T State5 = T State4 = T State3 = T State2 = T State1 = T State0 = T
PORTC = 0x00;
DDRC = 0x00;

// Port D initialization
// Func7 = In Func6 = In Func5 = In Func4 = In Func3 = In Func2 = In Func1 = In Func0 = In
// State7 = T State6 = T State5 = T State4 = T State3 = T State2 = T State1 = T State0 = T
PORTD = 0x00;
DDRD = 0x00;
// Timer/Counter 0 initialization
// Clock source: System Clock
// Clock value: Timer 0 Stopped
TCCR0 = 0x00;
TCNT0 = 0x00;

// Timer/Counter 1 initialization
// Clock source: System Clock
// Clock value: Timer 1 Stopped
// Mode: Normal top = FFFFh
// OC1A output: Discon.
// OC1B output: Discon.
// Noise Canceler: Off
// Input Capture on Falling Edge
// Timer 1 Overflow Interrupt: Off
// Input Capture Interrupt: Off
// Compare A Match Interrupt: Off
// Compare B Match Interrupt: Off
TCCR1A = 0x00;
TCCR1B = 0x00;
TCNT1H = 0x00;
TCNT1L = 0x00;
ICR1H = 0x00;
```

```c
ICR1L = 0x00;
OCR1AH = 0x00;
OCR1AL = 0x00;
OCR1BH = 0x00;
OCR1BL = 0x00;

// Timer/Counter 2 initialization
// Clock source: System Clock
// Clock value: Timer 2 Stopped
// Mode: Normal top = FFh
// OC2 output: Disconnected
ASSR = 0x00;
TCCR2 = 0x00;
TCNT2 = 0x00;
OCR2 = 0x00;

// External Interrupt(s) initialization
// INT0: Off
// INT1: Off
MCUCR = 0x00;

// Timer(s)/Counter(s) Interrupt(s) initialization
TIMSK = 0x00;
// Analog Comparator initialization
// Analog Comparator: Off
// Analog Comparator Input Capture by Timer/Counter 1: Off
ACSR = 0x80;
SFIOR = 0x00;

// LCD module initialization
lcd_init(16);

while (1)
    {
    // Place your code here
    lcd_putsf("Hello,Welcome");
    };
}
```

第7章 ATmega8 应用实例

7.4 温度检测与显示

1. 要　求

以 ATmega8 为核心，DS18B20 为温度检测芯片，检测温度，并在 LCD 上正确显示。

2. 硬件电路组成

本例是在上例的基础上，增加了 DS18B20 温度检测芯片而组成的，如图 7.13 所示。

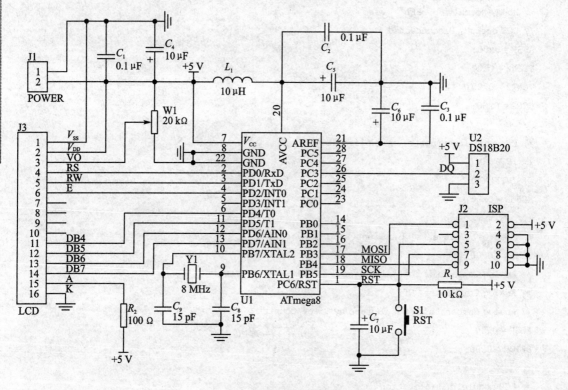

图 7.13　温度检测与显示原理图

3. 程序组成

DS18B20 为单总线器件，与单片机的连接仅需要 1 个 I/O 口。CodeVisionAVR 提供了 DS18B20 的基本库函数，只需设定连接的 I/O 口地址即可调用。

程序清单如下：

```
/*****************************************************
This program was produced by the
```

```
CodeWizardAVR V1.25.3 Professional
Automatic Program Generator
? Copyright 1998 - 2007 Pavel Haiduc, HP InfoTech s.r.l.
http://www.hpinfotech.com


Project :
Version :
Author: F4CG
Company : F4CG
Comments:

Chip type: ATmega8
Program type: Application
Clock frequency: 8.000000 MHz
Memory model: Small
External SRAM size: 0
Data Stack size: 256
*********************************************************/
#include <mega8.h>

// 1 Wire Bus functions
#asm
   .equ __w1_port = 0x15 ;PORTC
   .equ __w1_bit = 3
#endasm
#include <1wire.h>

// DS1820 Temperature Sensor functions
#include <ds18b20.h>

// Alphanumeric LCD Module functions
#asm
   .equ __lcd_port = 0x12 ;PORTD
#endasm
#include <lcd.h>
// Declare your global variables here

void main(void)
{
// Declare your local variables here
```

```c
    float curtemp;
    unsigned int temp1,temp3;
    unsigned char temp2[3];
// Input/Output Ports initialization
// Port B initialization
// Func7 = In Func6 = In Func5 = In Func4 = In Func3 = In Func2 = In Func1 = In Func0 = In
// State7 = T State6 = T State5 = T State4 = T State3 = T State2 = T State1 = T State0 = T
PORTB = 0x00;
DDRB = 0x00;

// Port C initialization
// Func6 = In Func5 = In Func4 = In Func3 = In Func2 = In Func1 = In Func0 = In
// State6 = T State5 = T State4 = T State3 = T State2 = T State1 = T State0 = T
PORTC = 0x00;
DDRC = 0x00;

// Port D initialization
// Func7 = In Func6 = In Func5 = In Func4 = In Func3 = In Func2 = In Func1 = In Func0 = In
// State7 = T State6 = T State5 = T State4 = T State3 = T State2 = T State1 = T State0 = T
PORTD = 0x00;
DDRD = 0x00;

// Timer/Counter 0 initialization
// Clock source: System Clock
// Clock value: Timer 0 Stopped
TCCR0 = 0x00;
TCNT0 = 0x00;


// Timer/Counter 1 initialization
// Clock source: System Clock
// Clock value: Timer 1 Stopped
// Mode: Normal top = FFFFh
// OC1A output: Discon.
// OC1B output: Discon.
// Noise Canceler: Off
// Input Capture on Falling Edge
// Timer 1 Overflow Interrupt: Off
// Input Capture Interrupt: Off
// Compare A Match Interrupt: Off
// Compare B Match Interrupt: Off
```

```
TCCR1A = 0x00;
TCCR1B = 0x00;
TCNT1H = 0x00;
TCNT1L = 0x00;
ICR1H = 0x00;
ICR1L = 0x00;
OCR1AH = 0x00;
OCR1AL = 0x00;
OCR1BH = 0x00;
OCR1BL = 0x00;

// Timer/Counter 2 initialization
// Clock source: System Clock
// Clock value: Timer 2 Stopped
// Mode: Normal top = FFh
// OC2 output: Disconnected
ASSR = 0x00;
TCCR2 = 0x00;
TCNT2 = 0x00;
OCR2 = 0x00;

// External Interrupt(s) initialization
// INT0: Off
// INT1: Off
MCUCR = 0x00;

// Timer(s)/Counter(s) Interrupt(s) initialization
TIMSK = 0x00;

// Analog Comparator initialization
// Analog Comparator: Off
// Analog Comparator Input Capture by Timer/Counter 1: Off
ACSR = 0x80;
SFIOR = 0x00;

// 1 Wire Bus initialization
w1_init();

// LCD module initialization
lcd_init(16);
```

```c
ds18b20_init(0,-40,125,DS18B20_12BIT_RES);
while (1)
    {
    // Place your code here
    curtemp = ds18b20_temperature(0);
    temp1 = (unsigned int)curtemp;
    temp2[0] = (unsigned char)(curtemp/(unsigned int)100);
    temp3 = temp1 - (((unsigned int)(temp2)) * ((unsigned int)(100)));
    temp2[1] = temp3/10;
    temp2[2] = temp3 % 10;
    temp2[0] += ´0´;
    temp2[1] += ´0´;
    temp2[2] += ´0´;
    lcd_clear();
    lcd_putchar(temp2[0]);
    lcd_putchar(temp2[1]);
    lcd_putchar(temp2[2]);
    };
}
```

7.5 电压检测与显示

1. 要 求

以 ATmega8 为核心,检测电压(0～2 V),并用液晶模块显示电压值。

2. 硬件电路组成

本例主要有两个部分：液晶显示和电压检测。液晶显示采用和前面各例相同的连接。电压通过电位器 W2 来提供一个输入范围为 0～2 V 的测试电压。单片机内部的 A/D 转换电路具有 10 位的转换精度,在此使用内部的 2.56 V 参考电压来进行电压值的数字化。

3. 程序组成

程序清单如下：

```
/*****************************************************
This program was produced by the
CodeWizardAVR V1.25.3 Professional
Automatic Program Generator
? Copyright 1998 - 2007 Pavel Haiduc, HP InfoTech s.r.l.
```

第7章 ATmega8 应用实例

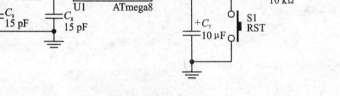

图 7.14 电压检测与显示原理图

```
http://www.hpinfotech.com
Project :
Version :
Author: F4CG
Company : F4CG
Comments:

Chip type: ATmega8
Program type: Application
Clock frequency: 8.000000 MHz
Memory model: Small
External SRAM size: 0
Data Stack size: 256
*********************************************/
#include <mega8.h>

// Alphanumeric LCD Module functions
```

```c
#asm
    .equ __lcd_port = 0x12 ;PORTD
#endasm
#include <lcd.h>

#define ADC_VREF_TYPE 0x00

// Read the AD conversion result
unsigned int read_adc(unsigned char adc_input)
{
ADMUX = adc_input | (ADC_VREF_TYPE & 0xff);
// Start the AD conversion
ADCSRA| = 0x40;
// Wait for the AD conversion to complete
while ((ADCSRA & 0x10) == 0);
ADCSRA| = 0x10;
return ADCW;
}


// Declare your global variables here

void main(void)
{
// Declare your local variables here
    unsigned int adcresult;
    unsigned char disresult[3];
    unsigned int temp;

// Input/Output Ports initialization
// Port B initialization
// Func7 = In Func6 = In Func5 = In Func4 = In Func3 = In Func2 = In Func1 = In Func0 = In
// State7 = T State6 = T State5 = T State4 = T State3 = T State2 = T State1 = T State0 = T
PORTB = 0x00;
DDRB = 0x00;

// Port C initialization
// Func6 = In Func5 = In Func4 = In Func3 = In Func2 = In Func1 = In Func0 = In
// State6 = T State5 = T State4 = T State3 = T State2 = T State1 = T State0 = T
PORTC = 0x00;
```

```
DDRC = 0x00;

// Port D initialization
// Func7 = In Func6 = In Func5 = In Func4 = In Func3 = In Func2 = In Func1 = In Func0 = In
// State7 = T State6 = T State5 = T State4 = T State3 = T State2 = T State1 = T State0 = T
PORTD = 0x00;
DDRD = 0x00;

// Timer/Counter 0 initialization
// Clock source: System Clock
// Clock value: Timer 0 Stopped
TCCR0 = 0x00;
TCNT0 = 0x00;

// Timer/Counter 1 initialization
// Clock source: System Clock
// Clock value: Timer 1 Stopped
// Mode: Normal top = FFFFh
// OC1A output: Discon.
// OC1B output: Discon.
// Noise Canceler: Off
// Input Capture on Falling Edge
// Timer 1 Overflow Interrupt: Off
// Input Capture Interrupt: Off
// Compare A Match Interrupt: Off
// Compare B Match Interrupt: Off
TCCR1A = 0x00;
TCCR1B = 0x00;
TCNT1H = 0x00;
TCNT1L = 0x00;
ICR1H = 0x00;
ICR1L = 0x00;
OCR1AH = 0x00;
OCR1AL = 0x00;
OCR1BH = 0x00;
OCR1BL = 0x00;

// Timer/Counter 2 initialization
// Clock source: System Clock
```

```c
// Clock value: Timer 2 Stopped
// Mode: Normal top = FFh
// OC2 output: Disconnected
ASSR = 0x00;
TCCR2 = 0x00;
TCNT2 = 0x00;
OCR2 = 0x00;

// External Interrupt(s) initialization
// INT0: Off
// INT1: Off
MCUCR = 0x00;

// Timer(s)/Counter(s) Interrupt(s) initialization
TIMSK = 0x00;

// Analog Comparator initialization
// Analog Comparator: Off
// Analog Comparator Input Capture by Timer/Counter 1: Off
ACSR = 0x80;
SFIOR = 0x00;

// ADC initialization
// ADC Clock frequency: 500.000 kHz
// ADC Voltage Reference: AREF pin
ADMUX = ADC_VREF_TYPE & 0xFF;
ADCSRA = 0x84;

// LCD module initialization
lcd_init(16);

while (1)
    {
    // Place your code here
    adcresult = read_adc(3);         //对通道3进行 A/D 转换
    adcresult/ = 4;
    disresult[0] = adcresult/100;
    temp = adcresult % 100;
    disresult[1] = temp/10;
```

```
            disresult[2] = temp % 10;
            lcd_clear();
            lcd_putchar(disresult[0]);
            lcd_putchar('.');
            lcd_putchar(disresult[1]);
            lcd_putchar(disresult[2]);
        };
}
```

7.6 数据通信

1. 要 求

以 ATmega8 为核心,实现与 PC 机的串行通信。上电后向 PC 机发送字符串"wait",等待 PC 机的命令。当 PC 机发送字符"T"时,单片机向上位机返回应答字符串"OK",表示通信成功。

2. 硬件电路组成

ATmega8 内部带有通用异步通信接口,但其接口电平为 TTL 电平,为了与计算机进行串行通信,必须将 TTL 电平转换为 RS‐232 电平。本例中使用了 Max232 芯片(U2)进行电平转换。该芯片仅需单 5 V 供电即可通过内部电荷泵产生 RS‐232 电平所需的正负电源,从而完成电平的转换,数据最大传输速率可以达到 120 kb/s,内部包含 2 路发送器和 2 路接收器,是常用的一种 RS‐232 发送接收电路芯片。

3. 程序组成

CodeVisionAVR 使用中断进行数据接收。与其他开发工具不同的是,在 CodeVisionAVR 中由软件使用数组提供了接收数据缓冲区。在本例中设置接收缓冲区的大小为 8 字节。本例中设置通信速率为 19 200 b/s,使用 8 位数据位、1 位停止位,不使用奇偶校验位。程序清单如下:

```
/*****************************************************
This program was produced by the
CodeWizardAVR V1.25.3 Professional
Automatic Program Generator
? Copyright 1998‐2007 Pavel Haiduc, HP InfoTech s.r.l.
http://www.hpinfotech.com
```

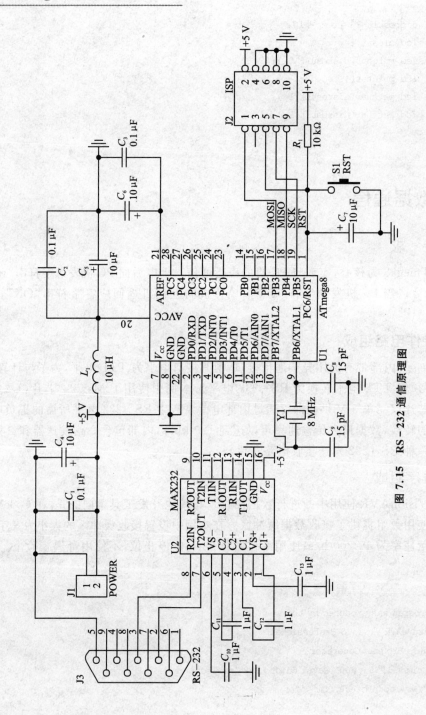

图 7.15 RS-232 通信原理图

```
Project :
Version :
Author: F4CG
Company : F4CG
Comments:

Chip type: ATmega8
Program type: Application
Clock frequency: 8.000000 MHz
Memory model: Small
External SRAM size: 0
Data Stack size: 256
*****************************************************/
#include <mega8.h>
#include <delay.h>


#define RXB8 1
#define TXB8 0
#define UPE 2
#define OVR 3
#define FE 4
#define UDRE 5
#define RXC 7

#define FRAMING_ERROR (1 << FE)
#define PARITY_ERROR (1 << UPE)
#define DATA_OVERRUN (1 << OVR)
#define DATA_REGISTER_EMPTY (1 << UDRE)
#define RX_COMPLETE (1 << RXC)

// USART Receiver buffer
#define RX_BUFFER_SIZE 8
char rx_buffer[RX_BUFFER_SIZE];

#if RX_BUFFER_SIZE<256
unsigned char rx_wr_index,rx_rd_index,rx_counter;
#else
```

```c
unsigned int rx_wr_index,rx_rd_index,rx_counter;
#endif

// This flag is set on USART Receiver buffer overflow
bit rx_buffer_overflow;

// USART Receiver interrupt service routine
interrupt [USART_RXC] void usart_rx_isr(void)
{
char status,data;
status = UCSRA;
data = UDR;
if ((status & (FRAMING_ERROR | PARITY_ERROR | DATA_OVERRUN)) == 0)
   {
   rx_buffer[rx_wr_index] = data;
   if ( ++ rx_wr_index  ==  RX_BUFFER_SIZE) rx_wr_index = 0;
   if ( ++ rx_counter  ==  RX_BUFFER_SIZE)
      {
      rx_counter = 0;
      rx_buffer_overflow = 1;
      };
   };
}

#ifndef _DEBUG_TERMINAL_IO_
// Get a character from the USART Receiver buffer
#define _ALTERNATE_GETCHAR_
#pragma used+
char getchar(void)
{
char data;
while (rx_counter == 0);
data = rx_buffer[rx_rd_index];
if ( ++ rx_rd_index == RX_BUFFER_SIZE) rx_rd_index = 0;
#asm("cli")
-- rx_counter;
#asm("sei")
```

```c
return data;
}
#pragma used-
#endif


// Standard Input/Output functions
#include <stdio.h>

// Declare your global variables here

void main(void)
{
// Declare your local variables here
    unsigned char receivedchar;
// Input/Output Ports initialization
// Port B initialization
// Func7=In Func6=In Func5=In Func4=In Func3=In Func2=In Func1=In Func0=In
// State7=T State6=T State5=T State4=T State3=T State2=T State1=T State0=T
PORTB=0x00;
DDRB=0x00;

// Port C initialization
// Func6=In Func5=In Func4=In Func3=In Func2=In Func1=In Func0=In
// State6=T State5=T State4=T State3=T State2=T State1=T State0=T
PORTC=0x00;
DDRC=0x00;

// Port D initialization
// Func7=In Func6=In Func5=In Func4=In Func3=In Func2=In Func1=In Func0=In
// State7=T State6=T State5=T State4=T State3=T State2=T State1=T State0=T
PORTD=0x00;
DDRD=0x00;

// Timer/Counter 0 initialization
// Clock source: System Clock
// Clock value: Timer 0 Stopped
TCCR0=0x00;
```

```c
    TCNT0 = 0x00;


    // Timer/Counter 1 initialization
    // Clock source: System Clock
    // Clock value: Timer 1 Stopped
    // Mode: Normal top = FFFFh
    // OC1A output: Discon.
    // OC1B output: Discon.
    // Noise Canceler: Off
    // Input Capture on Falling Edge
    // Timer 1 Overflow Interrupt: Off
    // Input Capture Interrupt: Off
    // Compare A Match Interrupt: Off
    // Compare B Match Interrupt: Off
    TCCR1A = 0x00;
    TCCR1B = 0x00;
    TCNT1H = 0x00;
    TCNT1L = 0x00;
    ICR1H = 0x00;
    ICR1L = 0x00;
    OCR1AH = 0x00;
    OCR1AL = 0x00;
    OCR1BH = 0x00;
    OCR1BL = 0x00;


    // Timer/Counter 2 initialization
    // Clock source: System Clock
    // Clock value: Timer 2 Stopped
    // Mode: Normal top = FFh
    // OC2 output: Disconnected
    ASSR = 0x00;
    TCCR2 = 0x00;
    TCNT2 = 0x00;
    OCR2 = 0x00;


    // External Interrupt(s) initialization
    // INT0: Off
```

```c
// INT1: Off
MCUCR = 0x00;


// Timer(s)/Counter(s) Interrupt(s) initialization
TIMSK = 0x00;


// USART initialization
// Communication Parameters: 8 Data, 1 Stop, No Parity
// USART Receiver: On
// USART Transmitter: On
// USART Mode: Asynchronous
// USART Baud rate: 19200 (Double Speed Mode)
UCSRA = 0x02;
UCSRB = 0x98;
UCSRC = 0x86;
UBRRH = 0x00;
UBRRL = 0x33;


// Analog Comparator initialization
// Analog Comparator: Off
// Analog Comparator Input Capture by Timer/Counter 1: Off
ACSR = 0x80;
SFIOR = 0x00;


putsf("wait");                          //输出字符串"wait"到 PC
delay_ms(1);
// Global enable interrupts
#asm("sei")

while (1)
    {
    // Place your code here
    if((receivedchar = getchar()) == 'T')   //等待接收字符'T'
        putsf("OK");                        //返回应答字符串"OK"
    };
}
```

7.7 PWM 功能

1. 要 求

以 ATmega8 为核心,利用内部计数器的 PWM 功能产生不同占空比的脉冲信号,驱动直流电机,实现电机调速功能。

2. 硬件电路组成

PWM 功能演示原理图如图 7.16 所示。

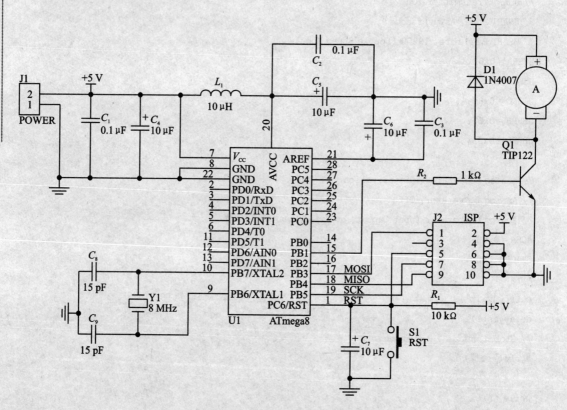

图 7.16 PWM 功能演示原理图

3. 程序组成

ATmega8 的定时计数器 1 和定时计数器 2 都可以实现 PWM 输出。在本例中使用了定时计数器 1 的相位修正模式,通过引脚 OC1A(PB1)来输出 PWM 波形信号,驱动达林顿管 TIP122(Q1)来实现对电机转速的控制。程序清单如下:

```
/***********************************************************
This program was produced by the
CodeWizardAVR V1.25.3 Professional
Automatic Program Generator
? Copyright 1998 - 2007 Pavel Haiduc, HP InfoTech s.r.l.
http://www.hpinfotech.com


Project:
Version:
Author: F4CG
Company: F4CG
Comments:


Chip type: ATmega8
Program type: Application
Clock frequency: 8.000000 MHz
Memory model: Small
External SRAM size: 0
Data Stack size: 256
***********************************************************/
#include <mega8.h>
#include <delay.h>


// Declare your global variables here

void main(void)
{
// Declare your local variables here
    unsigned int i;
// Input/Output Ports initialization
// Port B initialization
// Func7 = In Func6 = In Func5 = In Func4 = In Func3 = In Func2 = In Func1 = Out Func0 = In
// State7 = T State6 = T State5 = T State4 = T State3 = T State2 = T State1 = 0 State0 = T
PORTB = 0x00;
DDRB = 0x02;

// Port C initialization
```

第 7 章 ATmega8 应用实例

```
// Func6 = In Func5 = In Func4 = In Func3 = In Func2 = In Func1 = In Func0 = In
// State6 = T State5 = T State4 = T State3 = T State2 = T State1 = T State0 = T
PORTC = 0x00;
DDRC = 0x00;

// Port D initialization
// Func7 = In Func6 = In Func5 = In Func4 = In Func3 = In Func2 = In Func1 = In Func0 = In
// State7 = T State6 = T State5 = T State4 = T State3 = T State2 = T State1 = T State0 = T
PORTD = 0x00;
DDRD = 0x00;
// Timer/Counter 0 initialization
// Clock source: System Clock
// Clock value: Timer 0 Stopped
TCCR0 = 0x00;
TCNT0 = 0x00;

// Timer/Counter 1 initialization
// Clock source: System Clock
// Clock value: 8000.000 kHz
// Mode: Ph. correct PWM top = 03FFh
// OC1A output: Non - Inv.
// OC1B output: Discon.
// Noise Canceler: Off
// Input Capture on Falling Edge
// Timer 1 Overflow Interrupt: Off
// Input Capture Interrupt: Off
// Compare A Match Interrupt: Off
// Compare B Match Interrupt: Off
TCCR1A = 0x83;
TCCR1B = 0x01;
TCNT1H = 0x00;
TCNT1L = 0x00;
ICR1H = 0x00;
ICR1L = 0x00;
OCR1AH = 0x00;
OCR1AL = 0x00;
OCR1BH = 0x00;
```

```c
OCR1BL = 0x00;

// Timer/Counter 2 initialization
// Clock source: System Clock
// Clock value: Timer 2 Stopped
// Mode: Normal top = FFh
// OC2 output: Disconnected
ASSR = 0x00;
TCCR2 = 0x00;
TCNT2 = 0x00;
OCR2 = 0x00;

// External Interrupt(s) initialization
// INT0: Off
// INT1: Off
MCUCR = 0x00;

// Timer(s)/Counter(s) Interrupt(s) initialization
TIMSK = 0x00;

// Analog Comparator initialization
// Analog Comparator: Off
// Analog Comparator Input Capture by Timer/Counter 1: Off
ACSR = 0x80;
SFIOR = 0x00;

while (1)
    {
    // Place your code here
     for(i = 0; i<0x3FF; i += 0x20)
        { OCR1AH = (unsigned char)((i >> 8)&0xFF00);
          OCR1AL = (unsigned char)(i&0x00FF);
          delay_ms(1000);
        }
    };
}
```

第7章 ATmega8 应用实例

7.8 综合实例一：数字电压表设计

1. 要 求

以 ATmega8 为核心，利用单片机内部的 A/D 转换电路来实现对电压检测，通过数字电位器来自动切换量程。要求能够检测 0～100 V 的直流电压。

2. 硬件电路组成

数字电压表电路图如图 7.17 所示。

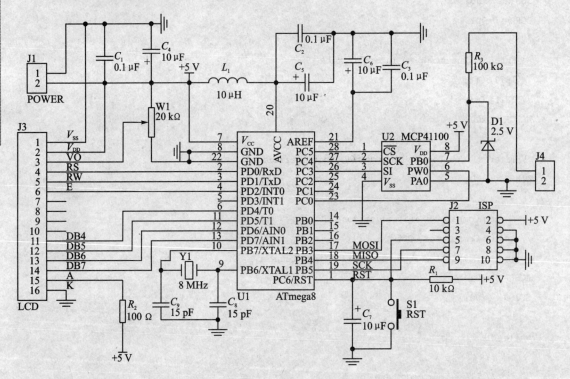

图 7.17 数字电压表电路图

输入电压经过电阻 R_3 和数字电位器 MCP41100 相连接，通过调节数字电位器 MCP41100 的中间抽头，使输入到 ATmega8 的 PC0 引脚电压低于 2.0 V。稳压管 D1 稳压值为 2.5 V，用于保护数字电位器，使数字电位器电阻端上电压不超过 2.5 V。

3. 软件流程图

软件首先检测电压值，若电压值大于 2 V，则调节数字电位器，直到其电压低于 2 V 为止。

检测到电压值 V_{AD} 后,根据数字电位器中间抽头的位置计算出分压系数 k,则输入电压 V_{IN} 的值为:$V_{IN}=V_{AD}\times k$。

数字电压表软件流程图如图 7.18 所示。

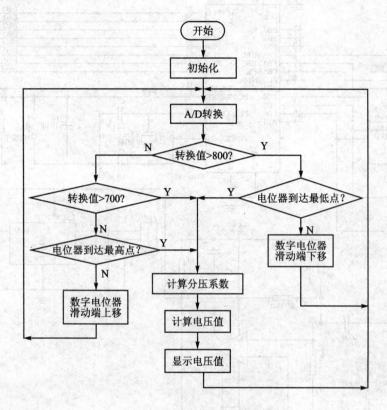

图 7.18 数字电压表软件流程图

7.9 综合实例二:电容测量仪设计

1. 要 求

以 ATmega8 为核心来实现对电容的测量,要求测量范围为 1 pF~1 μF。

2. 硬件电路组成

测量电容的方法有很多,常用的有谐振法、交流电桥法、伏安法、数字化法等。本例采用了谐振法来进行电容的测量,测量原理图如图 7.19 所示。被测量电容 C_x 通过 J3 连接到测量仪。

第 7 章　ATmega8 应用实例

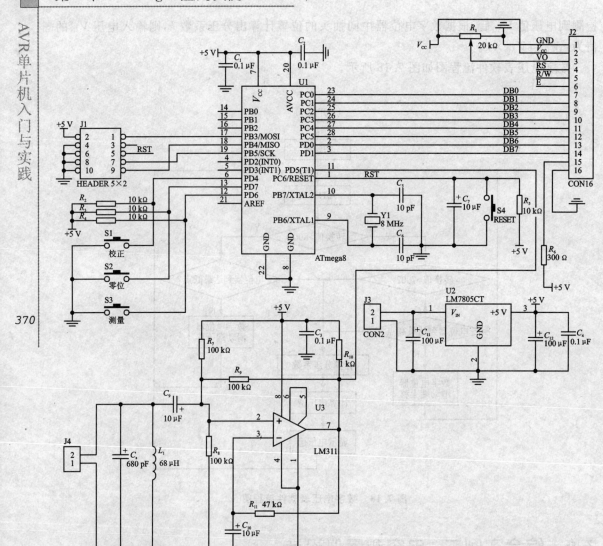

图 7.19　电容测量仪原理图

以比较器 LM311 为核心组成了一个方波发生器。方波的频率取决于 L_1、C_8 和 C_x 组成的选频网络，其频率为：

$$f = \frac{1}{2\pi \sqrt{L_1(C_s + C_x)}}$$

振荡器产生的方波送入 ATmega8 的定时计数器 1 进行频率测量。参数 C_s、L_1 的值为已知，所以根据测量到的方波频率即可计算出被测量电容的值。

实际测量过程中,可以使用外接标准电容进行校正,从而获得更高的测量精度。

测量仪未接外接电容时,按下按键 S2,此时振荡器频率为:

$$f_0 = \frac{1}{2\pi\sqrt{L_1 C_0}}$$ (C_0 为 C_8 和分布电容的综合)

测量仪外接校准电容 C_S 时,按下按键 S1,此时振荡器频率为:

$$f_S = \frac{1}{2\pi\sqrt{L_1(C_0 + C_S)}}$$ (C_0 为 C_8 和分布电容的综合)

在测量仪外接被测电容 C_x 时,按下按键 S3,此时振荡器频率为:

$$f_x = \frac{1}{2\pi\sqrt{L_1(C_0 + C_x)}}$$ (C_0 为 C_8 和分布电容的综合)

单片机通过测量 f_0、f_S、f_x,可以得出这样的结果:

$$C_0 = \frac{f_S^2}{f_0^2 - f_S^2} \cdot C_S, \quad C_x = (\frac{f_0^2}{f_x^2} - 1) \cdot C_0$$

3. 软件流程图

电容测量仪软件流程图如图 7.20 所示。

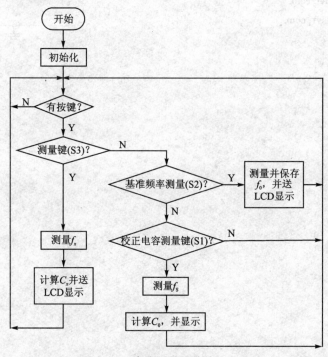

图 7.20 电容测量仪软件流程图

参 考 文 献

[1] 耿德根. AVR高速嵌入式单片机原理与应用[M]. 北京：北京航空航天大学出版社，2002.
[2] 张茂青，李彦超. AVR单片机原理与应用[M]. 北京：清华大学出版社，2001.
[3] Barnett R. 嵌入式C编程与Atmel AVR[M]. 周俊杰，等，译. 北京：清华大学出版社，2003.
[4] 邹丽新. 单片微型计算机原理[M]. 苏州：苏州大学出版社，2001.
[5] 潘新民，王燕芳. 单片微型计算机实用系统设计[M]. 北京：人民邮电出版社，1992.
[6] 余永权，等. 单片机应用系统的功率接口技术[M]. 北京：北京航空航天大学出版社，1992.
[7] 徐爱钧，彭秀华. 单片机高级语言C51应用程序设计[M]. 北京：电子工业出版社，1998.
[8] 沈文，Eagle Lee，詹卫前. AVR单片机C语言开发入门指导[M]. 北京：清华大学出版社，2003.
[9] 刘兰香，张秋生. ATmega128单片机应用与开发实例[M]. 北京：机械工业出版社，2006.
[10] CodeVisionAVR C Compiler help.
[11] 张茂青. AVR单片机高级语言BASCOM程序设计与应用[M]. 北京：北京航空航天大学出版社，2005.
[12] ATmega8 datasheet，Atmel Corporation，2006.
[13] ATmega48/88/168 Datasheet，Atmel Corporation，2006.
[14] http://www.atmel.com.
[15] http://www.ouravr.com.

北京航空航天大学出版社 单片机与嵌入式系统 图书推荐
（2006年7月后出版图书）

嵌入式系统教材

书名	作者	定价	出版日期
嵌入式 Linux 系统设计	郑灵翔	32.0	2008.03
ARM9 嵌入式系统设计技术——基于 S3C2410 和 Linux	徐英慧	36.0	2007.08
嵌入式操作系统原理及应用开发	吴国伟	25.0	2007.03
嵌入式系统原理	李庆诚	29.5	2007.03
汇编语言程序设计——基于 ARM 体系结构（含光盘）	文全刚	35.0	2007.03
计算机组成与嵌入式系统	何为民	20.0	2007.01
Nios II 嵌入式软核 SOPC 设计原理及应用	李兰英	45.0	2006.11
SOPC 嵌入式系统基础教程	周立功	29.5	2006.11
SOPC 嵌入式系统实验教程（一）	周立功	29.0	2006.11
ARM7 μClinux 开发实验与实践（含光盘）	田泽	28.0	2006.11
ARM9 嵌入式 Linux 开发实验与实践（含光盘）	田泽	29.5	2006.11
ARM7 嵌入式开发实验与实践（含光盘）	田泽	29.5	2006.10
ARM9 嵌入式开发实验与实践（含光盘）	田泽	42.0	2006.10
嵌入式原理与应用——基于 XScale 处理器与 Linux 操作系统	石秀民	36.0	2007.08
ARM 嵌入式技术原理与应用——基于 XScale 处理器及 VxWorks 操作系统	刘尚军	39.0	2007.09
嵌入式系统设计与开发实验——基于 XScale 平台	石秀民	26.0	2006.10
ARM 体系结构及其嵌入式处理器	任哲	38.0	2008.01
嵌入式操作系统基础 μC/OS-II 及 Linux	任哲	35.0	2006.11
Windows CE 嵌入式系统	何宗键	32.0	2006.08

ARM、SoC 设计、IC 设计及其他嵌入式系统综合类

书名	作者	定价	出版日期
ARM 开发工具 RealView MDK 使用入门	李宁	估 32.0	2008.03
ARM 程序分析与设计	王宇行	32.0	2008.03
嵌入式软件概论	沈建华	42.0	2007.10
面向对象的嵌入式系统开发	朱成果	28.0	2007.09
NiosII 系统开发设计与应用实例	孔恺	32.0	2007.08
ARM & WinCE 实验与实践——基于 S3C2410	周立功	32.0	2007.07
嵌入式系统硬件体系设计	怯肇乾	58.0	2007.06
ARM 嵌入式处理器结构与应用基础（第2版）（含光盘）	马忠梅	34.0	2007.03
ARM & Linux 嵌入式系统开发详解	锐极电子	33.0	2007.03
ARM 嵌入式系统基础与实践	胡伟	32.0	2007.03
基于 PROTEUS 的 ARM 虚拟开发技术（含光盘）	周润景	29.0	2007.01
基于嵌入式实时操作系统的程序设计技术	周航慈	19.5	2006.11
SRT71x 系列 ARM 微控制器原理与实践	沈建华	42.0	2006.09
嵌入式系统中的模拟设计	李喻奎译	32.0	2006.07
ARM 嵌入式软件开发实例（二）	周立功	53.0	2006.07
ARM9 嵌入式 Linux 系统构建与应用	潘巨龙	29.5	2006.07

DSP

书名	作者	定价	出版日期
TMS320X281x DSP 原理及 C 程序开发	苏奎峰	48.0	2008.02
TMS320C54x DSP 结构、原理及应用（第2版）	戴明帧	28.0	2007.09
TMS320X240x DSP 原理及应用开发指南	赵世廉	38.0	2007.07
DSP 原理及电机控制系统应用	冬雷	36.0	2007.06
dsPIC 通用数字信号控制器原理及应用——基于 dsPIC30F 系列（含光盘）	刘和平	49.0	2007.07
TMS320F281x DSP 原理及应用实例	万山明	29.0	2007.07
dsPIC30F 电机与电源系列数字信号控制器原理与应用	何礼高	56.0	2007.03
DSP 开发应用技术	曾义芳	85.0	2008.02
DSP 原理及电机控制应用——基于 TMS320LF240x 系列（含光盘）	刘和平	42.0	2006.11

单片机
教材与教辅

书名	作者	定价	出版日期
单片机应用设计培训教程——理论篇	张迎新	29.0	2008.01
单片机应用设计培训教程——实践篇	夏继强	22.0	2008.01
80C51 嵌入式系统教程	肖洪兵	28.0	2008.01
51 单片机原理与实践	高卫东	23.0	2007.11
单片机原理与应用设计	蒋辉平	22.0	2007.10
单片机基础（第3版）	李广弟	24.0	2007.06
SoC 单片机原理与应用——基于 C8051F 系列	张俊谟	32.0	2007.05
单片机的 C 语言应用程序设计（第4版）	马忠梅	29.0	2007.02
单片机认识与实践	邵贝贝	32.0	2006.08
高职高专通用教材——凌阳单片机理论与实践	彭传正	22.0	2006.12
高职高专通用教材——单片机原理与应用教程	袁秀英	28.0	2006.08
高职高专规划教材——单片机测控技术	童一帆	16.0	2007.08
高职高专规划教材——单片机原理与接口技术	刘焕平	26.0	2007.07
单片机教程习题与解答（第2版）	张俊谟	26.0	2008.01
单片机高级教程——应用与设计（第2版）	何立民	29.0	2007.01
单片机中级教程——原理与应用（第2版）	张俊谟	24.0	2006.10

51 系列单片机其他图书

书名	作者	定价	出版日期
单片机原理及串行外设接口技术	李朝青	28.0	2008.01
手把手教你学单片机 C 程序设计（含光盘）	周兴华	36.0	2007.09
单片机基础与最小系统实践	刘同法	32.0	2007.06
电动机的单片机控制（第2版）	王晓明	26.0	2007.08
单片机课程设计指导（含光盘）	楼然苗	39.0	2007.07

书 名	作者	定价	出版日期	书 名	作者	定价	出版日期
手把手教你学单片机(第2版)(含光盘)	周兴华	29.0	2007.06	基于 MCU/FPGA/RTOS 的电子系统设计方法与实例	欧伟明	39.0	2007.07
单片机与 PC 机网络通信技术	李朝青	26.0	2007.03	无线发射与接收电路设计(第2版)	黄智伟	68.0	2007.07
单片机轻松入门(第2版)(含光盘)	周坚	28.0	2007.02	学做智能车——挑战"飞思卡尔"杯	卓晴	34.0	2007.03
单片机控制实习与专题制作	蔡朝洋	59.0	2006.11	单片机与 PC 机网络通信技术	李朝青	26.0	2007.02

PIC 单片机

书 名	作者	定价	出版日期	书 名	作者	定价	出版日期
PIC 系列单片机程序设计与开发应用(含光盘)	陈新建	46.0	2007.05	数字系统与逻辑设计	马金明	39.0	2007.02
单片机 C 语言编译器及其应用——基于 PIC18F 系列	刘和平	32.0	2007.01	电子技术动手实践	崔瑞雪	29.0	2007.06
PIC 单片机原理及应用(第3版)	李荣正	29.5	2006.10	数字电子技术	靳孝峰	38.0	2007.09
PIC 单片机实用教程——基础篇(第2版)	李学海	32.0	2008.02	应用型本科教材——模拟电子技术基础与应用实例	戈素贞	28.0	2007.02
PIC 单片机实用教程——提高篇(第2版)	李学海	35.0	2007.02	电子系统设计——基础篇	林凡强	32.0	2007.03

其他公司单片机

书 名	作者	定价	出版日期	书 名	作者	定价	出版日期
AVR 单片机原理及测控工程应用——基于 ATmega 48/ATmega 16	刘海成	39.0	2008.03	ZigBee 网络原理与应用开发	吕治安	35.0	2008.02
MSP430 单片机基础与实践(含光盘)	谢兴红	28.0	2008.01	无线单片机技术丛书——ZigBee 2006 无线网络与无线定位实战	李文仲	42.0	2008.01
AVR 单片机嵌入式系统原理与应用实践(含光盘)	马潮	52.0	2007.10	无线单片机技术丛书——CC1010 无线 SoC 高级应用	李文仲	41.0	2007.07
HCS12 微控制器原理及应用	王威	26.0	2007.08	无线单片机技术丛书——ZigBee 无线网络技术入门与实战	李文仲	25.0	2007.04
MSP430 单片机 C 语言程序设计与实践	曹磊	29.0	2007.07	无线单片机技术丛书——C8051F 系列单片机与短距离无线数据通信	李文仲	27.0	2007.03
凌阳 16 位电机控制单片机——SPMC75 系列原理与开发	凌阳科技	25.0	2007.08	无线单片机技术丛书——短距离无线数据通信入门与实战(含光盘)	李文仲	30.0	2006.12
凌阳单片机课程设计指导	黄智伟	26.0	2007.06	无线 CPU 与移动 IP 网络开发技术	洪利	56.0	2008.03

总线技术

书 名	作者	定价	出版日期	书 名	作者	定价	出版日期
8051 单片机 USB 接口 VB 程序设计	许永和	49.0	2007.10	Q2406 无线 CPU 嵌入式技术	洪利	25.0	2007.01
现场总线 CAN 原理与应用技术(第2版)	饶运涛	42.0	2007.08	智能技术——系统设计与开发	张洪润	48.0	2007.02
iCAN 现场总线原理与应用	周立功	38.0	2007.05	电子设计竞赛实训教程	张华林	33.0	2007.07

其 它

书 名	作者	定价	出版日期	书 名	作者	定价	出版日期
数字信号处理的 SystemView 设计与分析(含光盘)	周润景	29.0	2008.01	电工电子实习教程	陈世和	20.0	2007.08
传感器技术大全(上)、(中)、(下)	张洪润	78.0 / 76.0 / 82.0	2007.01	全国大学生电子设计竞赛制作实训	黄智伟	25.0	2007.02
计算机系统结构	胡越明	32.0	2007.01	全国大学生电子设计竞赛技能训练	黄智伟	36.0	2007.02
EDA 实验与实践	周立功	34.0	2007.09	全国大学生电子设计竞赛电路设计	黄智伟	33.0	2006.12
高职高专规则教材——传感器与测试技术	李娟	22.0	2007.08	全国大学生电子设计竞赛系统设计	黄智伟	32.0	2006.12
EDA 技术与可编程器件的应用	包明	45.0	2007.09	零起点学单片机与 CPID/FPGA	杨恒	32.0	2007.04
传感器与单片机接口及实例	来清民	28.0	2008.01	SystemVerilog 验证方法学	夏宇闻译	58.0	2007.05
				基于 PROTEUS 的 AVR 单片机设计与仿真(含光盘)	周润景	55.0	2007.07
				2006 年上海市嵌入式系统创新设计竞赛获奖作品论文集	竞赛评审委员会	27.0	2006.10
				第五届全国高校嵌入式系统教学研讨会论文集 第三届博创杯全国大学生嵌入式设计大赛《单片机与嵌入式系统应用》杂志 2007 年增刊	嵌入式专委会	50.0	2007.07
				全国第七届嵌入式系统与单片机学术交流会论文集《单片机与嵌入式系统应用》杂志社 2007 年增刊	微机专委会	60.0	2007.09

注：表中加底纹者为 2007 年后出版的图书。

以上图书可在各地书店选购，或直接向北航出版社书店邮购(另加 3 元挂号费)邮购电话：010 - 82315213
地址：北京市海淀区学院路 37 号北航出版社书店 5 分箱　邮购部收　邮编：100083　邮购 Email：bhcbssd@126.com
投稿联系电话：010 - 82317022、82317035、82317044　传真：010 - 82317022　投稿 Email：bhpress@mesnet.com.cn